# 非仿射系统预设性能控制

王应洋　著



西安电子科技大学出版社

## 内 容 简 介

本书的研究对象属于非线性控制领域，主要方向为非仿射纯反馈系统的预设性能控制。全书共8章，第1章概述了非仿射系统预设控制方法的研究现状与不足；第2～5章主要介绍预设性能控制在非仿射系统中取得的理论成果，属于理论研究部分；第6～7章分别以高超声速飞行器和四旋翼无人机为例，展示前面所提出方法的应用情况，属于工程应用部分；第8章是对非仿射系统预设性能控制研究工作的总结及其发展方向的展望。

本书可作为高等院校控制科学与工程专业高年级本科生与研究生教材，也可作为与控制相关专业科学工作者的参考用书。


**图书在版编目(CIP)数据**

非仿射系统预设性能控制/王应洋著. —西安：西安电子科技大学出版社，2022.8
ISBN 978-7-5606-6436-1

Ⅰ. ①非… Ⅱ. ①王… Ⅲ. ①反馈控制系统—研究 Ⅳ. ①TP271

中国版本图书馆CIP数据核字(2022)第092256号

策　　划　陈　婷
责任编辑　于文平　陈　婷
出版发行　西安电子科技大学出版社(西安市太白南路2号)
电　　话　(029)88202421　88201467　　邮　　编　710071
网　　址　www.xduph.com　　电子邮箱　xdupfxb001@163.com
经　　销　新华书店
印刷单位　陕西天意印务有限责任公司
版　　次　2022年8月第1版　2022年8月第1次印刷
开　　本　787毫米×960毫米　1/16　印张　10.5
字　　数　212千字
印　　数　1～1000册
定　　价　35.00元
ISBN 978-7-5606-6436-1/TP

**XDUP 6738001-1**

# 前 言

随着航空技术的发展，高超声速飞行器、变体飞行器、扑翼飞行器和旋翼飞行器等结构复杂、操纵环境多变的控制对象受到广泛关注。但以上控制对象包含本质非线性，难以建立精确的仿射模型。由于建立仿射模型时忽略了实际对象一些重要的非仿射特征，基于此仿射模型设计控制器可能会影响闭环系统的稳定性与跟踪精度。因此，针对非仿射模型设计控制器具有重要的理论与实际意义。然而，诸多非仿射控制方法均是针对存在模型不确定性与外部干扰时，为保证系统稳态性能而设计的，主动改善系统收敛速度与超调量等瞬态性能的控制方法还较少。随着军事斗争和安全形势的发展，部队对武器装备控制系统快速性与高精度的性能要求日趋迫切，在设计控制器时，同时考虑系统的瞬态与稳态性能具有很大的军事应用价值。因此，无论是进一步考虑非仿射系统的瞬态和稳态性能，还是将预设性能控制方法推广到非仿射系统中，都是理论拓展与实际应用的需要。

本书针对一系列具有不同特点的非仿射系统设计了预设性能控制器，主要内容包括：在非仿射系统模型拓展方面，非仿射函数的特性从连续可导、连续不可导拓展到了不连续，用于模型变换的假设条件逐渐放宽，所设计的控制器的适用性不断加强；在预设性能控制方法改进方面，设计了能随控制指令灵活变化的性能函数、不依赖初始条件的性能函数和面向小超调的性能函数，提出了新的误差转化方式，灵活地采用了基于误差面的快速预设性能控制和基于反推技术的逐步预设性能控制两种设计方法；在非仿射系统预设性能控制方法应用方面，研究了以平衡车和三阶单连杆机械臂为例的非仿射纯反馈系统的控制问题，以及高超声速飞行器和四旋翼无人机的飞行控制问题。

在本书出版之际，作者由衷地感谢空军工程大学胡剑波教授、郭基联教授、卜祥伟副教授、王坚浩讲师和中国人民解放军 94354 部队王健博士的悉心指导和热情帮助。

本书的研究内容得到了国家自然科学基金青年科学基金项目(编号：62103439)、中国博士后科学基金面上资助项目(编号：2020M683716)和陕西省自然科学基础研究计划青年项目(编号：2021JQ－364)的资助。

由于作者水平有限，书中难免存在纰漏，敬请广大读者批评指正。

作　者

2022 年 3 月

# 目　录

# 第 1 章　绪　　论

## 1.1　引　　言

控制的基础是信息，一切信息传递都是为了控制，进而任何控制都依赖信息反馈来实现[1]。尽可能多地获取控制对象的信息并设计有效的反馈形式是控制理论研究的主要问题。获取控制对象的信息依赖系统建模、系统辨识与状态观测，反馈形式的设计则依赖控制对象信息的完整度及对控制效果的要求。因此，在控制系统设计过程中，有效利用控制对象信息以及充分考虑控制性能要求显得至关重要。实际系统均呈现出很强的非线性及不确定性，一些包含本质非线性的系统难以用线性模型描述和预测。根据控制输入与状态的关系，可将非线性系统分为仿射系统与非仿射系统。非仿射系统即控制输入以非线性隐含的方式对系统产生作用[2]，飞行器系统、机械系统和生化系统等大部分实际工程系统均存在非仿射关系。

当实际系统非仿射性特性显著时，仍用仿射模型去简单地刻画，必然会带来较大的模型误差，而模型误差可能进一步影响闭环控制系统的稳定性与跟踪精度。因此，为提高控制器的适用性，有必要基于非仿射模型设计控制器。对非线性系统的控制问题，除 PID 控制、鲁棒控制、自适应控制、变结构控制等方法外，反推控制、神经网络控制、模糊控制等高级控制策略应运而生。然而，诸多控制方法均是针对存在模型不确定性与外部干扰时，为保证系统稳态性能而设计的，对主动改善系统收敛速度与超调量等瞬态性能的控制方法研究得相对较少。Bechlioulis 等学者于 2008 年提出的预设性能控制为解决该问题提供了思路[3]。预设性能控制即设计控制律使系统跟踪误差收敛到一个预先设定区域的同时，保证收敛速度及超调量符合预先设定的条件[4]。

综上所述，无论是进一步考虑非仿射系统的瞬态和稳态性能，还是将预设性能控制方法推广到非仿射系统中，都是理论拓展与实际应用的需要[2,4]。

本章将首先分别对非仿射系统控制与预设性能控制的概念、研究现状以及存在的问题进行综述；其次，分析将预设性能控制方法应用于非仿射系统的必要性；最后，阐述本书的研究思路。

## 1.2　非仿射系统控制概述

输入非仿射系统通常表述为

$$\dot{x} = f(x, u)$$

其中 $x \in \mathbf{R}$ 和 $u$ 分别表示系统状态和控制输入，$f(x, u)$为非仿射函数。由于非仿射函数不显含控制输入 $u$，无法直接针对 $f(x, u)$设计控制器，因此在采用不同的方法设计控制器时，通常需要对 $f(x, u)$做一些相应的假设。以下列举几种常用的将 $f(x, u)$伪仿射化的方法：

(1) 文献[5]～文献[8]假设$\partial f(x, u)/\partial u$存在，并利用泰勒公式将 $f(x, u)$在 $u=u_0(x)$处进行级数展开：

$$f(x, u) = f(x) + g(x)u + \Delta(x, u) \tag{1.1}$$

其中 $f(x) = f(x, u_0(x)) - \partial f(x, u)/\partial u\big|_{u=u_0(x)} u_0(x)$，$g(x) = \partial f(x, u)/\partial u\big|_{u=u_0(x)}$，$\Delta(x, u)$代表高阶部分，$u_0(x)$是令 $\|\Delta(x, u)\|$ 最小的未知光滑函数。

(2) 文献[9]～文献[13]假设$\partial f(x, u)/\partial u$存在，并利用拉格朗日中值定理将 $f(x, u)$表述为以下形式：

$$f(x, u) = f(x, 0) + g(x, \vartheta u)u \tag{1.2}$$

其中 $g(x, u)=\partial f(x, u)/\partial u$，$\vartheta \in (0, 1)$为未知常数。

(3) 针对一类多输入多输出非仿射系统 $x=f(\boldsymbol{x}, \boldsymbol{u})$，$\boldsymbol{x} \in \mathbf{R}^n$，$\boldsymbol{u} \in \mathbf{R}^n$，文献[14]假设$\partial f(\boldsymbol{x}, \boldsymbol{u})/\partial \boldsymbol{u}$存在，并利用 Hardamard 引理将 $f(\boldsymbol{x}, \boldsymbol{u})$变换为以下形式：

$$f(\boldsymbol{x}, \boldsymbol{u}) = f_0(\boldsymbol{x}) + g_0(\boldsymbol{x})\boldsymbol{u} + \sum_{j=1}^{m} u_j [\boldsymbol{R}_j(\boldsymbol{x}, \boldsymbol{u})\boldsymbol{u}] \tag{1.3}$$

其中 $f_0(\boldsymbol{x})=f(\boldsymbol{x}, \boldsymbol{0})$，$g_0(\boldsymbol{x})=\partial f(\boldsymbol{x}, \boldsymbol{u})/\partial \boldsymbol{u}\Big|_{\boldsymbol{u}=\boldsymbol{0}}$，$\boldsymbol{R}_j(\boldsymbol{x}, \boldsymbol{u})$是 $m \times m$ 维矩阵，$u_j (1 \leqslant j \leqslant m)$是向量 $\boldsymbol{u}$ 的组成元素。

(4) 文献[15]～文献[19]首先利用隐函数定理证明非仿射系统存在最优控制律，并假设$\partial f(x, u)/\partial u > 0$，然后将非仿射函数改写为以下形式：

$$f(x, u) = f'(x, u) + cu \tag{1.4}$$

其中 $c>0$ 为待设计参数，未知非线性函数 $f'(x, u)=f(x, u)-cu$ 通过神经网络[15-18]或模糊系统[19]进行估计。

(5) 文献[20]假设非仿射函数 $f(x, u)$保持 Lipschitz 连续，且非线性函数 $f(x, u)-f(x, 0)$被夹逼在直线 $\underline{F}u + C_1$ 和 $\overline{F}u + C_2$ 之间，其中 $\underline{F}$、$\overline{F}$ 为未知正数，$C_1$、$C_2$ 为未知常

数。通过中间值定理可将非仿射函数变换为以下伪仿射形式：

$$f(x, u) = f(x, 0) + G(x, u)u + \Delta(x, u) \tag{1.5}$$

式中：$\min\{\underline{F}, \bar{F}\} \leqslant G(x, u) \leqslant \max\{\underline{F}, \bar{F}\}$，$0 \leqslant |\Delta(x, u)| \leqslant |C_1| + |C_2|$。

方法(1)～(4)均假设偏导数$\partial f(x, u)/\partial u$存在，方法(5)用针对非线性函数$f(x, u) - f(x, 0)$的不等式约束取代了上述假设。对比式(1.1)～式(1.5)可知，变换得到的伪仿射模型具有相似的结构：显含控制输入$u$，控制输入增益未知，含一项或多项未知非线性函数。因此，可基于伪仿射模型进行控制器设计。对于高阶非仿射纯反馈系统，可参照上述方法逐阶进行伪仿射化。

### 1.2.1 非仿射系统控制方法研究现状

目前的研究成果大都是先利用上述变换方法得到伪仿射模型，然后针对变换后的模型设计控制器。在控制器设计过程中存在诸多问题，下文将对几类典型问题的解决方法进行综述。

**1. 控制方向**

由于非仿射函数$f(x, u)$不显含控制输入$u$，因此直接设计控制器比较困难。虽然通过伪仿射化分离出了控制输入$u$，但由式(1.1)～式(1.3)可知，伪仿射模型中控制输入增益函数的符号与$\partial f(x, u)/\partial u$直接相关。然而在实际应用中，$\partial f(x, u)/\partial u$的大小与符号很难知晓。为解决上述问题，现有的文献主要有以下两种处理方法：

(1) 假设$\partial f(x, u)/\partial u$严格为正(或为负)，且存在未知正数$g_m$、$g_M$满足$g_m \leqslant \partial f(x, u)/\partial u \leqslant g_M$；

(2) 假设$\partial f(x, u)/\partial u$符号未知，且存在未知正数$g_m$、$g_M$满足$g_m \leqslant |\partial f(x, u)/\partial u| \leqslant g_M$。

其中方法(1)等效于人为地规定了控制方向，方法(2)中存在控制方向未知问题，通常需要借助Nussbaum函数进行控制律设计。具体研究情况如下：

文献[9]～文献[12]通过拉格朗日中值定理将一类未知非仿射系统变换为伪仿射系统，并假设$\partial f(x, u)/\partial u$严格为正且有界，以此规避伪仿射系统控制增益函数符号未知的问题。为了取消上述假设，文献[5]、文献[6]、文献[13]、文献[21]～文献[26]通过引入Nussbaum函数并设计自适应控制律解决了控制方向未知的问题。上述研究成果要求$\partial f(x, u)/\partial u \neq 0$，即假设控制方向不变。然而在实际应用中，由于$x$和$u$均随时间不断变化，因此$\partial f(x, u)/\partial u$的值很难获得，甚至$\partial f(x, u)/\partial u$可能不存在。

**2. 未知非线性项**

由式(1.1)～式(1.5)可发现，伪仿射模型中均存在未知非线性项。对未知非线性项通常有以下两种处理方法：

(1) 利用估计器对其进行估计，比如自适应律、神经网络和模糊系统；

(2) 结合非线性函数的连续性与极值定理证明非线性项在设定的不变集中有界，最终通过 Lyapunov 稳定性理论证明闭环系统所有信号在不变集中有界。

在方法(1)中，首先通过设置合适的估计器参数或增加估计器数量，可以较为精确地估计未知非线性项；然后将估计值纳入到控制律中，以实现对未知项的有效补偿；最后通过在控制律中选择适当的比例增益，即可保证闭环系统的稳定性。在方法(2)中，仅通过极值定理证明连续未知非线性函数有界而不采取任何补偿很难保证闭环系统稳定。因此，方法(2)通常和非线性整定的 PID 控制或带误差约束的控制方法结合使用。具体研究情况如下：

文献[27]、文献[28]和文献[29]分别采用径向基神经网络和双层前馈神经网络逼近未知非线性函数，通过设置足够大的神经元节点数，即可获得满意的逼近效果。文献[30]和文献[31]则采用模糊逻辑系统估计未知非线性函数，与神经网络估计器类似，模糊系统的逼近误差与采用模糊集的个数直接相关。为了避免神经元节点与模糊集个数对控制性能的影响，文献[32]和文献[33]采用自适应律估计变换系统中的未知项，并结合反推法逐级设计控制律以实现闭环系统的渐进稳定。然而上述估计器的引入均会导致系统计算量增大且控制实时性变差。为此，文献[34]针对一类未知非仿射纯反馈系统提出了一种无须估计器的预设性能控制器。在反推设计的每一步均采用了极值定理证明未知连续项的有界性，最终通过 Lyapunov 稳定性理论，证明了闭环系统的稳定性。虽然未使用任何估计器对未知项进行估计，但由于在控制器设计过程中考虑了跟踪误差约束，闭环系统的跟踪性能依然有保证。

**3. 控制输入非线性**

非仿射模型 $\dot{x}=f(x, u)$本身就包含了所有可能的控制输入非线性。为了将控制输入 $u$ 分离出来以便于设计控制器，通常会人为地设置假设条件以获取伪仿射系统。与非仿射模型相比，伪仿射模型必然会丢失很多重要的输入非线性特征。鉴于此，针对一些常见的输入非线性，部分文献重新建立了相应的数学模型并将其考虑到变换系统中。典型的控制输入非线性有死区、饱和及磁滞等。具体研究情况如下：

针对一类含死区输入非线性的非仿射系统，文献[35]、文献[36]和[37]分别基于拉格朗日中值定理和泰勒公式对非仿射系统进行了变换，并针对变换系统设计了自适应模糊控制器，其中死区坡度假设为常数，死区断点分布在零点两侧但数值未知。针对一类死区坡度为未知有界函数的非仿射纯反馈系统，文献[38]提出了一种有限时间稳定且无须任何估计器的鲁棒控制器。

针对一类控制输入受限且具有积分链式结构的非仿射系统，文献[39]首先基于隐函数定理与拉格朗日中值定理将非仿射系统伪仿射化，然后设计了状态稳定的补偿系统对跟踪误差进行补偿，最后通过引入高增益观测器实现了稳定的输出反馈控制；文献[40]采用模糊系统估计饱和项，并基于无源定理和反推技术设计了自适应模糊控制器。

针对一类控制输入受限的非仿射纯反馈系统，文献[41]针对变换系统的每一阶构造了补偿系统以补偿跟踪误差，然后引入指令滤波器处理虚拟控制受限问题，其中变换系统中的未知非线性函数由扩张状态观测器进行估计；文献[42]结合 Nussbaum 增益技术和双曲正切函数，解决了控制方向未知与输入受限问题。

针对带非对称饱和输入非线性的非仿射纯反馈时滞系统，文献[43]利用神经网络估计饱和项，并基于反推技术设计了自适应神经网络动态面控制器。

针对一类带磁滞输入非线性的非仿射纯反馈系统，文献[44]首先将类齿隙磁滞非线性函数改写为带有界不确定项的线性函数，然后利用拉格朗日中值定理将非仿射系统伪仿射化，最后基于伪仿射模型和反推技术设计了自适应跟踪控制器。

**4. 控制器设计**

对于非仿射纯反馈系统，有以下两种典型的控制器设计方案：

(1) 首先通过合理的假设条件将原系统逐阶进行伪仿射化，然后基于反推技术针对变换系统的每一阶逐步设计控制律；

(2) 基于非仿射函数连续可偏导的假设条件，将原系统变换为等效的积分链式系统，然后定义包含系统所有状态且满足劳斯-赫尔维茨稳定性判据的误差面，最终设计能使该误差面收敛至有界残差区间的控制律。

其中，基于反推法的控制方法思路清晰、易于实施且可处理非匹配不确定性问题，但需要逐级设计虚拟控制律，且可能每一步都需要引入估计器以对未知项进行估计；基于误差面的控制方法通过数学变换把系统所有的不确定性集中到一项，然后采用估计器进行统一估计，大大降低了计算复杂度且无须虚拟控制律，但是在控制器的设计过程中，需要引入观测器或微分器对变换系统的状态进行估计以构造误差面。因此，上述两种控制器设计方案各有优缺点，在实际应用中需紧密结合控制对象的特点进行选择。针对非仿射纯反馈系统，上述两种方案的具体应用情况如下：

文献[9]～文献[13]首先通过拉格朗日中值定理将非仿射系统伪仿射化，然后基于反推技术对变换系统进行自适应神经网络控制律的逐级设计。其中为了避免反推过程中对虚拟控制律反复求导，文献[11]引入了一阶低通滤波器对虚拟控制律的一阶导数进行估计。一阶滤波器可以过滤掉控制过程中产生的高频信号，使虚拟控制信号与控制输入更为平滑，但同时也存在以下问题：在反推过程的每一步都引入一阶滤波器可能导致控制系统的实时性降低；滤波常数的选取对系统稳定性的影响较大，在稳定性证明过程中需要考虑滤波误差。

为了避免反推法中逐步推导的设计过程，文献[45]、文献[46]基于非仿射函数连续可偏导的条件将非仿射纯反馈系统变换成了积分链式系统。其中，文献[45]、文献[46]分别采用高增益观测器和高阶滑模观测器估计变换系统的状态，并设计了自适应神经网络控制器。文献[47]针对一类不确定非仿射纯反馈系统设计了一种自适应神经网络控制器。虽然该方法采用了类似于反推设计的逐步推导过程，但并不需要对中间设计过程中的未知项进行估计，也不必对虚拟控制律进行解算，只需要用单个自适应神经网络对最后一步中的不确定项进行估计。最后通过 Lyapunov 稳定性理论，证明了闭环系统的稳定性。与文献[9]～文献[13]的控制方案相比，文献[47]的控制方法简化了控制器结构。此外，文献[47]的实际控制律与文献[45]、文献[46]的控制律形式一致，因此可以认为文献[47]中的逐步推导过程发挥了与把纯反馈系统变换为积分链式系统相似的作用。

**5. 状态反馈与输出反馈**

状态反馈与输出反馈是控制器设计过程中两种常见的反馈形式。其中，状态反馈更为精准，但对于某些系统而言状态信息获取困难；输出反馈便于实际应用，但不可避免地会引入观测器误差。在带约束的控制方案中，观测器误差会影响控制性能。在实际应用中，可根据状态信息获取的难易程度与控制精度要求的高低对两种反馈形式进行合理选择。针对非仿射系统，上述两种反馈方式的应用情况如下：

通过假设系统状态可测，文献[5]～文献[7]、文献[9]～文献[13]针对一类非仿射系统设计了状态反馈控制器；通过假设系统状态不可测，文献[36]、文献[48]以及文献[37]、文献[49]分别采用自适应模糊状态观测器和高增益观测器对系统状态进行了估计，并基于估计状态实现了一类非仿射系统的输出反馈控制。观测器的引入使得系统结构更加复杂。此外，为了证明观测误差的收敛性，通常需要假设变换系统中控制增益函数存在上下界。

**6. 状态约束**

由于实际系统状态变化范围必然受限，针对非仿射系统的状态约束问题，研究者们提出了基于障碍 Lyapunov 函数的控制方法。文献[50]首先采用拉格朗日中值定理将一类非仿射纯反馈系统变换为等效的伪仿射系统，然后基于障碍 Lyapunov 函数和反推法，设计了自适应神经网络控制器，最后通过 Lyapunov 稳定性理论证明了系统所有状态约束均能得到保证。文献[51]、文献[52]基于反推动态面控制技术，分别针对一类含时不变和时变输出约束的非仿射纯反馈系统，设计了自适应神经网络控制器。与文献[50]相比，文献[51]、文献[52]仅在反推过程的第一步考虑了状态约束，因此无法实现全状态约束，但控制系统的复杂度有所降低。

**7. 多输入多输出系统**

近几年，非仿射多输入多输出系统的研究取得了显著的进展。除了将非仿射单输入单输出系统中的研究成果推广到多输入多输出系统外，还需要关注如何处理子系统间的互联项与拓扑关系。虽然多智能体系统本质上属于多输入多输出系统，但是传统的多输入多输出系统控制问题关注的通常是具有多个通道的单个控制对象，而多智能体控制问题关注的则是具有复杂拓扑关系的多个控制对象。具体研究情况如下：

在多输入多输出系统控制方面，文献[53]针对一类具有三角结构的非仿射纯反馈多输入多输出系统，设计了自适应神经网络控制器。在控制器设计过程中，通过对系统中的仿射与非仿射项进行分类处理，解除了各子系统输入输出间的耦合关系且不必对耦合矩阵进行估计。文献[54]针对一类带未知死区输入非线性的非仿射纯反馈多输入多输出系统，设计了一种自适应模糊控制器。其中，死区区间两侧被假设为严格递增的非仿射函数，且和系统中的非仿射函数一样，都通过拉格朗日中值定理进行伪仿射化，各子系统间的耦合项通过模糊系统进行估计。文献[55]针对一类输入受限的非仿射多输入多输出系统，设计了一种自适应神经网络控制器。其中，通过引入双曲正切函数和 Nussbaum 函数，分别解决了输入受限和变换系统控制增益函数符号未知的问题。

在多智能体控制方面，文献[56]基于隐函数定理和拉格朗日中值定理，将带拓扑切换的不确定非仿射纯反馈多智能体系统变换为伪仿射系统，然后采用模糊系统估计变换系统中的非仿射项，最后基于反推动态面控制技术，设计了自适应分布式牵制控制器，使得闭环系统所有信号一致有界；文献[57]综合运用反推动态面控制技术、自适应神经网络和图论，解决了一类非仿射纯反馈多智能体系统的一致性跟踪问题。

**8. 实际应用**

非仿射系统是对实际系统普遍的描述形式，针对非仿射系统的控制方法也被广泛地应用于生化系统、机械系统与飞行控制等工程实际中。具体研究情况如下：

在生化系统控制方面，文献[9]将针对非仿射系统设计的自适应神经网络控制器应用于 Brusselator 化学反应系统中，对反应物浓度实现了稳定的跟踪控制。在机械控制方面，文献[22]将针对非仿射系统设计的自适应神经网络输出反馈控制方法应用于单连杆机械臂中，解决了闭环系统稳定跟踪控制问题。

在飞行控制方面，文献[58]针对高超声速飞行器纵向短周期模态，建立了非仿射模型，并通过设计自适应模糊控制器，实现了对指令信号的稳定跟踪控制；文献[59]针对飞行器荷兰滚动力学模型，建立了非仿射多输入多输出模型，并设计了自适应模糊滑模控制器，使得闭环系统所有信号有界且跟踪误差收敛到零点。

## 1.2.2 非仿射系统控制方法研究存在的问题

通过上述分析，发现非仿射系统控制方法研究存在以下问题：

(1) 模型变换所采用的假设过于苛刻，导致实际模型与面向控制器设计的模型差异太大。无论运用泰勒公式、拉格朗日中值定理或隐函数定理，都要求$\partial f(x, u)/\partial u$存在且有界。然而，实际系统很难满足上述条件。因此，有必要采用更宽松的假设条件，使模型在变换过程中最大限度地保留非仿射特征。

(2) 由于系统未知或存在模型不确定性，通常无法获得伪仿射模型中控制增益函数的具体值。用基于变换模型所设计的控制器去控制实际对象，难以保证高精度的跟踪控制。

因此，有必要在设计控制器时考虑对控制性能的约束。

（3）针对变换模型中的未知非线性函数，大多数文献倾向于采用估计器估计其值。但神经网络和模糊系统逼近方法的有效性依赖于神经元和模糊集数目是否足够庞大，并且径向基函数和隶属度函数选取的随意性强。此外，引入估计器会使控制器复杂度增大且控制实时性降低。因此，在控制器设计过程中应尽可能少地使用估计器。

（4）在针对带执行器输入非线性的非仿射系统进行控制器设计时，很多文献仅考虑了单一的控制输入非线性。在工程实际中控制输入非线性往往不止一种并且类型未知。因此，有必要在设计控制器时考虑不确定输入非线性。

（5）目前关于非仿射系统控制方法的研究依然以控制理论居多。因此，有必要进一步将其应用于机械臂、高超声速飞行器与四旋翼无人机等实际对象中。

## 1.3 预设性能控制概述

近几年，带性能约束的控制方法取得了显著的进展。在实际控制系统中，考虑性能约束能避免跟踪性能衰退与系统损坏。考虑到实际系统物理结构的缺陷、执行器饱和或性能与安全规范要求，控制输入、系统状态与输出通常需要施加约束。违背约束可能导致无法预料的事故发生。目前，障碍 Lyapunov 函数、漏斗控制和预设性能控制是解决带约束的控制问题的主要手段。

部分文献基于障碍 Lyapunov 函数设计控制器，以解决各类非线性系统的状态约束问题，如具有 Brunovsky 形式的非线性系统[60]、严反馈系统[61-62]和非仿射纯反馈系统[50-51]。文献[52]、文献[63]基于障碍 Lyapunov 函数，针对含时变约束的非线性系统设计了控制器。然而，当界限条件变化时，障碍 Lyapunov 函数控制器需要重新设计；此外，在非对称障碍 Lyapunov 函数控制器设计过程中，需要繁杂的设置以保证分段的性能函数连续可导。

漏斗控制器通过采用时变的控制增益，确保闭环系统瞬态和稳态跟踪性能，其中时变的控制增益由漏斗边界和跟踪误差的欧几里得范数进行调节。漏斗控制最初仅用于相对阶为 1 或 2 的非线性系统[64-65]。文献[66]、文献[67]将漏斗控制成功拓展到了一类严反馈系统中。文献[68]、文献[69]针对一类输入受限的单输入单输出和多输入多输出系统分别设计了漏斗控制器。漏斗控制能够避免传统高增益自适应控制器的缺点，对系统不确定性和测量噪声具有很强的鲁棒性。因此，漏斗控制器自提出以来，就开始广泛地应用于生化[70]、机械[71-72]和飞行控制[73]系统中。然而，目前依然鲜有将漏斗控制拓展到高阶非仿射系统中的研究成果。

作为漏斗控制的替代方法，预设性能控制凭借更为灵活的应用形式，广泛地应用于非线性单输入单输出系统、多输入多输出系统和实际工程系统中。虽然障碍 Lyapunov 函数、漏斗控制和预设性能控制均能实现性能约束，但是正如文献[34]所指出的那样，与前两者相比，预设性能控制设计更灵活且更容易推广到高阶非仿射系统。因此，本节将首先对预设性能控制的基本概念进行阐述，然后对预设性能控制的研究现状与不足进行综述。

预设性能控制指设计控制律使跟踪误差 $e(t)$ 以预设的收敛速度和最大超调量收敛到可调的残差集合中[3, 34]。上述概念可用以下不等式进行描述：

$$-\rho(t) < e(t) < \rho(t),\ \forall t \geqslant 0 \tag{1.6}$$

性能函数 $\rho(t)$ 通常选为指数形式，即

$$\rho(t) = (\rho_0 - \rho_\infty)\exp(-lt) + \rho_\infty \tag{1.7}$$

其中：$\rho_0>0$，$\rho_\infty>0$ 和 $l>0$ 为待设计参数；$\exp(\cdot)$ 表示指数函数。通过选择合适的参数 $\rho_0$ 和 $\rho_\infty$，可使 $|e(0)|<\rho(0)$ 和 $\rho_0>\rho_\infty$ 成立。$\rho_0$ 限制了跟踪误差 $e(t)$ 在瞬态时的超调，$\rho_\infty$ 限制了跟踪误差 $e(t)$ 在稳态时的变化范围。上述预设性能的概念可通过图 1.1 来阐释。

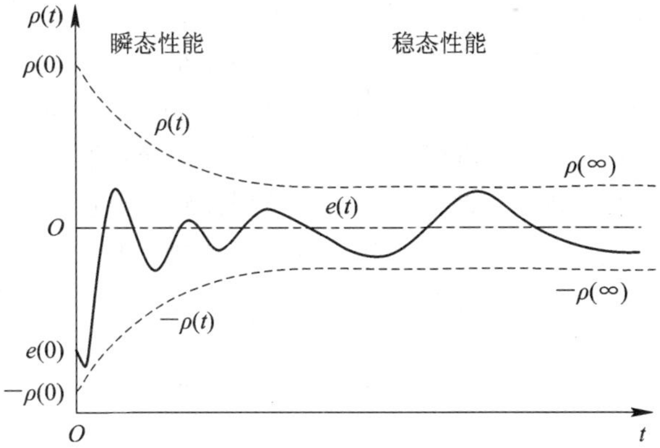


图 1.1　预设性能示意图

为了实现预设性能(1.6)，带约束的跟踪误差可通过以下等式转化成不带约束的变量：

$$e(t) = \rho(t)\Xi(z(t)),\ \forall t \geqslant 0 \tag{1.8}$$

其中：$z(t)$ 为转化误差，$\Xi(z(t))=\dfrac{\exp[z(t)]-\exp[-z(t)]}{\exp[z(t)]+\exp[-z(t)]}$ 为单调递增的可导函数。因此转化误差可表述为

$$z(t) = \Xi^{-1}\left[\frac{e(t)}{\rho(t)}\right] = \frac{1}{2}\ln\left[\frac{\zeta(t)+1}{1-\zeta(t)}\right] \tag{1.9}$$

其中 $\zeta(t)=\dfrac{e(t)}{\rho(t)}$ 为标准化误差。对于实际系统，选择合适的性能函数可使得 $|\zeta(0)|<1$ 成立。若控制律可以保证 $z(t)$ 有界，则预设性能(1.6)可以实现[3, 34]。

### 1.3.1　预设性能控制研究现状

从 2004 年 Ilchmann 设计漏斗控制器到 2008 年 Bechlioulis 清晰地提出预设性能控制

的概念，这一阶段可视为预设性能控制思想的萌芽阶段。近十年来，随着预设性能控制理论的发展与工程实际应用的需求，越来越多的研究者投入到预设性能控制的理论研究与应用推广中。在预设性能控制理论发展方面，控制对象包含线性系统、严格反馈系统、纯反馈非线性系统、多输入多输出系统甚至混沌系统；在工程实际应用方面，控制对象包含机械臂、生化系统、高速列车甚至高超声速飞行器等。下文将根据控制对象的特点对预设性能控制研究现状进行分类综述。

**1. 仿射系统**

相比于非仿射系统，仿射系统的结构相对简单。因此，针对仿射系统的预设性能控制研究最为广泛。现有的相关研究成果在控制器设计过程中所关注的典型的问题包括控制增益函数符号未知、控制输入非线性与输出反馈等问题。下文将逐一进行综述。

针对一类控制增益函数符号已知的严反馈系统，文献[74]～文献[79]设计了预设性能控制器，其中文献[74]未采用任何估计器，但闭环系统的控制性能依然能得到保证；针对控制增益符号未知的非仿射严反馈系统，通过引入 Nussbaum 函数，文献[80]～文献[82]成功地解决了控制增益符号未知的问题，并设计了预设性能控制器。

针对控制输入非线性问题，文献[83]、文献[84]针对带死区输入非线性的严反馈系统设计了预设性能控制器，其中文献[84]提出的控制器无须任何估计器；针对带饱和输入非线性的严反馈系统，文献[85]～文献[87]首先将饱和函数改写为带双曲正切函数的形式，然后针对变换后的系统设计了预设性能控制器；针对带磁滞输入非线性的严反馈系统，文献[88]和[89]分别设计了自适应神经网络预设性能控制器和无须任何估计器的预设性能控制器。

考虑到在实际应用中系统状态可能不可测，文献[90]～文献[93]首先通过观测器对一类仿射系统的状态进行估计，然后构造了预设性能输出反馈控制器。针对一类仿射切换系统，文献[94]～文献[97]设计了相应的自适应预设性能控制器。此外，为解决一类状态受限的仿射系统预设性能控制问题，文献[98]引入了障碍 Lyapunov 函数对误差进行约束，文献[99]则采用伪控制减缓法对误差进行补偿。两种方法均实现了对系统状态的有效约束。

**2. 非仿射系统**

随着仿射系统预设性能控制器研究的深入，部分文献将预设性能控制推广到了非仿射系统。由于非仿射函数不显含控制输入 $u$，因此通常需要借助于 1.2 节所总结的模型变换方法将非仿射系统进行伪仿射化。具体的研究情况如下：

文献[100]基于拉格朗日中值定理将一类具有积分链式结构的非仿射系统变换为伪仿射系统，并引入了 Nussbaum 函数处理变换系统控制增益函数符号未知的问题，然后采用自适应模糊系统估计未知非线性项，最终设计出了预设性能控制器，使闭环系统跟踪误差满足预先设定的超调量、收敛速度和稳态值范围。通过假设非仿射函数偏导数符号已知且绝对值大于某一正数，文献[34]基于拉格朗日中值定理将一类非仿射纯反馈系统变换为仿仿射系统，然后设计了无须任何估计器的预设性能状态反馈控制器，并探讨了性能函数参数选取对系统输出和控制输入的影响。针对一类带外部干扰且结构参数未知的非仿射纯反馈系统，文献[101]综合运用 Nussbaum 增益、反推法、自适应投影算法和动态阻尼技术，设计了一种预设性能鲁棒控制器。文献[102]针对一类非仿射系统，设计了具有预设性能的模型预测鲁棒控制器。

**3. 多输入多输出系统**

与非仿射系统控制方法研究的思路类似，在预设性能控制理论提出的同时，研究者将其推广到了多输入多输出系统。其中具体的研究对象包括：针对具有多个控制通道的单个控制对象建立的多输入多输出模型，以及由多个控制对象组成的大尺度系统和多智能体系统。具体研究情况如下：

针对一类可反馈线性化的多输入多输出系统，文献[103]、文献[104]和文献[105]分别设计了鲁棒自适应预设性能控制器和无须任何估计器的预设性能控制器。针对一类带未知死区输入非线性且控制方向未知的多输入多输出不确定非线性系统，文献[106]通过引入 Nussbaum 函数和自适应模糊系统，设计了预设性能控制器。此外，针对一类不确定的多输入多输出切换非线性系统，文献[107]设计了一种自适应模糊输出反馈控制器。

针对一类具有时间延迟的大尺度非线性系统，文献[108]基于反推动态面控制技术和模糊状态观测器，设计了一种自适应模糊输出反馈预设性能控制器；文献[109]引入了 Nussbaum 函数，解决了控制方向未知的问题，并设计了一种无须估计器的预设性能分散式控制器。

针对具有单个领航者的一阶非线性多智能体系统，文献[110]首先进行拓扑分析将各子系统进行解耦，然后设计了不依赖模型信息的预设性能控制器，最终实现了一致性控制；文献[111]针对含单个领航者的多智能体系统进行了深入的研究，提出了三种具有性能约束的一致性控制策略：针对二阶非线性多智能体的有限时间一致性跟踪控制、针对高阶非线性多智能体系统的一致性输出反馈控制以及针对具有三角形结构的非线性多智能体一致性容错控制。此外，针对一类具有齐次拉格朗日形式的多智能体系统，文献[112]、文献[113]设计了相应的分布式预设性能控制器。

**4. 实际应用**

自预设性能控制理论被提出以来，不乏研究者将其应用于工程实际中。其中，有关机械手、运输系统和飞行控制系统的研究比较丰富。具体研究情况如下：

针对一类柔性机械手的控制问题，文献[114]～文献[117]设计了不依赖精确模型信息也无须任何估计器的预设性能控制器，使得机械手能以设定的超调量和稳态误差跟踪力与位置指令。文献[118]针对一类带摩擦非线性的伺服机械装置，设计了自适应神经网络预设性能控制器。当存在较大的初始位置误差时，要实现机械手快速的跟踪控制通常需要较大的控制输入，因此为了避免控制输入饱和，文献[119]综合运用自抗扰技术、反推技术和误差补偿系统，成功解决了带输入受限的单机械手角度跟踪控制问题。

针对地面运输系统的控制问题，文献[120]、文献[121]针对多级大型运载平台的纵向模型设计了分布式鲁棒预设性能控制器，有效解决了平台晃动和相互冲撞的问题；文献[122]将自适应预设性能控制器运用到四轮汽车稳定支撑控制系统中，提高了乘坐的舒适性；文献[123]基于"浸入—不变集"理论为带模型不确定性的高速列车动力系统，设计了自适应鲁棒预设性能控制器。

在飞行控制研究领域，预设性能控制方法也得到了广泛的应用，文献[124]～文献[126]将预设性能控制方法应用于弹性高超声速飞行器纵向通道的控制；文献[127]针对舰载机纵向着舰过程建立了非仿射模型，然后基于文献[34]所提出的控制方法，设计了预设性能控制器；文献[128]、文献[129]利用预设性能控制方法，解决了航天器姿态稳定与跟踪控制问题；文献[130]利用预设性能控制方法，解决了带迎角约束的高空拦截弹的制导控制问题，为了避免性能函数在控制初始阶段变化过快导致控制输入饱和，研究者设计了一种可以动态调节收敛速率的性能函数；文献[131]针对带执行器故障与饱和输入非线性的3自由度直升机，设计了分布式协同预设性能控制器。

除上述控制对象外，文献[132]将预设性能控制用于解决带外部干扰与模型不确定性的水下潜行器的轨迹跟踪控制问题，通过对内环系统设置适当的性能包络，保证了外环系统的可控性，同时也解决了内外环耦合问题。针对含饱和与磁滞输入非线性的电动伺服系统，文献[133]和文献[134]分别设计了预设性能控制器。文献[135]、文献[136]利用预设性能控制方法，解决了混沌系统的同步问题，初步将预设性能控制方法拓展到了分数阶系统。文献[137]针对一类生化反应过程建立了多输入多输出非线性模型，并基于该模型设计了自适应模糊输出反馈预设性能控制器。

### 1.3.2 预设性能控制研究存在的问题

通过上述分析，发现已有的研究成果大多致力于将 Bechlioulis 等学者于 2008 年提出的预设性能控制方法推广到其他更复杂的系统中，而对预设性能控制方法本身的改进较少。然而，预设性能控制方法研究还存在以下不足：

(1) 性能函数选取困难，缺乏明确的选择标准。过于宽松的性能包络可能达不到性能约束的效果，过于严苛的性能包络则可能导致控制输入抖振或超限。设计性能函数时需要确保系统初始误差值落于性能包络中，否则会导致控制器失效。此外，部分文献所设计的非对称性能函数会使得转化误差与实际跟踪误差的零点不统一。

(2) 当系统具有较大的初始误差时，实现快速收敛与较小超调可能导致控制输入饱和。因此，有必要将预设性能控制与控制输入受限问题结合起来研究。

(3) 对于高阶纯反馈系统，基于反推技术逐步设计预设性能控制器过于烦琐，且每一步都需要设计性能函数必然会增大控制器失效的风险。

(4) 已有的大部分研究成果都是针对仿射系统的。将预设性能控制方法应用到非仿射系统、时变系统以及混沌系统的研究成果依然较少。此外，需要进一步把预设性能控制方法拓展到大尺度互联系统和航空航天控制等研究领域，以体现其工程价值。

## 1.4　非仿射系统预设性能控制研究的必要性

虽然可以通过假设条件人为地限制非仿射函数上每一点偏导数的大致范围，从而实现伪仿射化。但值得注意的是，无论基于泰勒公式、隐函数定理还是拉格朗日中值定理，所得到的伪仿射模型的控制增益函数均是严格为正或严格为负，甚至要求其绝对值严格大于某一正数的。基于上述条件，才能利用在严反馈系统研究过程中发展起来的控制方法进一步设计控制器。在这种伪仿射化过程中，非仿射函数随控制输入增大而整体“增大”的信息被提取了出来，但局部“减小”的信息却丢失了。用基于伪仿射模型设计的控制器去控制非仿射模型时，丢失的局部“减小”信息可能会导致控制性能下降。

以文献[5]～文献[19]中普遍采用的“可偏导假设”为例进行说明：为实现伪仿射化，通常假设存在未知正数 $g_m$、$g_M$ 满足不等式 $0<g_m\leqslant\partial f(x,u)/\partial u\leqslant g_M$。然后利用泰勒公式或拉格朗日中值定理将 $f(x,u)$ 变换为伪仿射形式，并基于变换后的模型设计控制器。这种粗放的变换必然产生较大的模型误差。图 1.2 为非仿射函数 $f(x,u)$ 随控制输入 $u$ 变化的示意图。其中曲线代表非仿射函数随控制输入变化的趋势，点划线代表基于“可偏导假设”得到的变换模型中伪仿射函数随控制输入变化的趋势。从图 1.2 中可以看出，$A'-B'-C'$ 段无法如实反映 $A-B-C$ 段的变化情况。

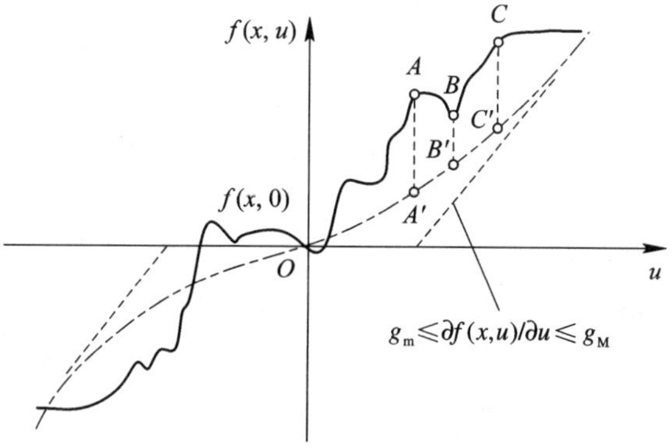


图 1.2　非仿射函数 $f(x,u)$ 随控制输入 $u$ 变化的示意图

以下分析模型误差对跟踪性能的影响：假设基于伪仿射模型设计的控制律的比例增益符号为负，控制器在 $A-B$ 段无法根据非仿射函数变化趋势及时切换控制方向导致出现正反馈，误差进一步增大，同时导致控制输入增大，当控制输入过渡到 $B$ 点以后重新出现利于误差减小的负反馈。对传统的控制方法而言，控制输入与误差大体上成正比关系；对预设性能控制方法而言，控制输入与误差成反双曲正切函数的关系，因此控制输入对误差变化更为敏感。当预设性能控制的跟踪误差接近性能函数边界时，控制输入会急剧增大并迅速地脱离产生不良影响的 $A-B$ 段。这种控制输入的“非线性整定”机制是传统控制方法所不具有的。

在非仿射系统控制器设计过程中，通常需要采用相应的假设去“提取”模型信息。假设越详细苛刻，越便于设计控制器，但控制器适用性越窄；假设越粗放，设计的控制器适用性越强，但控制器的设计过程越困难。非仿射模型在变换过程中产生的模型误差是伪仿射模型适用性与控制器设计难度之间的折中所必然产生的结果。因此，针对非仿射函数做假设时，除了要提取容易获得的且最本质的模型信息外，还应将性能约束纳入到控制器设计过程中。

近十年来，无论是对非仿射系统还是对预设性能控制方法的关注度都呈上升趋势[2-137]，但非仿射系统预设性能控制方法的研究成果依然较少[34, 100-102]。其中，对非仿射系统预设性能控制方法进行研究的必要性主要体现在以下三个方面：

(1) 随着科学技术的发展，具有非仿射特性的控制对象日益增多，在控制器设计过程中考虑性能约束具有很强的现实意义。

(2) 对预设性能控制方法而言，将其从仿射系统进一步推广到非仿射系统具有很强的理论意义。

(3) 文献[34]、文献[100]～文献[102]所提出的非仿射系统预设性能控制方法存在较大的发展空间。为了增强控制器的适用性，可采用更宽松的假设条件与灵活的预设性能函数。

## 1.5　本书内容安排

针对一类非仿射系统，本书设计了预设性能控制器，并进行了初步的应用研究。第 2 章至第 5 章属于控制理论研究。其中，针对非仿射函数的假设条件逐渐放宽：由连续可导、连续不可导放宽到不连续，各章所设计的控制器能处理的输入非线性类型增多，预设性能控制方法也根据控制对象的特点进行了针对性改进。第 6 章与第 7 章为应用研究部分：将理论研究成果分别应用于高超声速飞行器与四旋翼无人机，以验证本书提出的控制方案对高超声速固定翼飞行器与低速旋翼飞行器的适用性。本书的组织结构见图 1.3。

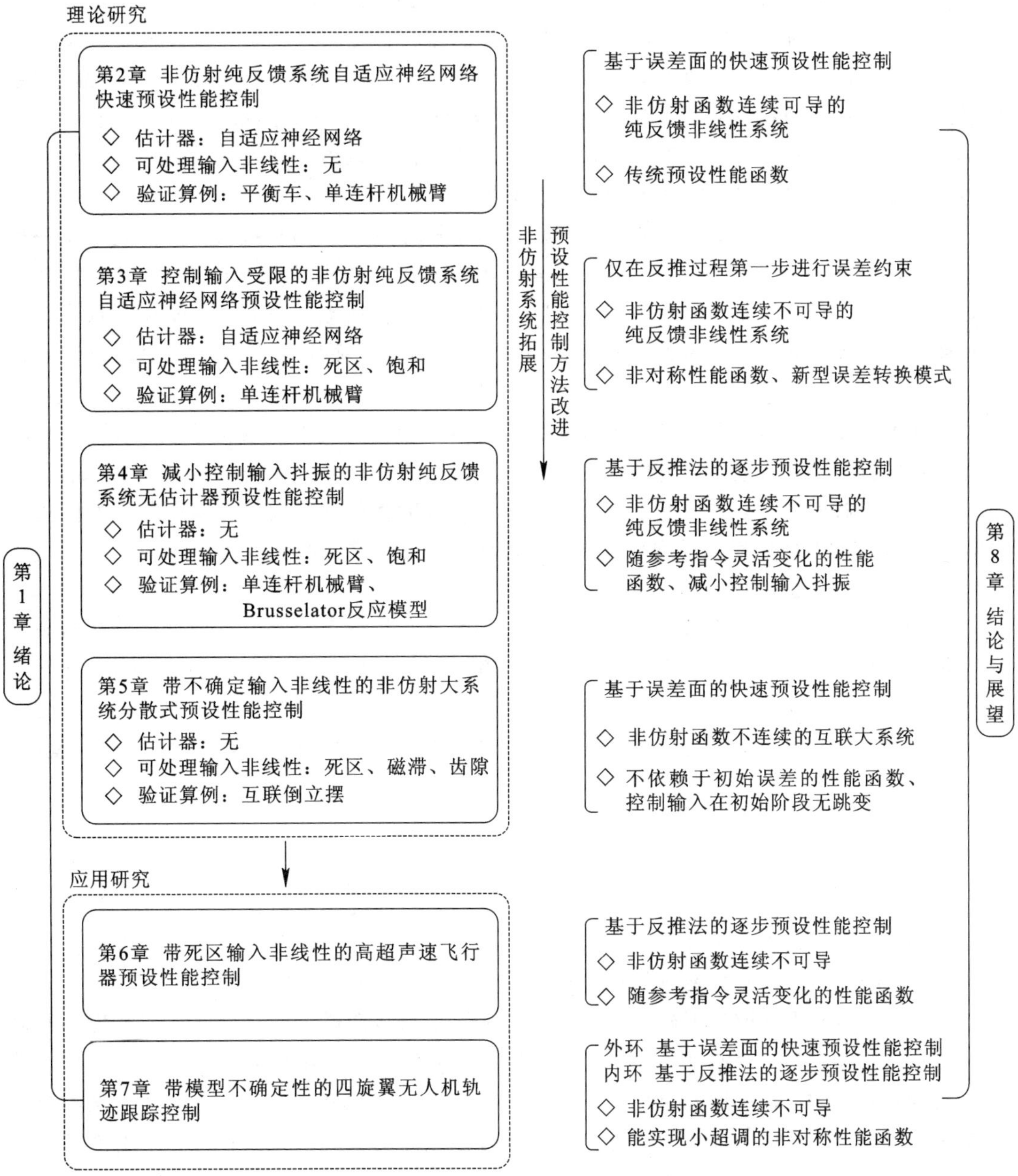
理论研究
第2章 非仿射纯反馈系统自适应神经网络快速预设性能控制
◇ 估计器：自适应神经网络
◇ 可处理输入非线性：无
◇ 验证算例：平衡车、单连杆机械臂
第3章 控制输入受限的非仿射纯反馈系统自适应神经网络预设性能控制
◇ 估计器：自适应神经网络
◇ 可处理输入非线性：死区、饱和
◇ 验证算例：单连杆机械臂
第4章 减小控制输入抖振的非仿射纯反馈系统无估计器预设性能控制
◇ 估计器：无
◇ 可处理输入非线性：死区、饱和
◇ 验证算例：单连杆机械臂、Brusselator反应模型
第5章 带不确定输入非线性的非仿射大系统分散式预设性能控制
◇ 估计器：无
◇ 可处理输入非线性：死区、磁滞、齿隙
◇ 验证算例：互联倒立摆
应用研究
第6章 带死区输入非线性的高超声速飞行器预设性能控制
第7章 带模型不确定性的四旋翼无人机轨迹跟踪控制
第1章 绪论
非仿射系统拓展
预设性能控制方法改进
基于误差面的快速预设性能控制
◇ 非仿射函数连续可导的纯反馈非线性系统
◇ 传统预设性能函数
仅在反推过程第一步进行误差约束
◇ 非仿射函数连续不可导的纯反馈非线性系统
◇ 非对称性能函数、新型误差转换模式
基于反推法的逐步预设性能控制
◇ 非仿射函数连续不可导的纯反馈非线性系统
◇ 随参考指令灵活变化的性能函数、减小控制输入抖振
基于误差面的快速预设性能控制
◇ 非仿射函数不连续的互联大系统
◇ 不依赖于初始误差的性能函数、控制输入在初始阶段无跳变
基于反推法的逐步预设性能控制
◇ 非仿射函数连续不可导
◇ 随参考指令灵活变化的性能函数
外环 基于误差面的快速预设性能控制
内环 基于反推法的逐步预设性能控制
◇ 非仿射函数连续不可导
◇ 能实现小超调的非对称性能函数
第8章 结论与展望

图 1.3　本书组织结构

第 1 章：对非仿射系统控制方法和预设性能控制的概念、研究现状与存在的问题进行了概述；分析了针对非仿射系统设计预设性能控制器的必要性并整理了本书的研究思路。

第 2 章：基于非仿射函数连续可导的条件，通过变量替换将一类未知非仿射纯反馈系统转化为等效的积分链式系统；利用有限时间收敛的微分器对变换系统的状态进行估计，并构造时变的误差面；通过对误差面瞬态与稳态值进行性能约束并设计自适应神经网络预设性能控制器，实现了对跟踪误差的预设性能控制。

第 3 章：针对含输入受限且非仿射函数连续不可导的纯反馈非线性系统，设计了一种自适应神经网络预设性能控制器。通过假设非仿射函数连续且局部半有界，将非仿射系统变换为伪仿射系统。为处理控制输入受限问题设计了一种误差补偿系统，避免了预先假设补偿系统的状态变量有界，并结合反推技术构造了一种自适应神经网络控制预设性能控制器。

第 4 章：针对含输入受限且非仿射函数连续不可导的纯反馈非线性系统，设计了一种无估计器的预设性能控制器。为确保系统可控，提出了一种局部半有界的可控性条件，基于该宽松的可控性条件，非仿射系统被变换成了等效的伪仿射系统。为避免预设性能控制方法中控制输入因指令信号剧烈变化而产生高频抖振或超限，结合反推技术成功构造了一种减小控制输入抖振的预设性能控制器。

第 5 章：针对一类非仿射函数不连续的大尺度互联系统，设计了一种不依赖初始条件的预设性能控制器。为了保证系统可控性，采用了非仿射函数半有界的假设条件。与传统的仅针对某一种特定执行器输入非线性的控制器不同，所提出的控制器可处理死区、磁滞和齿隙等输入非线性问题。为了处理各子系统的高阶动力学方程，构造了时变的误差面。基于误差面构造了不依赖初始条件的转化误差，并设计了相应的控制器，使得闭环系统所有信号有界且跟踪误差能在设定时间内进入预设性能包络。

第 6 章：针对带死区输入非线性的高超声速飞行器纵向动力学系统，设计了一种改进的预设性能控制器。与要求非仿射函数必须连续可导的传统高超声速飞行器非仿射控制方案不同的是，本书采用了一种半解耦的非仿射模型，其非仿射函数只需局部半有界且不必光滑可导，所提出的控制方案不依赖精确的模型信息且无须任何估计器。

第 7 章：为解决带模型不确定性的四旋翼无人机轨迹跟踪问题，设计了能实现小超调的预设性能控制器。针对速度子系统，构造了时变的误差面，并基于该误差面设计了含性能约束的转化误差。在设计非对称性能函数过程中纳入了闭环系统的初始误差，从本质上避免了控制奇异问题的发生，同时可以实现具有小超调的预设性能控制。为了增强控制器的适用性，针对姿态角角速度子系统建立了非仿射模型，然后基于宽松的可控性条件设计了预设性能控制器，所设计的控制器可以保证四旋翼无人机的位置和角度跟踪误差满足预设的瞬态和稳态性能。

# 第 2 章　非仿射纯反馈系统自适应神经网络快速预设性能控制

## 2.1 引　言

非仿射特性广泛存在于机械、生化和飞行控制等实际系统中，有关非仿射系统的控制问题是近几年的研究热点。一系列在严反馈系统中成熟应用的成果开始逐步拓展到非仿射系统中。泰勒公式[5-8]和拉格朗日中值定理[9-13]是将非仿射系统转化为面向控制器设计的伪仿射系统的有效手段：文献[11]基于反推动态面技术，针对变换后的伪仿射模型，设计了自适应神经网络控制器，通过引入一阶低通滤波器避免了对虚拟控制律的反复求导；文献[22]借助于自适应神经网络和 Nussbaum 函数，解决了一类含未建模动态与控制增益符号未知的非仿射纯反馈系统的控制问题；文献[46]基于非仿射函数连续可导的条件，将非仿射纯反馈系统转化为积分链式系统，采用高阶滑模微分器观测变换模型的状态，并针对变换模型设计了自适应神经网络估计器，避免了反推法的烦琐过程，减少了估计器的数量。

当前，针对未知非仿射系统的控制方案所需的系统信息较少，控制器设计往往依赖于宽松的可控性假设与复杂的估计器。文献[5]～文献[13]假设非仿射函数的偏导数有界且未知，并据此设计了满足 Lyapunov 稳定性的控制律。然而，通过有限的模型信息无法实现准确的反馈补偿，控制精度难以保证。因此，人们设想通过对跟踪误差施加约束以实现高精度控制。

对于含输出约束的控制问题，Tee、Ilchmann 与 Bechlious 等人相继提出了障碍 Lyapunov 函数[60-63]、漏斗控制[64-73]与预设性能控制[3, 34]的概念。上述方案将性能约束考虑到控制器设计过程中，以保证闭环系统实现理想的控制性能。预设性能控制可以更为灵活地与其他控制方法结合并应用到高阶系统，因而得到了广泛的研究：文献[74]～文献[82]将预设性能控制与反推技术结合，解决了严反馈系统的控制问题。文献[34]针对非仿射纯反馈系统，基于反推技术设计了一种低复杂度的预设性能控制器，该方案无须任何估计器，但在反推过程中的每一步都需要单独设计性能函数，增大了产生控制器奇异问题的风险。

本章基于有限时间收敛的微分器设计了一种自适应神经网络预设性能控制器，解决了一类未知非仿射纯反馈系统的跟踪控制问题。该方法避免了复杂的反推设计过程，保证了闭环系统的半全局稳定，并且跟踪误差满足预先设定的性能约束。

## 2.2 问题描述与模型变换

考虑如下所示的一类非仿射纯反馈系统：

$$\begin{cases}\dot{x}_i = f_i(\bar{\boldsymbol{x}}_i, x_{i+1}), i = 1, 2, \cdots, n-1 \\ \dot{x}_n = f_n(\boldsymbol{x}, u) + \Delta(t) \\ y = x_1\end{cases} \tag{2.1}$$

式中：$\bar{\boldsymbol{x}}_i = [x_1, x_2, \cdots, x_i]^{\mathrm{T}} \in \mathbf{R}^i$ 与 $\boldsymbol{x} = [x_1, x_2, \cdots, x_n]^{\mathrm{T}} \in \mathbf{R}^n$ 为可测的状态向量；$y \in \mathbf{R}$ 与 $u \in \mathbf{R}$ 分别表示系统输出与控制输入；$f_i(\bar{\boldsymbol{x}}_i, x_{i+1})$ 与 $f_n(\boldsymbol{x}, u)$ 为连续可导的非仿射函数；$\Delta(t)$ 为外部干扰。

控制目标为：设计自适应预设性能控制器，使得闭环系统能够稳定地跟踪参考输入信号 $y_{\mathrm{d}}$，闭环系统所有信号半全局一致有界且跟踪误差满足预先规定的衰减动态性能。为避免反推设计的烦琐过程，本节参照文献[46]将系统(2.1)变换为便于进行控制器设计的积分链式系统。首先，定义如下新的状态变量：

$$\begin{cases}\chi_1 = x_1 \\ \chi_i = \dot{\chi}_{i-1}, i = 2, 3, \cdots, n \\ y = \chi_1\end{cases} \tag{2.2}$$

当 $i=2$ 时，根据 $\chi_2 = \dot{\chi}_1 = f_1(x_1, x_2)$ 可得

$$\begin{aligned}\dot{\chi}_2 &= \frac{\partial f_1(x_1, x_2)}{\partial x_1}\dot{x}_1 + \frac{\partial f_1(x_1, x_2)}{\partial x_2}\dot{x}_2 \\ &= \frac{\partial f_1(x_1, x_2)}{\partial x_1}f_1(x_1, x_2) + \frac{\partial f_1(x_1, x_2)}{\partial x_2}f_2(\bar{\boldsymbol{x}}_2, x_3)\end{aligned} \tag{2.3}$$

由于未知非仿射函数 $f_2(\bar{\boldsymbol{x}}_2, x_3)$ 对 $x_3$ 连续可导，由拉格朗日中值定理可知，存在未知常数 $\vartheta_3 \in (0, 1)$ 满足：

$$f_2(\bar{\boldsymbol{x}}_2, x_3) = f_2(\bar{\boldsymbol{x}}_2, 0) + \left.\frac{\partial f_2(\bar{\boldsymbol{x}}_2, x_3)}{\partial x_3}\right|_{x_3 = x_3^{\vartheta_3}} x_3 \tag{2.4}$$

其中 $x_3^{\vartheta_3} = \vartheta_3 x_3$。因此，$\dot{\chi}_2$ 可表述为

$$\dot{\chi}_2 = H_2(\bar{\boldsymbol{x}}_2) + G_2(\bar{\boldsymbol{x}}_3)x_3 \tag{2.5}$$

式中：

$$\begin{cases}H_2(\bar{\boldsymbol{x}}_2) = \dfrac{\partial f_1(x_1, x_2)}{\partial x_1}f_1(x_1, x_2) + \dfrac{\partial f_1(x_1, x_2)}{\partial x_2}f_2(\bar{\boldsymbol{x}}_2, 0) \\ G_2(\bar{\boldsymbol{x}}_3) = \dfrac{\partial f_1(x_1, x_2)}{\partial x_2}\left.\dfrac{\partial f_2(\bar{\boldsymbol{x}}_2, x_3)}{\partial x_3}\right|_{x_3 = x_3^{\vartheta_3}} x_3\end{cases} \tag{2.6}$$

$H_2(\bar{\boldsymbol{x}}_2)$ 与 $G_2(\bar{\boldsymbol{x}}_3)$ 均为未知光滑函数。

当 $i=3$ 时，根据 $\chi_3=\dot{\chi}_2=H_2(\bar{\boldsymbol{x}}_2)+G_2(\bar{\boldsymbol{x}}_3)x_3$ 可得

$$\begin{aligned}\dot{\chi}_3 &= \sum_{j=1}^{2}\frac{\partial H_2(\bar{\boldsymbol{x}}_2)}{\partial x_j}f_j(\bar{\boldsymbol{x}}_{j+1})+\sum_{j=1}^{2}\frac{\partial G_2(\bar{\boldsymbol{x}}_3)}{\partial x_j}f_j(\bar{\boldsymbol{x}}_{j+1})x_3+\frac{\partial G_2(\bar{\boldsymbol{x}}_3)}{\partial x_3}\dot{x}_3x_3+G_2(\bar{\boldsymbol{x}}_3)\dot{x}_3\\ &= \sum_{j=1}^{2}\frac{\partial H_2(\bar{\boldsymbol{x}}_2)}{\partial x_j}f_j(\bar{\boldsymbol{x}}_{j+1})+\sum_{j=1}^{2}\frac{\partial G_2(\bar{\boldsymbol{x}}_3)}{\partial x_j}f_j(\bar{\boldsymbol{x}}_{j+1})x_3+\\ &\quad\left[\frac{\partial G_2(\bar{\boldsymbol{x}}_3)}{\partial x_3}x_3+G_2(\bar{\boldsymbol{x}}_3)\right]f_3(\bar{\boldsymbol{x}}_3,\ x_4)\end{aligned}\tag{2.7}$$

由于未知非仿射函数 $f_3(\bar{\boldsymbol{x}}_3,\ x_4)$ 对 $x_4$ 连续可导，由拉格朗日中值定理可知，存在未知常数 $\vartheta_4\in(0,\ 1)$ 满足：

$$f_3(\bar{\boldsymbol{x}}_3,\ x_4)=f_3(\bar{\boldsymbol{x}}_3,\ 0)+\left.\frac{\partial f_3(\bar{\boldsymbol{x}}_3,\ x_4)}{\partial x_4}\right|_{x_4=x_4^{\vartheta_4}}x_4\tag{2.8}$$

式中 $x_4^{\vartheta_4}=\vartheta_4x_4$。因此，$\dot{\chi}_3$ 可表述为

$$\dot{\chi}_3=H_3(\bar{\boldsymbol{x}}_3)+G_3(\bar{\boldsymbol{x}}_4)x_4\tag{2.9}$$

式中：

$$\begin{cases}H_3(\bar{\boldsymbol{x}}_3)=\displaystyle\sum_{j=1}^{2}\frac{\partial H_2(\bar{\boldsymbol{x}}_2)}{\partial x_j}f_j(\bar{\boldsymbol{x}}_{j+1})+\sum_{j=1}^{2}\frac{\partial G_2(\bar{\boldsymbol{x}}_3)}{\partial x_j}f_j(\bar{\boldsymbol{x}}_{j+1})x_3+\\ \qquad\qquad\displaystyle\left[\frac{\partial G_2(\bar{\boldsymbol{x}}_3)}{\partial x_3}x_3+G_2(\bar{\boldsymbol{x}}_3)\right]f_3(\bar{\boldsymbol{x}}_3,\ 0)\\ G_3(\bar{\boldsymbol{x}}_4)=\displaystyle\left[\frac{\partial G_2(\bar{\boldsymbol{x}}_3)}{\partial x_3}x_3+G_2(\bar{\boldsymbol{x}}_3)\right]\left.\frac{\partial f_3(\bar{\boldsymbol{x}}_3,\ x_4)}{\partial x_4}\right|_{x_4=x_4^{\vartheta_4}}\end{cases}\tag{2.10}$$

$H_3(\bar{\boldsymbol{x}}_3)$ 与 $G_3(\bar{\boldsymbol{x}}_4)$ 均为未知光滑函数。

当 $i=4,\ 5,\ \cdots,\ n-1$ 时，与上述分析类似，根据 $\chi_i=\dot{\chi}_{i-1}=H_{i-1}(\bar{\boldsymbol{x}}_{i-1})+G_{i-1}(\bar{\boldsymbol{x}}_i)x_i$ 可以推导出：

$$\begin{aligned}\dot{\chi}_i &= \sum_{j=1}^{i-1}\frac{\partial H_{i-1}(\bar{\boldsymbol{x}}_{i-1})}{\partial x_j}f_j(\bar{\boldsymbol{x}}_{j+1})+\sum_{j=1}^{i-1}\frac{\partial G_{i-1}(\bar{\boldsymbol{x}}_i)}{\partial x_j}f_j(\bar{\boldsymbol{x}}_{j+1})x_i+\\ &\quad\left[\frac{\partial G_{i-1}(\bar{\boldsymbol{x}}_i)}{\partial x_i}x_i+G_{i-1}(\bar{\boldsymbol{x}}_i)\right]f_i(\bar{\boldsymbol{x}}_i,\ x_{i+1})\end{aligned}\tag{2.11}$$

由于未知非仿射函数 $f_i(\bar{\boldsymbol{x}}_i,\ x_{i+1})$ 对 $x_{i+1}$ 连续可导，由拉格朗日中值定理可知，存在未知常数 $\vartheta_{i+1}\in(0,\ 1)$ 满足：

$$f_i(\bar{\boldsymbol{x}}_i,\ x_{i+1})=f_i(\bar{\boldsymbol{x}}_i,\ 0)+\left.\frac{\partial f_i(\bar{\boldsymbol{x}}_i,\ x_{i+1})}{\partial x_{i+1}}\right|_{x_{i+1}=x_{i+1}^{\vartheta_{i+1}}}x_{i+1}\tag{2.12}$$

式中 $x_{i+1}^{\vartheta_{i+1}}=\vartheta_{i+1}x_{i+1}$。因此，$\dot{\chi}_i$ 可表述为

$$\dot{\chi}_i=H_i(\bar{\boldsymbol{x}}_i)+G_i(\bar{\boldsymbol{x}}_{i+1})x_{i+1}\tag{2.13}$$

式中：

$$\begin{cases} H_i(\bar{\boldsymbol{x}}_i) = \sum_{j=1}^{i-1} \frac{\partial H_{i-1}(\bar{\boldsymbol{x}}_{i-1})}{\partial x_j} f_j(\bar{\boldsymbol{x}}_{j+1}) + \sum_{j=1}^{i-1} \frac{\partial G_{i-1}(\bar{\boldsymbol{x}}_i)}{\partial x_j} f_j(\bar{\boldsymbol{x}}_{j+1}) x_i + \\ \quad \left[\frac{\partial G_{i-1}(\bar{\boldsymbol{x}}_i)}{\partial x_i} x_i + G_{i-1}(\bar{\boldsymbol{x}}_i)\right] f_i(\bar{\boldsymbol{x}}_i, 0) \\ G_i(\bar{\boldsymbol{x}}_{i+1}) = \left[\frac{\partial G_{i-1}(\bar{\boldsymbol{x}}_i)}{\partial x_i} x_i + G_{i-1}(\bar{\boldsymbol{x}}_i)\right] \frac{\partial f_i(\bar{\boldsymbol{x}}_i, x_{i+1})}{\partial x_{i+1}} \bigg|_{x_{i+1} = x_{i+1}^{\vartheta_{i+1}}} \end{cases} \tag{2.14}$$

$H_i(\bar{\boldsymbol{x}}_i)$ 与 $G_i(\bar{\boldsymbol{x}}_{i+1})$ 均为未知光滑函数。

当 $i=n$ 时，根据 $\chi_n = \dot{\chi}_{n-1} = H_{n-1}(\bar{\boldsymbol{x}}_{n-1}) + G_{n-1}(\bar{\boldsymbol{x}}_n) x_n$ 可以推导出：

$$\dot{\chi}_n = \sum_{j=1}^{n-1} \frac{\partial H_{n-1}(\bar{\boldsymbol{x}}_{n-1})}{\partial x_j} f_j(\bar{\boldsymbol{x}}_{j+1}) + \sum_{j=1}^{n-1} \frac{\partial G_{n-1}(\bar{\boldsymbol{x}}_n)}{\partial x_j} f_j(\bar{\boldsymbol{x}}_{j+1}) x_n + \left[\frac{\partial G_{n-1}(\bar{\boldsymbol{x}}_n)}{\partial x_n} x_n + G_{n-1}(\bar{\boldsymbol{x}}_n)\right] f_n(\bar{\boldsymbol{x}}_n, x_{n+1}) \tag{2.15}$$

由于未知非仿射函数 $f_n(\bar{\boldsymbol{x}}_n, x_{n+1})$ 对 $x_{n+1}$ 连续可导，由拉格朗日中值定理可知，存在未知常数 $\vartheta_{n+1} \in (0, 1)$ 满足：

$$f_n(\bar{\boldsymbol{x}}_n, x_{n+1}) = f_n(\bar{\boldsymbol{x}}_n, 0) + \frac{\partial f_n(\bar{\boldsymbol{x}}_n, u)}{\partial u}\bigg|_{u=u^{\vartheta_{n+1}}} u \tag{2.16}$$

式中 $u^{\vartheta_{n+1}} = \vartheta_{n+1} u$。因此，$\dot{\chi}_n$ 可表述为

$$\dot{\chi}_n = H_n(\bar{\boldsymbol{x}}_n) + G_n(\bar{\boldsymbol{x}}_n, u^{\vartheta_{n+1}}) u + \Delta(t) \tag{2.17}$$

式中：

$$\begin{cases} H_n(\bar{\boldsymbol{x}}_n) = \sum_{j=1}^{n-1} \frac{\partial H_{n-1}(\bar{\boldsymbol{x}}_{n-1})}{\partial x_j} f_j(\bar{\boldsymbol{x}}_{j+1}) + \sum_{j=1}^{n-1} \frac{\partial G_{n-1}(\bar{\boldsymbol{x}}_n)}{\partial x_j} f_j(\bar{\boldsymbol{x}}_{j+1}) x_n + \\ \quad \left[\frac{\partial G_{n-1}(\bar{\boldsymbol{x}}_n)}{\partial x_n} x_n + G_{n-1}(\bar{\boldsymbol{x}}_n)\right] f_n(\bar{\boldsymbol{x}}_n, 0) \\ G_n(\bar{\boldsymbol{x}}_n, u^{\vartheta_{n+1}}) = \left[\frac{\partial G_{n-1}(\bar{\boldsymbol{x}}_n)}{\partial x_n} x_n + G_{n-1}(\bar{\boldsymbol{x}}_n)\right] \frac{\partial f_n(\bar{\boldsymbol{x}}_n, u)}{\partial u} \bigg|_{u=u^{\vartheta_{n+1}}} \end{cases} \tag{2.18}$$

$H_n(\bar{\boldsymbol{x}}_n)$ 与 $G_n(\bar{\boldsymbol{x}}_n, u^{\vartheta_{n+1}})$ 均为未知光滑函数。由式(2.2)～式(2.18)可知，系统(2.1)可表述为

$$\begin{cases} \dot{\chi}_1 = \chi_2 \\ \dot{\chi}_i = \chi_{i+1},\ i = 2, 3, \cdots, n-1 \\ \dot{\chi}_n = H_n(\bar{\boldsymbol{x}}_n) + G_n(\bar{\boldsymbol{x}}_n, u^{\vartheta_{n+1}}) u + \Delta(t) \\ y = \chi_1 \end{cases} \tag{2.19}$$

结合新定义的状态变量(2.2)和坐标变换(2.3)～(2.18)，非仿射纯反馈系统(2.1)被改写成了积分链式系统(2.19)。由于 $y_1 = x_1 = \chi_1$，针对系统(2.1)所设置的控制目标可以通

过控制变换后的系统(2.19)得以实现。然而，在系统(2.19)中，状态 $\chi_i$，$i=2, 3, \cdots, n$ 不能直接测得，且 $H_n(\bar{\boldsymbol{x}}_n)$ 与 $G_n(\bar{\boldsymbol{x}}_n, u^{\vartheta_{n+1}})$ 均为未知函数。因此，下文将借助于必要的假设以保证系统(2.19)的可控性；然后，采用高阶微分器对状态 $\chi_i$ 进行估计；最后，针对系统(2.19)设计自适应神经网络预设性能控制器。

**假设 2.1**　指令信号 $y_{\mathrm{d}}$ 及其高阶导数 $y_{\mathrm{d}}^{(i)}$，$i=1, 2, \cdots, n$ 为连续有界的已知函数，且存在未知正数 $B_0$ 与 $\Delta^*$ 满足 $\sum_{i=0}^{n}(y_{\mathrm{d}}^{(i)})^2 \leqslant B_0$，$|\Delta(t)| \leqslant \Delta^*$。

**假设 2.2**　不失一般性，假设存在未知正数 $\underline{G}$ 满足 $G_n(\bar{\boldsymbol{x}}_n, u^{\vartheta_{n+1}}) \geqslant \underline{G} > 0$。

假设 2.2 作为必要的可控性条件被文献[45－47]广泛采用。在稳定性证明过程中，$\underline{G}$ 值不必确知。与文献[46]相比，本章取消了对 $G_n(\bar{\boldsymbol{x}}_n, u^{\vartheta_{n+1}})$ 上界的假设，因此假设 2.2 具有更宽的适用范围。

**引理 2.1**[27-28]　如果未知函数 $f(\boldsymbol{Z}): \mathbf{R}^n \to \mathbf{R}$ 在紧集 $\Omega_Z$ 上连续，那么存在径向基神经网络 $\boldsymbol{W}^{*\mathrm{T}}\boldsymbol{\Psi}(\boldsymbol{Z})$ 与期望的估计精度 $\iota > 0$ 满足：

$$\sup_{\boldsymbol{Z} \in \Omega_Z} |f(\boldsymbol{Z}) - \boldsymbol{W}^{*\mathrm{T}}\boldsymbol{\Psi}(\boldsymbol{Z})| \leqslant \iota \tag{2.20}$$

其中：$\boldsymbol{\Psi}(Z) = [\psi_1(\boldsymbol{Z}), \psi_2(\boldsymbol{Z}), \cdots, \psi_m(\boldsymbol{Z})]^{\mathrm{T}} \in \mathbf{R}^m$ 是基函数向量，$\boldsymbol{Z} \in \Omega_Z \subset \mathbf{R}^n$ 是基函数的输入矢量；$\boldsymbol{W}^* = [w_1, w_2, \cdots, w_m]^{\mathrm{T}} \in \mathbf{R}^m$ 是基函数的理想权值；$\psi_j(\boldsymbol{Z})$ 可表示为

$$\psi_j(\boldsymbol{Z}) = \exp\left[\frac{-(\boldsymbol{Z} - \boldsymbol{c}_j)^{\mathrm{T}}(\boldsymbol{Z} - \boldsymbol{c}_j)}{b_j^2}\right], \ j = 1, 2, \cdots, m \tag{2.21}$$

式中：$b_j$ 与 $\boldsymbol{c}_j = [c_{j,1}, c_{j,2}, \cdots, c_{j,n}]^{\mathrm{T}}$ 分别是高斯基函数的宽度和中心点坐标向量。

## 2.3　控制器设计与稳定性分析

### 2.3.1　有限时间收敛的高阶微分器

变换系统(2.19)的状态 $\chi_i$，$i=2, 3, \cdots, n$ 可视为系统输出 $y=\chi_1$ 的 $i-1$ 阶微分。为了估计无数学解析表达式的信号的各阶导数，文献[138－140]构造了一种有限时间收敛的新型高阶微分器，其具体结构如下：

$$\begin{cases} \dot{\varsigma}_i = \varsigma_{i+1}, \ i = 1, 2, \cdots, n-1 \\ \dot{\varsigma}_n = \hbar^n\left[-\kappa_1 \tanh(\varsigma_1 - \chi_1) - \kappa_2 \tanh\left(\dfrac{\varsigma_2}{\hbar}\right) - \cdots - \kappa_n \tanh\left(\dfrac{\varsigma_n}{\hbar^{n-1}}\right)\right] \end{cases} \tag{2.22}$$

其中 $\hbar > 0$，$\kappa_i > 0$，$i=1, 2, \cdots, n$ 为待设计参数，$\chi_1$ 是输入信号。根据文献[138－140]有以下引理成立。

**引理 2.2**[138-140]　如果信号 $\chi_1$ 对时间一阶广义可导并且满足 $\sup_{t\in[0, \infty)} |\dot{\chi}_1| < \infty$，那么

对于 $\forall\kappa_i>0$，$i=1,2,\cdots,n$ 与 $\hbar\to\infty$，存在 $\gamma_1>0$ 与 $\gamma_1\gamma_2>n$ 在有限时间内满足：

$$\varsigma_i-\chi^{(i-1)}(t)=\mathrm{o}\left(\frac{1}{\hbar^{\gamma_1\gamma_2-i+1}}\right),\ i=1,2,\cdots,n \tag{2.23}$$

其中，$\mathrm{o}(1/\hbar^{\gamma_1\gamma_2-i+1})$ 表示 $\varsigma_i$ 与 $\chi^{(i-1)}(t)$ 的近似程度是 $1/\hbar^{\gamma_1\gamma_2-i+1}$ 的高阶无穷小，且 $\gamma_1=(1-\gamma_3)/\gamma_3$，$\gamma_3\in(0,\min\{\gamma_2/(\gamma_2+n),1/2\})$，$n\geqslant2$。

引理 2.2 阐述了微分器(2.22)的特点，具体证明过程参见文献[138 - 140]，本书不再赘述。$\varsigma_i$ 是 $\chi^{(i-1)}$ 的估计值，估计误差是 $(1/\hbar)^{\gamma_1\gamma_2-i+1}$ 的高阶无穷小。当选取足够大的参数 $\hbar\gg1$ 时，估计误差可以任意小。因此，可假设存在未知正数 $\aleph_i$ 满足 $|\varsigma_i-\chi_i|\leqslant\aleph_i$。文献[139]指出：$\hbar$ 越大，微分器的响应速度越快，估计精度越高，但可能引起超调并削弱噪声抑制能力。$\kappa_i$ 越大，对应的第 $i$ 个状态的估计误差越小，但同样可能引起超调并削弱噪声抑制能力。因此，在参数选取过程中，应综合考虑微分器的估计精度、超调与噪声抑制能力。

### 2.3.2 控制器设计

针对变换系统(2.19)，定义跟踪误差 $e_i$，状态观测误差 $\widehat{e}_i$ 和可用误差 $\hat{e}_i$，$i=1,2,\cdots,n$ 分别如下：

$$\begin{cases}e_1=\chi_1-y_\mathrm{d},\ e_2=\dot{e}_1=\chi_2-\dot{y}_\mathrm{d},\ \cdots,\ e_n=\dot{e}_{n-1}=\chi_n-y_\mathrm{d}^{(n-1)}\\ \widehat{e}_1=\varsigma_1-\chi_1,\ \widehat{e}_2=\dot{\widehat{e}}_1=\varsigma_2-\chi_2,\ \cdots,\ \widehat{e}_n=\dot{\widehat{e}}_{n-1}=\varsigma_n-\chi_n\\ \hat{e}_1=\varsigma_1-y_\mathrm{d},\ \hat{e}_2=\dot{\hat{e}}_1=\varsigma_2-\dot{y}_\mathrm{d},\ \cdots,\ \hat{e}_n=\dot{\hat{e}}_{n-1}=\varsigma_n-y_\mathrm{d}^{(n-1)}\end{cases} \tag{2.24}$$

由上述定义可知 $\hat{e}_i=\widehat{e}_i+e_i$，$i=1,2,\cdots,n$。为便于设计控制器，构造误差面：

$$s(t)=p\,(r_0+q)^{n-1}\hat{e}_1=p[c_1,c_2,\cdots,c_{n-1},1]\hat{\boldsymbol{e}} \tag{2.25}$$

其中：$p>0$，$q>0$ 为待设计参数，$r_0=\mathrm{d}/\mathrm{d}t$ 是一阶微分算子，$\hat{\boldsymbol{e}}=[\hat{e}_1,\hat{e}_2,\cdots,\hat{e}_n]^\mathrm{T}$，$c_i=\mathrm{C}_{n-1}^{i-1}q^{n-i}$，$i=1,2,\cdots,n-1$。图 2.1 是由误差信号 $s(t)/p$ 驱动的 $n-1$ 个串联低通滤波器，阐释了公式(2.25)所刻画的数学关系，其中 $\omega_1(t)=\hat{e}_1(t)$，$\omega_n(t)=s(t)/p$ 且 $\omega_{i+1}(t)=\dot{\omega}_i(t)+q\omega_i(t)$，$i=1,2,\cdots,n-1$。

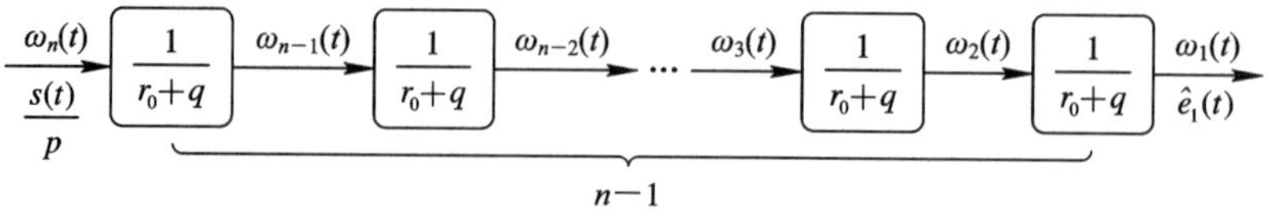


图 2.1　由误差信号 $s(t)/p$ 驱动的 $n-1$ 个串联低通滤波器

为保证误差面 $s(t)$ 实现预设性能，假设 $s(t)$ 满足以下不等式约束：

$$-\rho(t)<s(t)<\rho(t),\ t\geqslant0 \tag{2.26}$$

其中性能函数 $\rho(t)$ 定义为

$$\rho(t) = (\rho_0 - \rho_\infty)\exp(-lt) + \rho_\infty \tag{2.27}$$

式中：$\rho_0 = \rho(0)$是性能函数的初始值，$\rho_\infty = \rho(\infty)$是性能函数的稳态值，$l \geqslant 0$ 是指数函数的收敛速率。通过选择合适的参数 $\rho_0$、$l$ 与 $\rho_\infty$ 可使得 $q > l$，$\rho_0 > \rho_\infty > 0$ 且 $|s(0)| < \rho(0)$成立。因此，$\dot{\rho}(t)$有界且保持非正，$\rho_0$ 限制了跟踪误差 $s(t)$在瞬态的超调量，$\rho_\infty$ 约束了跟踪误差 $s(t)$在稳态时的变化范围。

**定理 2.1**　如果条件(2.26)满足，则可用误差 $\hat{e}_i(t)$有界并且满足以下预设的指数收敛约束：

$$|\hat{e}_i(t)| < \bar{\hat{e}}_i \exp(-lt) + \underline{\hat{e}}_i,\ i = 1, 2, \cdots, n \tag{2.28}$$

其中：

$$\begin{cases} \underline{\hat{e}}_1 = \dfrac{\rho_\infty}{pq^{n-1}},\ \underline{\hat{e}}_i = \dfrac{\rho_\infty}{pq^{n-i}} + \displaystyle\sum_{k=1}^{i-1} C_{i-1}^k q^k \underline{\hat{e}}_{i-k},\ i = 2, 3, \cdots, n \\ \bar{\hat{e}}_1 = \bar{\omega}_1,\ \bar{\hat{e}}_i = \bar{\omega}_i + \displaystyle\sum_{k=1}^{i-1} C_{i-1}^k q^k \bar{\hat{e}}_{i-k},\ i = 2, 3, \cdots, n \\ \bar{\omega}_i = \displaystyle\sum_{k=i}^{n-1} \frac{|\omega_k(0)|}{(q-l)^{k-i}} + \frac{\rho_0 - \rho_\infty}{p\,(q-l)^{n-i}},\ i = 1, 2, \cdots, n-1,\ \bar{\omega}_n = \frac{\rho_0 - \rho_\infty}{p} \\ \omega_i(0) = \displaystyle\sum_{k=0}^{i-1} C_{i-1}^k q^k \hat{e}_{i-k}(0),\ i = 1, 2, \cdots, n \end{cases} \tag{2.29}$$

**证明**　具体的证明过程分为以下三部分。

(1) 结合 $\omega_{i+1}(t) = \dot{\omega}_i(t) + q\omega_i(t)$，$i = 1, 2, \cdots, n-1$，由数学归纳法可得

$$\omega_i(t) = \sum_{k=0}^{i-1} C_{i-1}^k q^k \hat{e}_{i-k}(t),\ i = 1, 2, \cdots, n \tag{2.30}$$

根据式(2.30)可得

$$\omega_i(t) = \hat{e}_i(t) + \sum_{k=1}^{i-1} C_{i-1}^k q^k \hat{e}_{i-k}(t),\ i = 2, 3, \cdots, n \tag{2.31}$$

且

$$\omega_i(0) = \sum_{k=0}^{i-1} C_{i-1}^k q^k \hat{e}_{i-k}(0),\ i = 1, 2, \cdots, n \tag{2.32}$$

(2) 以下推导旨在证明$|\omega_i(t)|$，$i = 1, 2, \cdots, n$ 的有界性。

① 当 $i = n$ 时，解一阶微分方程$\dfrac{s(t)}{p} = \dot{\omega}_{n-1}(t) + q\omega_{n-1}(t)$，$t \geqslant 0$ 可得

$$\omega_{n-1}(t) = \omega_{n-1}(0)\exp(-qt) + \exp(-qt)\int_0^t \frac{s(\tau)}{p}\exp(q\tau)\,\mathrm{d}\tau \tag{2.33}$$

根据 $q > l \geqslant 0$ 与不等式$\dfrac{|s(t)|}{p} < \dfrac{(\rho_0 - \rho_\infty)\exp(-lt) + \rho_\infty}{p}$，$t \geqslant 0$ 可得

$$
\begin{aligned}
|\omega_{n-1}(t)| \leqslant & |\omega_{n-1}(0)|\exp(-qt) + \\
& \frac{\exp(-qt)}{p}\int_0^t \{(\rho_0-\rho_\infty)\exp[(q-l)\tau]+\rho_\infty\exp(q\tau)\}\mathrm{d}\tau \\
\leqslant & |\omega_{n-1}(0)|\exp(-qt) + \frac{\rho_0-\rho_\infty}{p(q-l)}\exp(-lt) + \frac{\rho_\infty}{pq} \\
& \underbrace{-\frac{\rho_0-\rho_\infty}{p(q-l)}\exp(-qt) - \frac{\rho_\infty}{pq}\exp(-qt)}_{<0} \\
< & \bar{\omega}_{n-1}\exp(-lt) + \frac{\rho_\infty}{pq}
\end{aligned}
\tag{2.34}
$$

其中：

$$
\bar{\omega}_{n-1} = |\omega_{n-1}(0)| + \frac{\rho_0-\rho_\infty}{p(q-l)} \tag{2.35}
$$

② 当 $i=n-1$ 时，与上述步骤类似，通过求解一阶微分方程 $\omega_{n-1}(t)=\dot{\omega}_{n-2}(t)+q\omega_{n-2}(t)$，$t\geqslant 0$ 可得

$$
\omega_{n-2}(t) = \omega_{n-2}(0)\exp(-qt) + \exp(-qt)\int_0^t \omega_{n-1}(\tau)\exp(q\tau)\mathrm{d}\tau \tag{2.36}
$$

由式(2.34)和 $q>l\geqslant 0$ 可得

$$
\begin{aligned}
|\omega_{n-2}(t)| \leqslant & |\omega_{n-2}(0)|\exp(-qt) + \\
& \exp(-qt)\int_0^t \left\{\bar{\omega}_{n-1}\exp[(q-l)\tau] + \frac{\rho_\infty}{pq}\exp(q\tau)\right\}\mathrm{d}\tau \\
\leqslant & |\omega_{n-2}(0)|\exp(-qt) + \frac{\bar{\omega}_{n-1}}{q-l}\exp(-lt) + \\
& \frac{\lambda_\infty}{pq^2}\underbrace{-\frac{\bar{\omega}_{n-1}}{q-l}\exp(-qt) - \frac{\lambda_\infty}{pq^2}\exp(-qt)}_{<0} \\
< & \bar{\omega}_{n-2}\exp(-lt) + \frac{\rho_\infty}{pq^2}
\end{aligned}
\tag{2.37}
$$

其中：

$$
\bar{\omega}_{n-2} = |\omega_{n-2}(0)| + \frac{\bar{\omega}_{n-1}}{q-l} = |\omega_{n-2}(0)| + \frac{|\omega_{n-1}(0)|}{q-l} + \frac{\rho_0-\rho_\infty}{p\,(q-l)^2} \tag{2.38}
$$

③ 当 $i=1, 2, \cdots, n-3$ 时，求解一阶微分方程 $\omega_{i+1}(t)=\dot{\omega}_i(t)+q\omega_i(t)$，$t\geqslant 0$ 可得

$$
\omega_i(t) = \omega_i(0)\exp(-qt) + \exp(-qt)\int_0^t \omega_{i+1}(\tau)\exp(q\tau)\mathrm{d}\tau \tag{2.39}
$$

由数学归纳法和 $q>l\geqslant 0$ 可得

$$\begin{aligned}|\omega_i(t)| &\leqslant |\omega_i(0)|\exp(-qt)+\exp(-qt)\int_0^t\left\{\overline{\omega}_{i+1}\exp[(q-l)\tau]+\frac{\rho_\infty}{pq^{n-i-1}}\exp(q\tau)\right\}\mathrm{d}\tau\\ &\leqslant |\omega_i(0)|\exp(-qt)+\frac{\overline{\omega}_{i+1}}{q-l}\exp(-lt)+\\ &\quad \frac{\rho_\infty}{pq^{n-i}}\underbrace{-\frac{\overline{\omega}_{i+1}}{q-l}\exp(-qt)-\frac{\rho_\infty}{pq^{n-i}}\exp(-qt)}_{<0}\\ &<\overline{\omega}_i\exp(-lt)+\frac{\rho_\infty}{pq^{n-i}}\end{aligned} \tag{2.40}$$

其中：

$$\overline{\omega}_i=|\omega_i(0)|+\frac{\overline{\omega}_{i+1}}{q-l}=\sum_{k=i}^{n-1}\frac{|\omega_i(0)|}{(q-l)^{k-i}}+\frac{\rho_0-\rho_\infty}{p(q-l)^{n-i}},\ i=1,2,\cdots,n-3 \tag{2.41}$$

(3) 以下推导旨在证明 $|\hat{e}_i(t)|$，$i=1, 2, \cdots, n$ 的有界性。

① 当 $i=1$ 时，根据式(2.40)可知

$$|\hat{e}_1(t)|=|\omega_1(t)|<\bar{\hat{e}}_1\exp(-lt)+\underline{\hat{e}}_1 \tag{2.42}$$

其中：

$$\bar{\hat{e}}_1=\overline{\omega}_1=\sum_{k=1}^{n-1}\frac{|\omega_k(0)|}{(q-l)^{k-1}}+\frac{\rho_0-\rho_\infty}{p(q-l)^{n-1}},\ \underline{\hat{e}}_1=\frac{\rho_\infty}{pq^{n-1}} \tag{2.43}$$

② 当 $i=2$ 时，结合式(2.31)和式(2.42)可得

$$|\hat{e}_2(t)|\leqslant|\omega_2(t)|+|q\hat{e}_1(t)|<\bar{\hat{e}}_2\exp(-lt)+\underline{\hat{e}}_2 \tag{2.44}$$

其中：

$$\bar{\hat{e}}_2=\overline{\omega}_2+q\bar{\hat{e}}_1,\ \underline{\hat{e}}_2=\frac{\rho_\infty}{pq^{n-2}}+q\underline{\hat{e}}_1 \tag{2.45}$$

③ 当 $i=3, 4, \cdots, n$ 时，由式(2.31)和数学归纳法可得

$$|\hat{e}_i(t)|\leqslant|\omega_i(t)|+\sum_{k=1}^{i-1}\mathrm{C}_{i-1}^k q^k|\hat{e}_{i-k}(t)|<\bar{\hat{e}}_i\exp(-lt)+\underline{\hat{e}}_i \tag{2.46}$$

其中：

$$\bar{\hat{e}}_i=\overline{\omega}_i+\sum_{k=1}^{i-1}\mathrm{C}_{i-1}^k q^k\bar{\hat{e}}_{i-k},\ \underline{\hat{e}}_i=\frac{\rho_\infty}{pq^{n-i}}+\sum_{k=1}^{i-1}\mathrm{C}_{i-1}^k q^k\underline{\hat{e}}_{i-k},\ i=3,4,\cdots,n \tag{2.47}$$

根据式(2.42)，式(2.44)和式(2.46)，定理 2.1 得证。

为了实现预设性能控制，带约束的误差面 $s(t)$ 可通过以下等式变换成不含约束的转化误差 $z(t)$：

$$s(t)=\rho(t)\Xi(z(t)),\ \forall t\geqslant 0 \tag{2.48}$$

式中：$\Xi(z(t))=\dfrac{\exp(z(t))-\exp(-z(t))}{\exp(z(t))+\exp(-z(t))}$是单调递增的可导函数。根据 $\Xi(z(t))$ 的定义可得

$$z(t)=\Xi^{-1}\left[\frac{s(t)}{\rho(t)}\right]=\frac{1}{2}\ln\left[\frac{\zeta(t)+1}{1-\zeta(t)}\right] \tag{2.49}$$

其中 $\zeta(t)=\dfrac{s(t)}{\rho(t)}$ 定义为标准化误差。假设选择适当的性能函数满足条件 $|s(0)|<\rho(0)$ 即 $|\zeta(0)|<1$，则有以下定理成立。

**定理 2.2**[3, 34]　若可通过设计控制律保证 $z(t)$ 对 $\forall t\geqslant 0$ 有界，则 $|\zeta(t)|<1$，预设性能(2.26)可以实现。

**证明**　假设存在正数 $z_{\mathrm{M}}$ 满足 $|z(t)|\leqslant z_{\mathrm{M}}$，由式(2.49)可得

$$\exp(-2z_{\mathrm{M}})\leqslant\frac{\zeta(t)+1}{1-\zeta(t)}\leqslant\exp(2z_{\mathrm{M}}) \tag{2.50}$$

进一步可得

$$-1<-\frac{\exp(-2z_{\mathrm{M}})-1}{\exp(-2z_{\mathrm{M}})+1}\leqslant\zeta(t)\leqslant\frac{\exp(2z_{\mathrm{M}})-1}{\exp(2z_{\mathrm{M}})+1}<1 \tag{2.51}$$

根据不等式(2.51)，可知定理 2.2 得证。

对 $s(t)$ 求时间的一阶导数可得

$$\begin{aligned}\dot{s}_i&=p\sum_{i=1}^{n}\mathrm{C}_{n-1}^{i-1}q^{n-i}\dot{\hat{e}}_i\\&=p\Big[\sum_{i=1}^{n-1}\mathrm{C}_{n-1}^{i-1}q^{n-i}(\dot{\hat{e}}_i+\dot{e}_i)+\dot{\hat{e}}_n+H_n(\bar{x}_n)+G_n(\bar{x}_n,\ u^{\vartheta_{n+1}})u+\Delta(t)-y_{\mathrm{d}}^{(n)}\Big]\end{aligned} \tag{2.52}$$

对 $z(t)$ 求时间的一阶导数可得

$$\dot{z}(t)=r[\dot{s}(t)+v] \tag{2.53}$$

其中：

$$r=\frac{1}{[1-\zeta^2(t)]\rho(t)} \tag{2.54}$$

且

$$v=-\dot{\rho}(t)\zeta(t) \tag{2.55}$$

将式(2.52)代入式(2.53)中可得

$$\begin{aligned}\dot{z}(t)&=rp\left[\sum_{i=1}^{n-1}\mathrm{C}_{n-1}^{i-1}q^{n-i}(\dot{\hat{e}}_i+\dot{e}_i)+\dot{\hat{e}}_n+H_n(\bar{x}_n)+G_n(\bar{x}_n,\ u^{\vartheta_{n+1}})u+\Delta(t)-y_{\mathrm{d}}^{(n)}+\frac{v}{p}\right]\\&=rp\left[\bar{f}+G_n(\bar{x}_n,\ u^{\vartheta_{n+1}})u+\Delta(t)-y_{\mathrm{d}}^{(n)}+\frac{v}{p}\right]\end{aligned} \tag{2.56}$$

其中 $\bar{f}=\sum_{i=1}^{n-1}\mathrm{C}_{n-1}^{i-1}q^{n-i}(\dot{\hat{e}}_i+\dot{e}_i)+\dot{\hat{e}}_n+H_n(\bar{x}_n)$。定义紧集 $\Omega_z:=\{z\,|\,z^2/2\leqslant P\}$，其中 $P$ 为任意正数。根据引理 2.1，在紧集 $\Omega_z$ 范围内，可用神经网络 $\boldsymbol{W}^{*\mathrm{T}}\boldsymbol{\Psi}(\boldsymbol{Z})$ 估计未知非线性连续函数 $\bar{f}$，因此

$$\bar{f}=\boldsymbol{W}^{*\mathrm{T}}\boldsymbol{\Psi}(\boldsymbol{Z})+\iota,\ |\iota|\leqslant\iota^* \tag{2.57}$$

其中 $\iota^*$ 为未知常数，$\boldsymbol{Z}=[x, \boldsymbol{\varsigma}]^{\mathrm{T}}$，$\varsigma=[\varsigma_1, \varsigma_2, \cdots, \varsigma_n]^{\mathrm{T}}$。通常理想权值 $\boldsymbol{W}^{*\mathrm{T}}$ 未知，其各元素值需基于 Lyapunov 稳定性理论设计自适应律进行估计。为降低计算量，本书不直接估计径向基函数的理想权值而是采用最小参数学习法估计 $\theta=\underline{G}^{-1}\|\boldsymbol{W}^*\|^2$。由式(2.54)与式(2.55)易知，在紧集 $\Omega_z$ 范围内，$r\geqslant 1/\rho(0)>0$ 且存在有界正数 $\bar{v}$ 满足 $|v|\leqslant\bar{v}$。根据 Young 不等式可得

$$\begin{aligned}\frac{z\dot{z}}{p}&=zr\left[G_n(\bar{x}_n, u^{\vartheta_{n+1}})u+\boldsymbol{W}^{*\mathrm{T}}\boldsymbol{\Psi}(\boldsymbol{Z})+\iota+\Delta(t)-y_{\mathrm{d}}^{(n)}+\frac{v}{p}\right]\\&\leqslant zrG_n(\bar{x}_n, u^{\vartheta_{n+1}})u+\frac{(zr)^2\|\boldsymbol{W}^*\|^2}{2a^2}\boldsymbol{\psi}^{\mathrm{T}}(\boldsymbol{Z})\boldsymbol{\psi}(\boldsymbol{Z})+\frac{a^2}{2}+|zr|\underline{g}\delta^*\end{aligned}\tag{2.58}$$

其中 $a$ 是任意正数，且 $\delta^*=\underline{G}^{-1}(\iota^*+\Delta^*+B_0+\bar{v}/p)$。

设计自适应神经网络预设性能控制律如下：

$$u=-kzr-\frac{\hat{\theta}zr}{2a^2}\boldsymbol{\psi}^{\mathrm{T}}(\boldsymbol{Z})\boldsymbol{\psi}(\boldsymbol{Z})-\hat{\delta}\tanh\left(\frac{zr}{\lambda}\right)\tag{2.59}$$

$$\dot{\hat{\delta}}=\alpha\left[zr\tanh\left(\frac{zr}{\lambda}\right)-\sigma\hat{\delta}\right]\tag{2.60}$$

$$\dot{\hat{\theta}}=\beta\left[\frac{(zr)^2}{2a^2}\boldsymbol{\psi}^{\mathrm{T}}(\boldsymbol{Z})\boldsymbol{\psi}(\boldsymbol{Z})-\sigma\hat{\theta}\right]\tag{2.61}$$

其中：$k>0$、$\alpha>0$、$\beta>0$、$\sigma>0$ 和 $\lambda>0$ 是待设计参数，$\hat{\delta}$ 与 $\hat{\theta}$ 分别为 $\delta^*$ 与 $\theta$ 的估计值。由文献[141]可知，若选择初值 $\hat{\delta}(0)\geqslant 0$ 与 $\hat{\theta}(0)\geqslant 0$，可保证对于 $\forall t\geqslant 0$ 均有 $\hat{\delta}(t)\geqslant 0$ 与 $\hat{\theta}(t)\geqslant 0$ 成立。图 2.2 是本节所设计的控制方案示意图。从图 2.2 中可以看出，与基于反推法设计的控制器相比，本节所设计的控制器无须虚拟控制律且只需要用一个神经网络估计未知函数，降低了计算复杂度；此外，性能函数被纳入到控制律中，保证了闭环系统的跟踪性能。

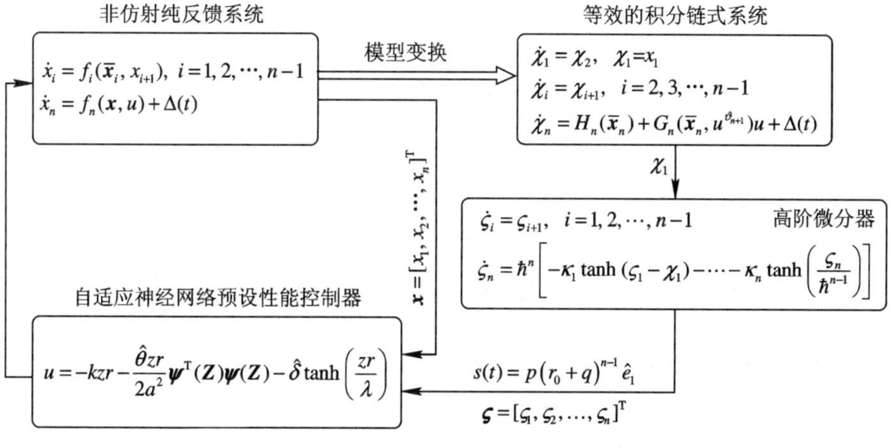


图 2.2　自适应神经网络预设性能控制方案示意图

### 2.3.3 稳定性分析

**定理 2.3** 若变换系统(2.19)满足假设 2.1 和假设 2.2 且通过选择适当的性能函数使得 $|s(0)|<\rho(0)$成立，则对于$\forall P>0$与紧集

$$\Omega_0 := \{(z(0),\ \hat{\delta}(0),\ \hat{\theta}(0))^{\mathrm{T}} \mid z^2(0)/(2p) + \underline{G}\tilde{\delta}^2(0)/(2\alpha) + \underline{G}\tilde{\theta}^2(0)/(2\beta) \leqslant P\}$$

自适应神经网络预设性能控制器(2.59)能够使闭环系统具有以下特性：所有信号半全局最终一致有界；跟踪误差满足预先设定的瞬态和稳态性能。

**证明** 定义如下 Lyapunov 候选函数：

$$V = \frac{z^2}{2p} + \frac{\underline{G}\tilde{\delta}^2}{2\alpha} + \frac{\underline{G}\tilde{\theta}^2}{2\beta} \tag{2.62}$$

其中：$\tilde{\theta}=\theta-\hat{\theta}$，$\tilde{\delta}=\delta^*-\hat{\delta}$。对 $V$ 求时间的一阶导数可得

$$\dot{V} \leqslant zrG_n(\bar{x}_n,\ u^{\vartheta_{n+1}})u + \frac{(zr)^2\ \|\boldsymbol{W}^*\|^2}{2a^2}\boldsymbol{\psi}^{\mathrm{T}}(\boldsymbol{Z})\boldsymbol{\psi}(\boldsymbol{Z}) + \frac{a^2}{2} + |zr|\underline{G}\delta^* - \frac{\underline{G}\tilde{\delta}\dot{\hat{\delta}}}{\alpha} - \frac{\underline{G}\tilde{\theta}\dot{\hat{\theta}}}{\beta} \tag{2.63}$$

将式(2.59)代入式(2.63)可得

$$\dot{V} \leqslant -k\underline{G}(zr)^2 - \frac{\underline{G}\hat{\theta}(zr)^2}{2a^2}\boldsymbol{\psi}^{\mathrm{T}}(\boldsymbol{Z})\boldsymbol{\psi}(\boldsymbol{Z}) - \underline{G}\hat{\delta}zr\tanh\left(\frac{zr}{\lambda}\right) + \frac{(zr)^2\ \|\boldsymbol{W}^*\|^2}{2a^2}\boldsymbol{\psi}^{\mathrm{T}}(\boldsymbol{Z})\boldsymbol{\psi}(\boldsymbol{Z}) + \frac{a^2}{2} + |zr|\underline{G}\delta^* - \frac{\underline{G}\tilde{\delta}\dot{\hat{\delta}}}{\alpha} - \frac{\underline{G}\tilde{\theta}\dot{\hat{\theta}}}{\beta} \tag{2.64}$$

由 $\theta=\underline{G}^{-1}\|\boldsymbol{W}^*\|^2$，$\tilde{\theta}=\theta-\hat{\theta}$ 与 $\tilde{\delta}=\delta^*-\hat{\delta}$ 可进一步得到

$$\dot{V} \leqslant -k\underline{G}(zr)^2 + \underline{G}\tilde{\theta}\left[\frac{(zr)^2}{2a^2}\boldsymbol{\psi}^{\mathrm{T}}(\boldsymbol{Z})\boldsymbol{\psi}(\boldsymbol{Z}) - \frac{\dot{\hat{\theta}}}{\beta}\right] + \underline{G}\tilde{\delta}\left[zr\tanh\left(\frac{zr}{\lambda}\right) - \frac{\dot{\hat{\delta}}}{\alpha}\right] + \underline{G}\delta^*\left[|zr| - zr\tanh\left(\frac{zr}{\lambda}\right)\right] + \frac{a^2}{2} \tag{2.65}$$

将式(2.60)与式(2.61)代入式(2.65)得到

$$\dot{V} \leqslant -k\underline{G}(zr)^2 + \underline{G}\sigma\tilde{\theta}\hat{\theta} + \underline{G}\sigma\tilde{\delta}\hat{\delta} + 0.2785\underline{G}\delta^*\lambda + \frac{a^2}{2} \tag{2.66}$$

根据 $\tilde{\theta}=\theta-\hat{\theta}$，$\tilde{\delta}=\delta^*-\hat{\delta}$ 可知以下不等式成立：

$$\tilde{\theta}\hat{\theta} = \tilde{\theta}(\theta-\tilde{\theta}) \leqslant \frac{\theta^2}{2} - \frac{\tilde{\theta}^2}{2},\ \tilde{\delta}\hat{\delta} = \tilde{\delta}(\delta^*-\tilde{\delta}) \leqslant \frac{\delta^{*2}}{2} - \frac{\tilde{\delta}^2}{2} \tag{2.67}$$

将式(2.67)代入式(2.66)可得

$$\dot{V} \leqslant -k\underline{G}(zr)^2 - \frac{\underline{G}\sigma\tilde{\theta}^2}{2} - \frac{\underline{G}\sigma\tilde{\delta}^2}{2} + C_0 \tag{2.68}$$

其中 $C_0 = \frac{\underline{G}\sigma(\theta^2 + \delta^{*2})}{2} + 0.2785\underline{G}\delta^*\lambda + \frac{a^2}{2}$。考虑到 $r \geqslant \frac{1}{\rho(0)}$，选择控制参数 $k$、$\sigma$ 满足：

$$k \geqslant \frac{\Lambda\rho^2(0)}{2p\underline{G}},\ \sigma \geqslant \max\left\{\frac{\Lambda}{\alpha},\ \frac{\Lambda}{\beta}\right\} \tag{2.69}$$

其中 $\Lambda$ 为任意正数，进一步可得

$$\dot{V} \leqslant -\Lambda V + C_0 \tag{2.70}$$

由以上微分不等式可得

$$\begin{aligned} 0 \leqslant V(t) &\leqslant \left(V(0) - \frac{C_0}{\Lambda}\right)\exp(-\Lambda t) + \frac{C_0}{\Lambda} \\ &\leqslant V(0)\exp(-\Lambda t) + \frac{C_0}{\Lambda},\ \forall t \geqslant 0 \end{aligned} \tag{2.71}$$

不等式(2.71)表明 $V(t)$将一致收敛于 $C_0/\Lambda$。通过减小 $\sigma$、$\lambda$、$a$ 同时增大 $k$、$\alpha$、$\beta$ 可以使得 $C_0/\Lambda$ 任意小。因此，通过选择合适的设计参数可使 $C_0/\Lambda \leqslant P$。当 $V=P$ 时，$\dot{V} \leqslant 0$，即对于 $\forall t \geqslant 0$，$V \leqslant P$ 恒成立。综上可知，在闭环系统中，$z$、$\tilde{\theta}$、$\tilde{\delta}$ 半全局最终一致有界。此外，由定理 2.1 可知，误差 $\hat{e}(t)$有界且满足预设性能包络。由 $|\tilde{e}_i| \leqslant \aleph_i$ 和 $\hat{e}_i = \tilde{e}_i + e_i$ 可知 $|e_i| \leqslant |\hat{e}_i| + \aleph_i$，即误差 $e_i$ 也满足指数收敛约束。至此，定理 2.3 得证。

## 2.4　仿真研究

### 2.4.1　平衡车纵向倾角控制

为初步验证上述控制方案的适用性，本小节以平衡车纵向倾角跟踪控制为例进行仿真研究。平衡车纵向旋转动力学方程如下[142]：

$$\ddot{\phi} = \frac{mg\bar{l}\sin\phi}{I} - \frac{mF\bar{l}\cos\phi}{(M+m)I} \tag{2.72}$$

其中：$\phi$ 为平衡车纵向倾角，$m=85$ kg 为乘客质量，$g=9.8$ m/s 为重力加速度，$\bar{l}=0.85$ m 为乘客重心高度，$M=10$ kg 为平衡车质量，$I=68.98$ kg · m$^2$ 为惯性矩；$F=\frac{2k_t n_r(\Gamma-e_b)}{(Rr_0)}$ 是电机作用在平衡车上的力(其中：$k_t=0.869$ N/A 为电动机转矩常数，$n_r=10$ 为传动系数，$\Gamma$ 为电动机输入电压，$e_b$ 为反电动势电压，$r_0=0.2$ m 为车轮半径，$R=1\ \Omega$ 为电动机电阻值，具体参数定义与取值见文献[142]。令 $x_1=\varphi$，$x_2=\dot{\phi}$，$u=-\Gamma$，则系统(2.72)可改写

为以下形式：

$$\begin{cases}\dot{x}_1 = x_2 \\ \dot{x}_2 = f(x_1, x_2, u) + \Delta(t)\end{cases} \tag{2.73}$$

其中：$f(x_1, x_2, u) = \dfrac{2k_t n_r m\bar{l}u\cos\phi}{(M+m)IRr_0} + \dfrac{mg\bar{l}\sin\phi}{I}$ 为未知非仿射连续函数，$\Delta(t) = \dfrac{2k_t n_r e_b m\bar{l}\cos\varphi}{(M+m)IRr_0}$ 可视为外部扰动。上述非仿射模型呈积分链式结构，为系统(2.1)的特殊形式。因此不需要采用微分器对变换系统进行状态估计。由 $f(x_1, x_2, u)$与 $\Delta(t)$的具体形式易知系统(2.73)满足假设 2.1 与假设 2.2，因此可设计如下自适应神经网络预设性能控制器：

$$u = -zr - \frac{\hat{\theta}zr}{2\times 0.1^2}\boldsymbol{\psi}^{\mathrm{T}}(\bar{\boldsymbol{x}}_2)\boldsymbol{\psi}(\bar{\boldsymbol{x}}_2) - \hat{\delta}\tanh\left(\frac{zr}{0.2}\right) \tag{2.74}$$

其中：转化误差 $z = \dfrac{\ln[(\zeta(t)+1)/(1-\zeta(t))]}{2}$，标准化误差 $\zeta(t) = \dfrac{s(t)}{\rho(t)}$，误差面 $s(t) = 4e_1(t) + 0.4e_2(t)$，自适应更新律设计为

$$\begin{cases}\dot{\hat{\delta}} = zr\tanh\left(\dfrac{zr}{0.2}\right) - 0.5\hat{\delta} \\ \dot{\hat{\theta}} = \dfrac{(zr)^2}{2\times 0.1^2}\boldsymbol{\psi}^{\mathrm{T}}(\bar{\boldsymbol{x}}_2)\boldsymbol{\psi}(\bar{\boldsymbol{x}}_2) - 0.5\hat{\theta}\end{cases} \tag{2.75}$$

神经网络 $\boldsymbol{W}^{*\mathrm{T}}\boldsymbol{\psi}(\bar{\boldsymbol{x}}_2)$包含 5 个单元，均匀分布在区间[−0.5，0.5]上，每个单元的宽度为 0.5。设置 $\hat{\delta}(0)=0$，$\hat{\theta}(0)=0$。预设性能函数取为

$$\rho(t) = (3 - 0.05)\exp(-2t) + 0.05 \tag{2.76}$$

为体现所设计的预设性能控制器(Prescribed Performance Control，PPC)的性能，本节以文献[46]所设计的自适应神经网络控制器(Adaptive Neural Control，ANC)作为对照算例。在仿真中，初始条件 $\phi(0)=40$ deg，$\dot{\phi}(0)=0$，跟踪信号 $y_d=0$，$\dot{y}_d=0$。

图 2.3～图 2.5 为具体的仿真结果。图 2.3(a)所示为 PPC 算例的误差面 $s$ 满足瞬态和稳态性能约束；由于未考虑性能约束，ANC 算例的误差面 $s$ 超出了性能包络。从图 2.4(a)可以看出，与 ANC 相比，PPC 的实际跟踪轨迹具有更小的超调。图 2.4(b)和图 2.5(a)表明系统状态和自适应参数均有界。与 PPC 相比，由于 ANC 误差面未进行性能约束，其状态 $x_2$ 的峰值更大，对于平衡车使用者而言，体验感会更差。从图 2.5(b)可以看出两种控制器所需的控制输入相当，且不存在高频抖振。

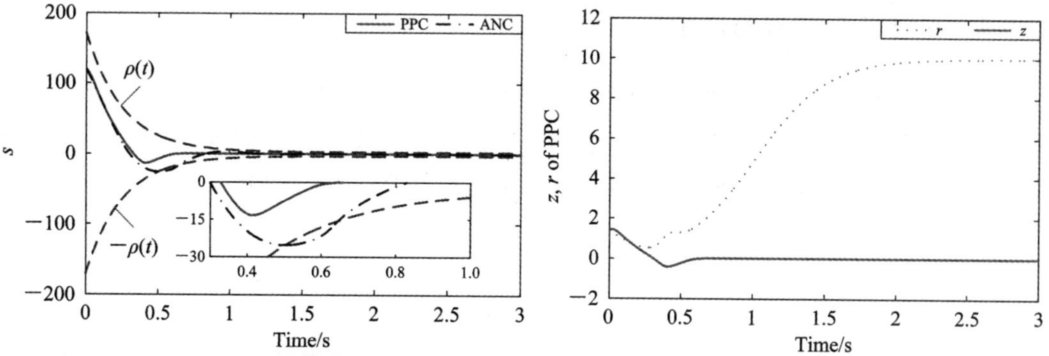


(a) 误差面 $s$　　(b) PPC 算例中的转化误差 $z$ 与信号 $r$

图 2.3　误差面 $s$、转化误差 $z$ 与信号 $r$

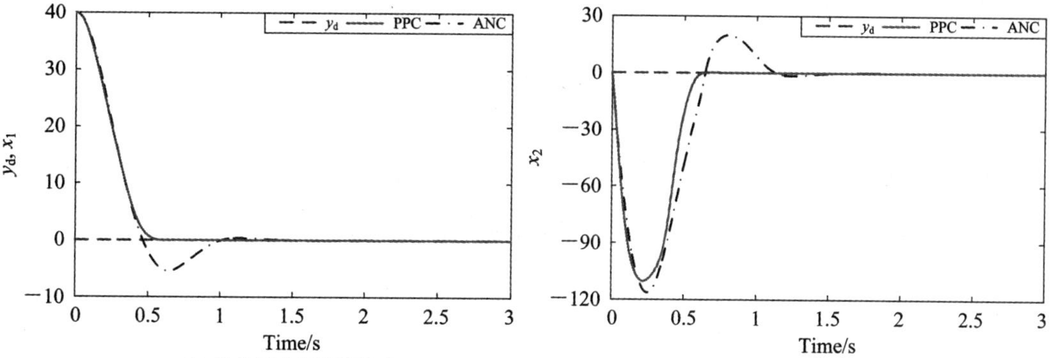


(a) 参考指令与系统输出　　(b) 状态 $x_2$

图 2.4　参考指令、系统输出与状态曲线

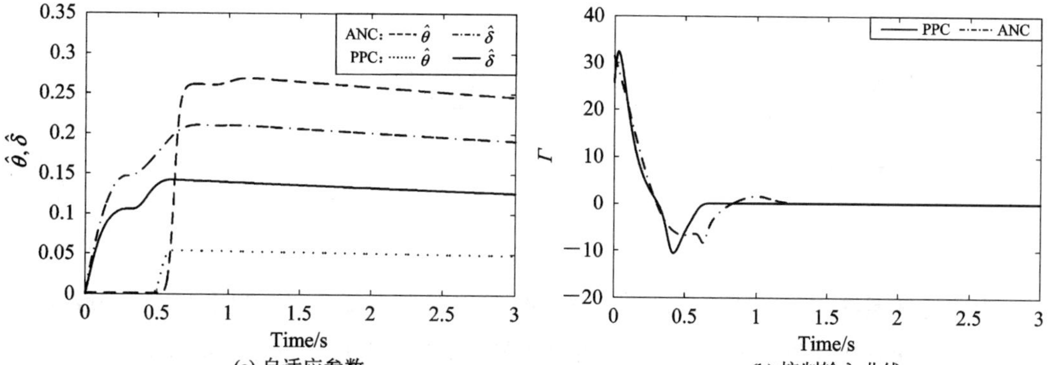


(a) 自适应参数　　(b) 控制输入曲线

图 2.5　自适应参数与控制输入曲线

### 2.4.2 单连杆机械臂角度跟踪控制

为了进一步验证本章所提出的控制方案的适用性，本小节以含模型不确定性的单连杆机械臂系统为控制对象，对比了文献[46]的自适应神经网络控制方法(ANC)和本节提出的预设性能控制方法(PPC)。仿真采用的机械臂系统动力学模型表述如下[143]：

$$\begin{cases} D\ddot{\varphi}+B\dot{\varphi}+N\sin\varphi=\tau \\ M\dot{\tau}+H\tau=u+0.5\sin u-K_{\mathrm{m}}\dot{\varphi}+0.2\sin t \end{cases} \tag{2.77}$$

其中：$\varphi$ 是机械臂角度，$\tau$ 是电动机电枢电流，$u$ 是控制输入，$d_\tau(t)$ 是外部干扰。详细的参数定义与取值参见文献[143]，其中 $D=1$，$B=1$，$N=10$，$M=0.05$，$H=0.5$，$K_{\mathrm{m}}=10$。指令信号由以下 Van der Pol 振荡器产生：

$$\begin{cases} \dot{x}_{\mathrm{d1}}=x_{\mathrm{d2}} \\ \dot{x}_{\mathrm{d2}}=-x_{\mathrm{d1}}+\eta(1-x_{\mathrm{d1}}^2)x_{\mathrm{d2}} \\ y_{\mathrm{d}}=x_{\mathrm{d1}} \end{cases} \tag{2.78}$$

仿真中取 $\eta=0.2$，$[x_{\mathrm{d1}}(0),x_{\mathrm{d2}}(0)]^{\mathrm{T}}=[1.5,0.8]^{\mathrm{T}}$。根据模型变换(2.2)～(2.18)，令 $\chi_1=\varphi$，$\chi_2=\dot{\chi}_1$，$\chi_3=\dot{\chi}_2$，则系统(2.77)可以改写为以下形式：

$$\begin{cases} \dot{\chi}_1=\chi_2 \\ \dot{\chi}_2=\chi_3 \\ \dot{\chi}_3=H_3(\bar{\boldsymbol{x}}_3)+G_3(\bar{\boldsymbol{x}}_3,u^{\vartheta_4})u+\Delta(t) \\ y=\chi_1 \end{cases} \tag{2.79}$$

其中：

$$\begin{cases} H_3(\bar{\boldsymbol{x}}_3)=\dfrac{-K_{\mathrm{m}}\chi_2-H(D\chi_3+B\chi_2+N\sin\chi_1)-M(B\chi_3-N\chi_2\cos\chi_1)}{MD} \\ G_3(\bar{\boldsymbol{x}}_3,u^{\vartheta_4})=\dfrac{1+0.5\cos u^{\vartheta_4}}{MD} \\ \Delta(t)=\dfrac{0.2\sin t}{MD} \end{cases} \tag{2.80}$$

由此可知系统(2.79)满足假设2.1与假设2.2。在控制器设计过程中，需要获取变换模型(2.79)的状态估计值，根据引理2.2可采用如下有限时间收敛的三阶微分器：

$$\begin{cases}\dot{\varsigma}_1 = \varsigma_2 \\ \dot{\varsigma}_2 = \varsigma_3 \\ \dot{\varsigma}_3 = 80^3\left[-20\tanh(\varsigma_1 - \chi_1) - 10\tanh\left(\dfrac{\varsigma_2}{80}\right) - 10\tanh\left(\dfrac{\varsigma_3}{80^2}\right)\right]\end{cases} \tag{2.81}$$

设计如下自适应神经网络预设性能控制器：

$$u = -zr - \frac{\hat{\theta}zr}{2\times 0.1^2}\boldsymbol{\psi}^{\mathrm{T}}(\boldsymbol{Z})\boldsymbol{\psi}(\boldsymbol{Z}) - \hat{\delta}\tanh\left(\frac{zr}{0.2}\right) \tag{2.82}$$

其中：转化误差 $z=\ln[(\zeta(t)+1)/(1-\zeta(t))]/2$，标准化误差 $\zeta(t)=s(t)/\rho(t)$，误差面 $s(t)=4\hat{e}_1(t)+0.4\hat{e}_2(t)+0.01\hat{e}_3(t)$，自适应更新律设计为

$$\begin{cases}\dot{\hat{\delta}} = zr\tanh\left(\dfrac{zr}{0.2}\right) - 0.5\hat{\delta} \\ \dot{\hat{\theta}} = \dfrac{(zr)^2}{2\times 0.1^2}\boldsymbol{\psi}^{\mathrm{T}}(\boldsymbol{Z})\boldsymbol{\psi}(\boldsymbol{Z}) - 0.5\hat{\theta}\end{cases} \tag{2.83}$$

神经网络 $\boldsymbol{W}^{*\mathrm{T}}\boldsymbol{\psi}(\boldsymbol{Z})$ 包含 9 个单元，均匀分布在区间[－12，12]上，每个单元的宽度为 2，$\hat{\delta}(0)=0$，$\hat{\theta}(0)=0$。预设性能函数取为

$$\rho(t) = (10 - 0.4)\exp(-2t) + 0.4 \tag{2.84}$$

图 2.6～图 2.10 为具体的仿真结果。图 2.6(a)表明微分器能精确地估计变换系统的状态 $\chi_1$。图 2.6(b)表明 PPC 的误差面 $s$ 满足瞬态和稳态性能约束。从图 2.7 可以看出，与 ANC 相比，PPC 的实际跟踪轨迹具有更小的超调与稳态误差。图 2.8 和图 2.9(a)表明系统状态和自适应参数均有界。从图 2.9(b)可以看出，在控制初始阶段，ANC 控制输入的峰值较 PPC 大。由图 2.10 可知，新型微分器能有效地估计状态 $\chi_1$ 的二阶和三阶导数。综上所述，本章所设计的自适应神经网络预设性能控制器能使闭环系统所有信号半全局一致有界且跟踪误差满足预设性能。

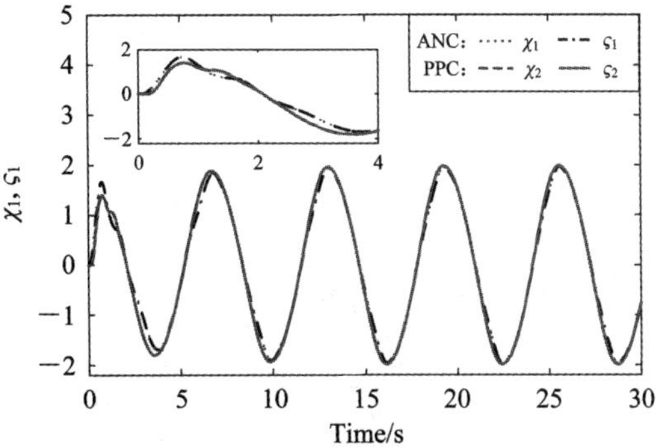

(a) 微分器估计值

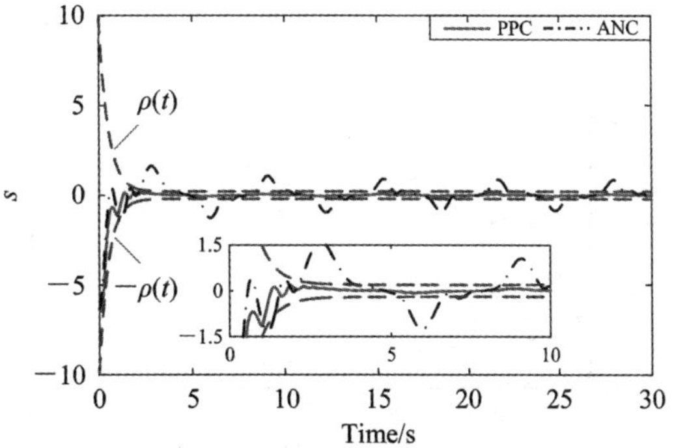

(b) 误差面 $s$

图 2.6　微分器估计值与误差面 $s$

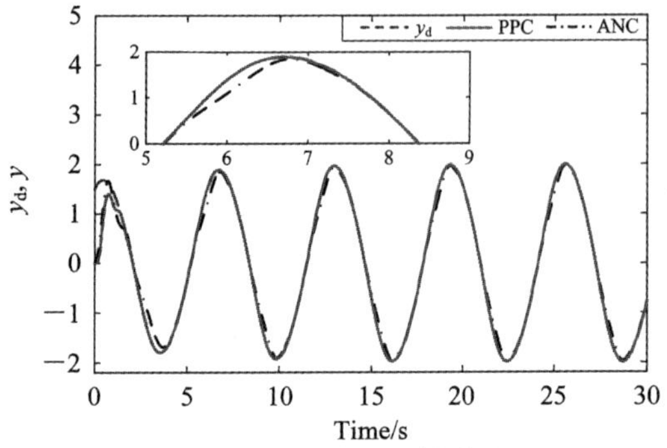


(a) 参考指令与系统输出

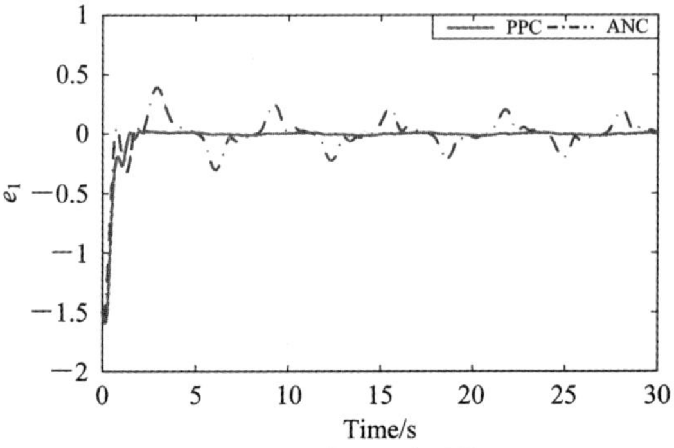


(b) 实际跟踪误差

图 2.7　参考信号、系统输出与实际跟踪误差

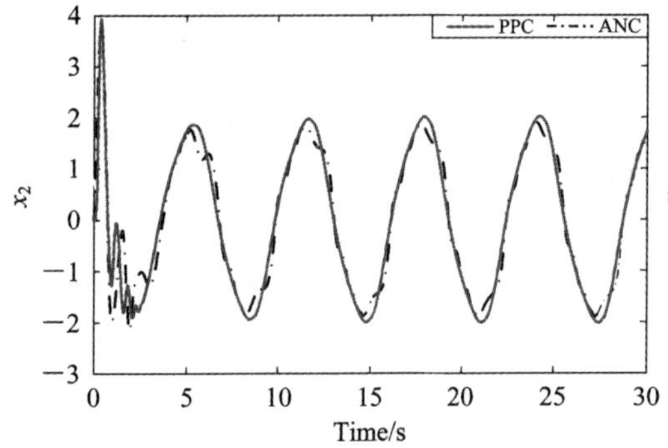


(a) 系统状态 $x_2$

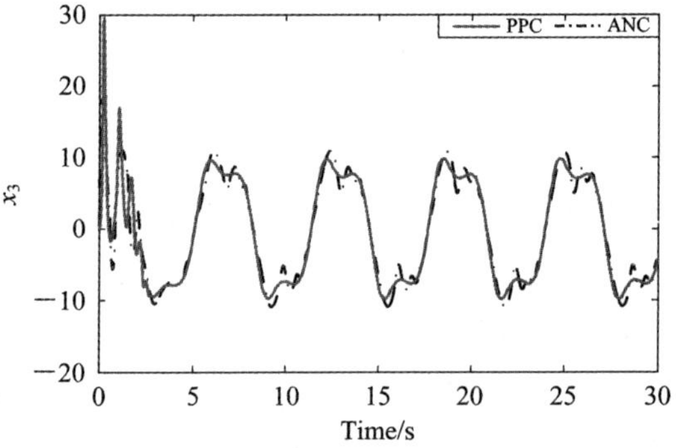


(b) 系统状态 $x_3$

图 2.8　系统状态曲线

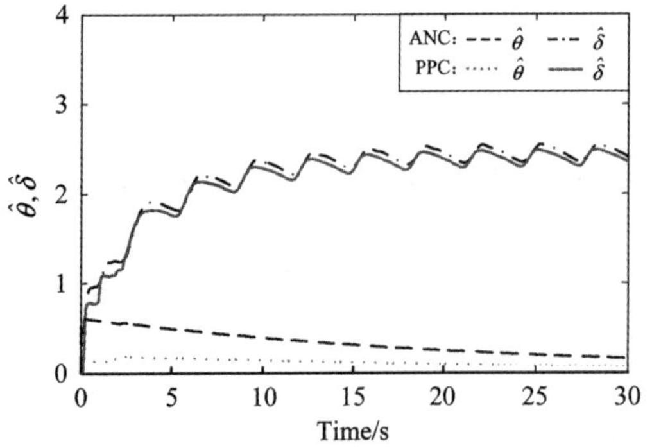


(a) 自适应参数

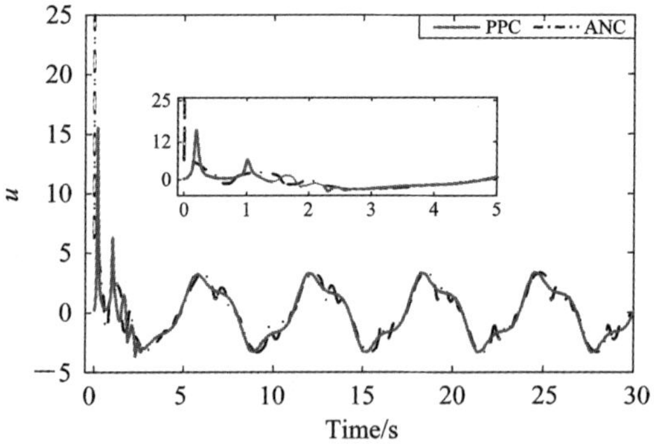


(b) 控制输入曲线

图 2.9　自适应参数与控制输入曲线

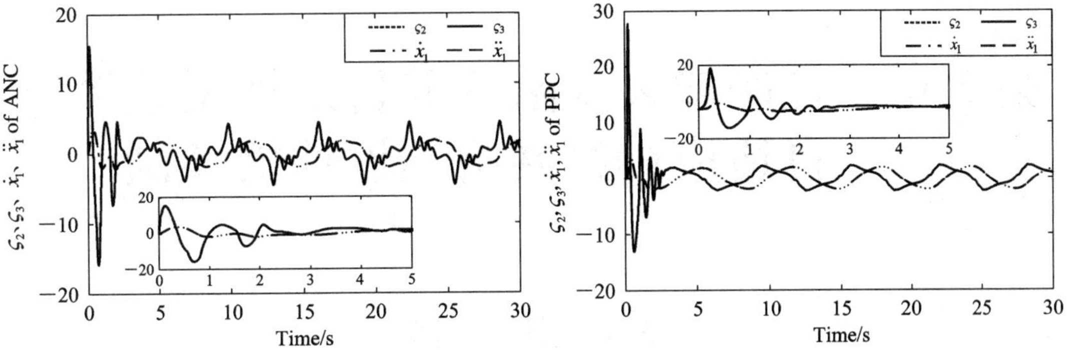


(a) ANC算例估计值 $\varsigma_2$, $\varsigma_3$ 与状态 $\dot{x}_1$、$\ddot{x}_1$　　(b) PPC算例估计值 $\varsigma_2$, $\varsigma_3$ 与状态 $\dot{x}_1$、$\ddot{x}_1$

图 2.10　微分器估计值 $\varsigma_2$、$\varsigma_3$ 与实际状态 $\dot{x}_1$、$\ddot{x}_1$

## 2.5　本章小结

针对一类非线性函数连续可导的非仿射系统，本章设计了一种自适应神经网络预设性能控制器。首先，基于连续可导条件，将非仿射纯反馈系统变换为具有积分链式结构的伪仿射系统。其次，利用有限时间收敛的微分器对变换系统的状态进行估计。为便于设计控制器，基于带性能约束的误差面构造了转化误差。最后，采用自适应神经网络技术对连续未知函数进行估计并设计控制律。与纯反馈系统控制器设计中常采用的反推技术相比，本章提出的控制器避免了复杂的反推过程，控制器只需要一个神经网络估计器，降低了计算复杂度。在控制器设计过程中考虑性能约束，使得闭环系统的瞬态和稳态性能得到了保证。快速的瞬态收敛过程可能导致较大的控制输入峰值，因此，下一步将对能处理控制输入受限的预设性能控制器进行研究。

# 第3章　控制输入受限的非仿射纯反馈系统自适应神经网络预设性能控制

## 3.1 引　言

在非仿射系统中，由于控制输入以非线性隐函数的形式产生作用，许多现有的针对仿射系统的控制方法不能直接应用于非仿射系统。为保证系统的可控制性且便于将非仿射系统伪仿射化，文献[5－13]假设$\partial f(x, u)/\partial u$存在且有界，结合泰勒公式或拉格朗日中值定理将非仿射系统转化成了伪仿射系统。针对伪仿射系统可采用一些传统的控制方法，如自适应神经网络控制[27-29]、自适应模糊控制[30-31]、滑模控制[144-145]和有限时间收敛控制[146-147]。

上述成果均依赖于假设$\partial f(x, u)/\partial u$存在且满足一些严格的约束条件。事实上，在实际应用中难以知晓$\partial f(x, u)/\partial u$是否存在。此外，假设非仿射函数不可导可能忽视一些重要的非仿射特性，如死区输入非线性。为了避免采用上述苛刻的假设，文献[20]假设$f(x, u)-f(x, 0)$满足特定的不等式约束，借助拉格朗日中值定理将非仿射函数成功仿射化，并基于变换模型设计了自适应神经网络动态面控制器。然而，由于上述文献针对未知非仿射系统采用了宽松的假设条件，可能会导致较大的瞬态与稳态跟踪误差。

作为漏斗控制的替代方法，预设性能控制凭借其更为灵活的应用形式广泛地应用于非线性单输入单输出系统[74-82]、多输入多输出系统[103-113]和实际工程系统[114-137]。上述文献均利用对数函数来构造转化误差，并基于转化误差设计预设性能控制器。然而，引入对数函数会使控制器中存在复杂的偏导项。因此，文献[148]针对一类严反馈系统设计了一种改进的预设性能控制器。

本章研究了一类含控制输入受限与系统输出约束的非仿射纯反馈系统的控制问题。实际上，文献[85]已针对一类含控制输入受限的严反馈系统设计了自适应模糊预设性能控制器。然而，同类文献[39，52，85，149－153]均预先假设误差补偿系统的状态变量有界。为了取消上述假设，须重新设计补偿系统。

本章将非仿射函数的可控性条件放宽到了连续不可导与局部半有界。与传统的可控性条件相比，基于本章假设条件所得的变换模型具有更广的适用范围；本章提出的预设性能控制方法可以对跟踪误差实现非对称的性能约束，新的误差转化模式避免了传统误差转化模式中复杂的推导与不可导问题；与大部分针对非仿射纯反馈系统的文献相比，在反推设计过程中，本章无须低通滤波器或对虚拟控制信号反复求导，因此简化了控制器结构，降低了计算复杂度。

## 3.2 问题描述

考虑如下一类不确定未知非仿射纯反馈系统：

$$\begin{cases} \dot{x}_i = f_i(\bar{\boldsymbol{x}}_i,\ x_{i+1}) + \Delta_i(t),\ i = 1,\ 2,\ \cdots,\ n-1 \\ \dot{x}_n = f_n(\boldsymbol{x},\ u(\upsilon)) + \Delta_n(t) \\ y = x_1 \end{cases} \tag{3.1}$$

其中：$\bar{\boldsymbol{x}}_i=[x_1,\ x_2,\ \cdots,\ x_i]^{\mathrm{T}}\in\mathbf{R}^i$ 与 $\boldsymbol{x}=[x_1,\ x_2,\ \cdots,\ x_n]^{\mathrm{T}}\in\mathbf{R}^n$ 为系统状态，$y\in\mathbf{R}$ 与 $u\in\mathbf{R}$ 分别表示系统输出和控制输入，$f_i(\cdot)$ 与 $f_n(\cdot)$ 为 Lipschitz 连续的未知非仿射函数，$\Delta_i(t)$ 和 $\Delta_n(t)$ 为不确定的外部干扰，$u(\upsilon)$ 为带饱和约束的控制输入。由文献[39，52，85，149－153]可知，控制输入 $u(\upsilon)$ 可表述为

$$u(\upsilon) = \mathrm{sat}(\upsilon) = \begin{cases} \mathrm{sgn}(\upsilon)u_{\mathrm{M}}, & |\upsilon| \geqslant u_{\mathrm{M}} \\ \upsilon, & |\upsilon| < u_{\mathrm{M}} \end{cases} \tag{3.2}$$

式中：$u_{\mathrm{M}}$ 为 $u(\upsilon)$ 的界限，$\upsilon\in\mathbf{R}$ 为不受限的输入信号。在本章中，为简化描述，定义 $u=u(\upsilon)$，$x_{n+1}=u$ 和 $\bar{\boldsymbol{x}}_{n+1}=[\boldsymbol{x}^{\mathrm{T}},\ u]^{\mathrm{T}}$。

本章的控制目标为设计一类自适应神经网络控制器，使闭环系统满足以下条件：闭环系统所有信号均有界，跟踪误差 $e(t)=y(t)-y_{\mathrm{d}}(t)$ 满足预设性能包络，不违背输入受限的条件(其中 $y_{\mathrm{d}}\in\mathbf{R}$ 是给定的参考信号)。为实现上述控制目标，本章针对系统(3.1)作出以下必要的假设。

**假设 3.1**　参考指令 $y_{\mathrm{d}}$ 为光滑可导函数且存在未知正数 $B_0$ 满足集合 $\Omega_0:=\{(y_{\mathrm{d}},\ \dot{y}_{\mathrm{d}},\ \ddot{y}_{\mathrm{d}})^{\mathrm{T}}\mid y_{\mathrm{d}}^2+\dot{y}_{\mathrm{d}}^2+\ddot{y}_{\mathrm{d}}^2\leqslant B_0\}$。

**假设 3.2**　对于 $\forall t>0$，存在未知正数 $\Delta_i^*$ 满足 $|\Delta_i(t)|\leqslant\Delta_i^*$ $(i=1,\ 2,\ \cdots,\ n)$。

**假设 3.3**　状态变量 $x_i$，$i=1,\ 2,\ \cdots,\ n$ 可测。

**假设 3.4**　对于 $x_{i+1}\geqslant\underline{\varepsilon}_{i+1}\geqslant 0$ 与 $x_{i+1}\leqslant\bar{\varepsilon}_{i+1}\leqslant 0$，存在函数 $\underline{g}_i(\bar{\boldsymbol{x}}_i,\ x_{i+1})$ 与 $\bar{g}_i(\bar{\boldsymbol{x}}_i,\ x_{i+1})$ 满足：

$$\begin{cases} f_i(\bar{\boldsymbol{x}}_i,\ x_{i+1}) \geqslant f_i(\bar{\boldsymbol{x}}_i,\ 0) + \underline{g}_i(\bar{\boldsymbol{x}}_i,\ x_{i+1})x_{i+1} + \underline{h}_i,\ x_{i+1} \geqslant \underline{\varepsilon}_{i+1} \\ f_i(\bar{\boldsymbol{x}}_i,\ x_{i+1}) \leqslant f_i(\bar{\boldsymbol{x}}_i,\ 0) + \bar{g}_i(\bar{\boldsymbol{x}}_i,\ x_{i+1})x_{i+1} + \bar{h}_i,\ x_{i+1} \leqslant \bar{\varepsilon}_{i+1} \end{cases} \tag{3.3}$$

其中 $\underline{\varepsilon}_{i+1}$，$\bar{\varepsilon}_{i+1}$，$\underline{h}_i$ 与 $\bar{h}_i$，$i=1,\ 2,\ \cdots,\ n$ 均为未知常数。对于 $|x_{i+1}|\geqslant\varepsilon_{i+1}>\max\{|\bar{\varepsilon}_{i+1}|,\ \underline{\varepsilon}_{i+1}\}$，存在未知正数 $g_{i,\mathrm{m}}$ 满足 $\max\{\underline{g}_i(\bar{\boldsymbol{x}}_i,\ x_{i+1}),\ \bar{g}_i(\bar{\boldsymbol{x}}_i,\ x_{i+1})\}\geqslant g_{i,\mathrm{m}}$。

图 3.1(a)阐释了假设 3.4 所刻画的可控性条件。值得注意的是，图中的两条虚线分别

只是界限函数 $f_i(\bar{\boldsymbol{x}}_i,0)+\underline{g}_i(\bar{\boldsymbol{x}}_i,x_{i+1})x_{i+1}+\underline{h}_i$ 与 $f_i(\bar{\boldsymbol{x}}_i,0)+\bar{g}_i(\bar{\boldsymbol{x}}_i,x_{i+1})x_{i+1}+\bar{h}_i$ 的特殊形式。图 3.1(b)是文献[5－13]中普遍采用的假设条件示意图。针对非仿射函数，通常采用可控性条件 $0<g_{i,\mathrm{m}}\leqslant\dfrac{\partial f_i(\bar{\boldsymbol{x}}_i,x_{i+1})}{\partial x_{i+1}}\leqslant g_{i,\mathrm{M}}$，该假设要求非仿射函数连续可偏导且偏导数有界。

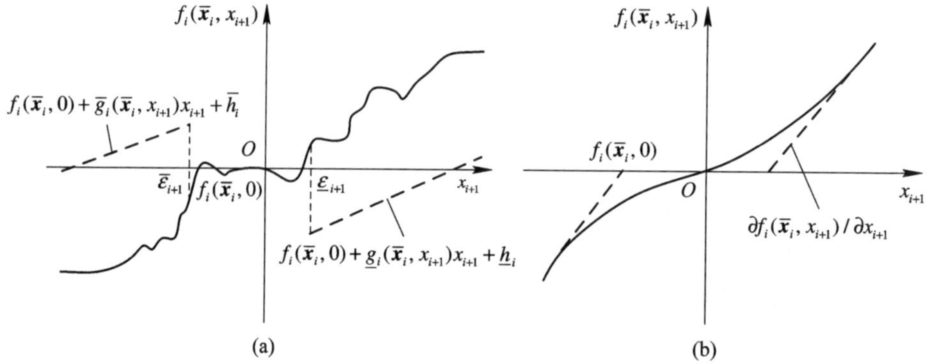


图 3.1　不同可控性条件示意图

在假设 3.4 中非仿射函数 $f_i(\bar{\boldsymbol{x}}_i,x_{i+1})$局部半有界，即其在区间 $x_{i+1}>\underline{\varepsilon}_{i+1}$上的上界与在区间 $x_{i+1}<\bar{\varepsilon}_{i+1}$上的下界均被取消。和假设 3.4 相比，文献[5－13]要求非仿射函数上的每一点都必须可偏导且偏导数时刻为正。事实上，在实际应用中，$\dfrac{\partial f_i(\bar{\boldsymbol{x}}_i,x_{i+1})}{\partial x_{i+1}}$可能不存在。因此假设 3.4 摒弃了可偏导的要求，增大了可控性条件的适用范围。此外，在区间 $\underline{\varepsilon}_{i+1}\leqslant x_{i+1}\leqslant\bar{\varepsilon}_{i+1}$上，非仿射函数 $f_i(\bar{\boldsymbol{x}}_i,x_{i+1})$随 $x_{i+1}$的变化趋势可以未知。

为更明确地说明上述概念，考虑以下二阶非仿射不确定系统[11,34]：

$$\begin{cases}\dot{x}_1=\dfrac{1-\mathrm{e}^{-x_1}}{1+\mathrm{e}^{-x_1}}+x_2^3+x_2\mathrm{e}^{-1-x_1^2}+0.5x_1^2x_2+0.2\sin t\\ \dot{x}_2=x_1(x_1-x_2)+0.15D^3(u)+0.1(1+x_2^2)D(u)+\sin[0.1D(u)]+0.1\cos t\\ y=x_1\end{cases}\tag{3.4}$$

其中死区输入非线性 $D(u)$被定义为

$$D(u)=\begin{cases}[1+0.3\sin(0.5t)](u-0.6), & u\geqslant 0.6\\ 0, & -0.5<u<0.6\\ [1+0.2\sin(0.5t)](u+0.5), & u\leqslant -0.5\end{cases}\tag{3.5}$$

由于 $D(u)$在点$-0.5$ 与 0.6 处不可导，因此，无法通过拉格朗日中值定理或泰勒公式将非仿射函数仿射化。此外，在区间$-0.5<u<0.6$上，$D(u)$随$u$精确变化的规律很难获得。但非仿射函数随控制输入变化的大致趋势可知，即以下不等式成立：

$$\begin{cases}(1-e^{-x_1})/(1+e^{-x_1})+(x_2^2+e^{-1-x_1^2}+0.5x_1^2)x_2+0.2\sin t \\ \qquad \geqslant \dfrac{1-e^{-x_1}}{1+e^{-x_1}}+0.25x_2-0.2,\ x_2\geqslant 0.5 \\ (1-e^{-x_1})/(1+e^{-x_1})+(x_2^2+e^{-1-x_1^2}+0.5x_1^2)x_2+0.2\sin t \\ \qquad \leqslant \dfrac{1-e^{-x_1}}{1+e^{-x_1}}+0.25x_2+0.2,\ x_2\leqslant -0.5\end{cases} \tag{3.6}$$

且

$$\begin{cases}x_1(x_1-x_2)+[0.15D^2(u)+0.1(1+x_2^2)]D(u)+\sin[0.1D(u)]+0.1\cos t \\ \qquad \geqslant x_1(x_1-x_2)+0.07u-1.5,\ u\geqslant 0.6 \\ x_1(x_1-x_2)+[0.15D^2(u)+0.1(1+x_2^2)]D(u)+\sin[0.1D(u)]+0.1\cos t \\ \qquad \leqslant x_1(x_1-x_2)+0.08u+1.5,\ u\leqslant -0.5\end{cases} \tag{3.7}$$

因此，假设 3.4 对系统(3.4)适用。

## 3.3　控制器设计与稳定性分析

### 3.3.1　非对称预设性能

Han 指出：由 Rovitakis 等人提出的预设性能控制技术在特定的约束条件下可能发生奇异问题[148]。因此文献[148]提出了一种改进的预设性能控制方法，该方法不仅可以避免奇异问题，还能简化控制器的结构。在上述文献中，转化误差被定义为

$$z(t)=\frac{\zeta(t)}{1-\zeta(t)}$$

其中：$\zeta(t)=e(t)/\rho(t)$，且$\rho(t)=q\bar{\varphi}(t)+(1-q)\underline{\varphi}(t)$。$\bar{\varphi}(t)$与$\underline{\varphi}(t)$是非对称的性能函数。$q$是切换项：当$e(t)\geqslant 0$时，$q=1$；当$e(t)<0$时，$q=0$。然而，由于切换项的引入，当$e(t)=0$时，$z(t)$可能不可导。因此，需要提出一种新的误差转化方法以避免上述问题。

在本章中，一种非对称的预设性能形式定义如下：

$$L(t)<e(t)<U(t) \tag{3.8}$$

式中：

$$\begin{cases}U(t)=(\rho_U-\rho_\infty)\exp(-l_U t)+\rho_\infty \\ L(t)=(\rho_L+\rho_\infty)\exp(-l_L t)-\rho_\infty\end{cases} \tag{3.9}$$

其中：$\rho_U$和$\rho_L$分别为性能函数$U(t)$和$L(t)$的初始值；参数$l_U>0$与$l_L>0$为指数函数的收

敛速率；$U(\infty)=-L(\infty)=\rho_\infty>0$。通过选择适当的参数 $\rho_U$、$\rho_L$ 与 $\rho_\infty$，可以保证 $L(0)<e(0)<U(0)$ 与 $L(t)<U(t)$。因此，常数 $\rho_U$ 和 $\rho_L$ 限制了跟踪误差 $e(t)$ 在瞬态时的超调。

由于无法直接根据不等式(3.8)设计控制器，本章采用一种新的转化误差 $z_1(t)$，其定义如下：

$$z_1(t)=\frac{\zeta_1(t)}{1-\zeta_1^2(t)} \tag{3.10}$$

式中：$\zeta_1(t)$ 为标准化误差，其定义为

$$\zeta_1(t)=\frac{2e(t)-[U(t)+L(t)]}{U(t)-L(t)} \tag{3.11}$$

其中 $e(t)=y(t)-y_d(t)$。对 $z_1(t)$ 求时间的一阶导数可得

$$\dot{z}_1(t)=r_1[\dot{e}(t)+v_1] \tag{3.12}$$

式中：

$$r_1=\frac{2[1+\zeta_1^2(t)]}{[1-\zeta_1^2(t)]^2[U(t)-L(t)]} \tag{3.13}$$

且

$$v_1=\frac{\zeta_1(t)[\dot{U}(t)-\dot{L}(t)]-[\dot{U}(t)+\dot{L}(t)]}{2} \tag{3.14}$$

**定理 3.1**　若 $L(0)<e(0)<U(0)$ 且存在正数 $z_M$，对于 $\forall t\geqslant 0$ 满足 $|z_1(t)|\leqslant z_M$，则跟踪误差将满足不等式(3.8)。

**证明**　由 $L(0)<e(0)<U(0)$ 和定义(3.11)可知 $-1<\zeta_1(0)<1$。

(1) 当 $0\leqslant z_1(t)\leqslant z_M$ 时，有以下两种结论：

① 对于 $\forall t\geqslant 0$，有 $\zeta_1(t)\geqslant 0$，$1-\zeta_1^2(t)>0$；

② 对于 $\forall t\geqslant 0$，有 $\zeta_1(t)\leqslant 0$，$1-\zeta_1^2(t)<0$。

显然，结论②与 $-1<\zeta_1(0)<1$ 之间存在矛盾。

(2) 当 $-z_M\leqslant z_1(t)<0$ 时，有以下两种结论：

① 对于 $\forall t\geqslant 0$，有 $\zeta_1(t)\leqslant 0$，$1-\zeta_1^2(t)>0$；

② 对于 $\forall t\geqslant 0$，有 $\zeta_1(t)\geqslant 0$，$1-\zeta_1^2(t)<0$。

显然，结论②与 $-1<\zeta_1(0)<1$ 之间存在矛盾。

综上所述，如果 $L(0)<e(0)<U(0)$ 与 $|z_1(t)|\leqslant z_M$ 成立，则有 $-1<\zeta_1(t)<1$。由式(3.11)可进一步得到对于 $\forall t\geqslant 0$ 有 $L(t)<e(t)<U(t)$ 成立。至此，定理 3.1 得证。

### 3.3.2　模型变换

本节将基于反推技术构造自适应神经网络控制器，每一步将基于以下针对系统(3.1)

的坐标变换：

$$s_1 = z_1,\ s_i = x_i - x_{i,c},\ i = 2, 3, \cdots, n-1,\ s_n = x_n - x_{n,c} - \xi\tanh\chi \tag{3.15}$$

其中：$x_{i,c}(i=2, 3, \cdots, n)$为待设计的虚拟控制律，$\xi>0$ 为待设计参数，$\chi$ 为以下误差补偿系统的状态变量：

$$\dot{\chi} = \frac{\cosh^2\chi}{\xi}[-\kappa\tanh\chi + \mathrm{sat}(\upsilon) - \upsilon],\ \chi(0) = 0 \tag{3.16}$$

其中 $\kappa>0$ 为待设计参数。

文献[39, 52, 85, 149-153]采用的误差补偿系统为 $\dot{\chi}=-\kappa\chi+\mathrm{sat}(\upsilon)-\upsilon$，第 $n$ 步中的坐标变换为 $s_n=x_n-x_{n,c}-\chi$。与之相比，本章所采用的误差补偿系统所提供的为有界补偿项 $\xi\tanh\chi$，因此不必再预先假设 $\chi$ 有界。

为了获得系统(3.1)的等效变换系统，采用以下数学推导：

(1) 当 $x_{i+1}>\varepsilon_{i+1}$时，定义以下连续函数 $\bar{g}_i'(\bar{\boldsymbol{x}}_i, x_{i+1})$：

$$\bar{g}_i'(\bar{\boldsymbol{x}}_i, x_{i+1}) = \frac{1}{\varepsilon_{i+1}}[f_i(\bar{\boldsymbol{x}}_i, x_{i+1}) - f_i(\bar{\boldsymbol{x}}_i, 0) - \underline{h}_i] \tag{3.17}$$

其中 $\varepsilon_{i+1}>\max\{|\bar{\varepsilon}_{i+1}|, \underline{\varepsilon}_{i+1}\}(i=1, 2, \cdots, n)$。根据假设 3.4，可得 $x_{i+1}/\varepsilon_{i+1}>1$ 且 $f_i(\bar{\boldsymbol{x}}_i, x_{i+1})-f_i(\bar{\boldsymbol{x}}_i, 0)-\underline{h}_i\geqslant\underline{g}_i(\bar{\boldsymbol{x}}_i, x_{i+1})x_{i+1}>0$。因此有

$$\begin{aligned}&\bar{g}_i'(\bar{\boldsymbol{x}}_i, x_{i+1})x_{i+1} + \underline{h}_i + f_i(\bar{\boldsymbol{x}}_i, 0)\\&= \frac{x_{i+1}}{\varepsilon_{i+1}}[f_i(\bar{\boldsymbol{x}}_i, x_{i+1}) - f_i(\bar{\boldsymbol{x}}_i, 0) - \underline{h}_i] + \underline{h}_i + f_i(\bar{\boldsymbol{x}}_i, 0) \geqslant f_i(\bar{\boldsymbol{x}}_i, x_{i+1})\end{aligned} \tag{3.18}$$

且 $\bar{g}_i'(\bar{\boldsymbol{x}}_i, x_{i+1})\geqslant\underline{g}_i(\bar{\boldsymbol{x}}_i, x_{i+1})\geqslant g_{i,m}$。

(2) 当 $x_{i+1}<-\varepsilon_{i+1}$时，定义以下连续函数：

$$\underline{g}_i'(\bar{\boldsymbol{x}}_i, x_{i+1}) = -\frac{1}{\varepsilon_{i+1}}[f_i(\bar{\boldsymbol{x}}_i, x_{i+1}) - f_i(\bar{\boldsymbol{x}}_i, 0) - \bar{h}_i] \tag{3.19}$$

根据假设 3.4，可得$-x_{i+1}/\varepsilon_{i+1}>1$ 与 $f_i(\bar{\boldsymbol{x}}_i, x_{i+1})-f_i(\bar{\boldsymbol{x}}_i, 0)-\bar{h}_i\leqslant\bar{g}_i(\bar{\boldsymbol{x}}_i, x_{i+1})x_{i+1}<0$，因此有

$$\begin{aligned}&\underline{g}_i'(\bar{\boldsymbol{x}}_i, x_{i+1})x_{i+1} + f_i(\bar{\boldsymbol{x}}_i, 0) + \bar{h}_i\\&= -\frac{x_{i+1}}{\varepsilon_{i+1}}[f_i(\bar{\boldsymbol{x}}_i, x_{i+1}) - f_i(\bar{\boldsymbol{x}}_i, 0) - \bar{h}_i] + f_i(\bar{\boldsymbol{x}}_i, 0) + \bar{h}_i \leqslant f_i(\bar{\boldsymbol{x}}_i, x_{i+1})\end{aligned} \tag{3.20}$$

且 $\underline{g}_i'(\bar{\boldsymbol{x}}_i, x_{i+1})\geqslant\bar{g}_i(\bar{\boldsymbol{x}}_i, x_{i+1})\geqslant g_{i,m}$。

(3) 当$-\varepsilon_{i+1}\leqslant x_{i+1}\leqslant\varepsilon_{i+1}$时，存在连续函数 $K_i(\bar{\boldsymbol{x}}_i)$满足：

$$|f_i(\bar{\boldsymbol{x}}_i, x_{i+1}) - f_i(\bar{\boldsymbol{x}}_i, 0)| \leqslant K(\bar{\boldsymbol{x}}_i) \tag{3.21}$$

由式(3.21)可得

$$f_i(\bar{\boldsymbol{x}}_i, 0) - K(\bar{\boldsymbol{x}}_i) + g_{i,\mathrm{m}}(x_{i+1} - \varepsilon_{i+1}) \leqslant f_i(\bar{\boldsymbol{x}}_i, x_{i+1}) \leqslant f_i(\bar{\boldsymbol{x}}_i, 0) + K(\bar{\boldsymbol{x}}_i) + g_{i,\mathrm{m}}(x_{i+1} + \varepsilon_{i+1}) \tag{3.22}$$

基于式(3.18)、式(3.20)、式(3.22)和假设 3.4，可得

$$\begin{cases} \underline{g}_i(\bar{\boldsymbol{x}}_i, x_{i+1})x_{i+1} + \underline{h}_i \leqslant f_i(\bar{\boldsymbol{x}}_i, x_{i+1}) - f_i(\bar{\boldsymbol{x}}_i, 0) \leqslant \bar{g}'_i(\bar{\boldsymbol{x}}_i, x_{i+1})x_{i+1} + \underline{h}_i, \ x_{i+1} > \varepsilon_{i+1} \\ g_{i,\mathrm{m}}x_{i+1} - g_{i,\mathrm{m}}\varepsilon_{i+1} - K(\bar{\boldsymbol{x}}_i) \leqslant f_i(\bar{\boldsymbol{x}}_i, x_{i+1}) - f_i(\bar{\boldsymbol{x}}_i, 0) \\ \leqslant g_{i,\mathrm{m}}x_{i+1} + g_{i,\mathrm{m}}\varepsilon_{i+1} + K(\bar{\boldsymbol{x}}_i), \ -\varepsilon_{i+1} \leqslant x_{i+1} \leqslant \varepsilon_{i+1} \\ \underline{g}'_i(\bar{\boldsymbol{x}}_i, x_{i+1})x_{i+1} + \bar{h}_i \leqslant f_i(\bar{\boldsymbol{x}}_i, x_{i+1}) - f_i(\bar{\boldsymbol{x}}_i, 0) \leqslant \bar{g}_i(\bar{\boldsymbol{x}}_i, x_{i+1})x_{i+1} + \bar{h}_i, \ x_{i+1} < -\varepsilon_{i+1} \end{cases} \tag{3.23}$$

因此，存在值域为[0，1]的函数 $\vartheta_{i,1}(\bar{\boldsymbol{x}}_{i+1})$、$\vartheta_{i,2}(\bar{\boldsymbol{x}}_{i+1})$和 $\vartheta_{i,3}(\bar{\boldsymbol{x}}_{i+1})$满足：

$$f_i(\bar{\boldsymbol{x}}_i, x_{i+1}) - f_i(\bar{\boldsymbol{x}}_i, 0) = G_i(\bar{\boldsymbol{x}}_{i+1})x_{i+1} + H_i(\bar{\boldsymbol{x}}_{i+1}) \tag{3.24}$$

式中：

$$G_i(\bar{\boldsymbol{x}}_{i+1}) = \begin{cases} [1 - \vartheta_{i,1}(\bar{\boldsymbol{x}}_{i+1})]\underline{g}_i(\bar{\boldsymbol{x}}_i, x_{i+1}) + \vartheta_{i,1}(\bar{\boldsymbol{x}}_{i+1})\bar{g}'_i(\bar{\boldsymbol{x}}_i, x_{i+1}), & x_{i+1} > \varepsilon_{i+1} \\ g_{i,\mathrm{m}}, & -\varepsilon_{i+1} \leqslant x_{i+1} \leqslant \varepsilon_{i+1} \\ [1 - \vartheta_{i,3}(\bar{\boldsymbol{x}}_{i+1})]\underline{g}'_i(\bar{\boldsymbol{x}}_i, x_{i+1}) + \vartheta_{i,3}(\bar{\boldsymbol{x}}_{i+1})\bar{g}_i(\bar{\boldsymbol{x}}_i, x_{i+1}), & x_{i+1} < -\varepsilon_{i+1} \end{cases} \tag{3.25}$$

且

$$H_i(\bar{\boldsymbol{x}}_{i+1}) = \begin{cases} \underline{h}_i, & x_{i+1} > \varepsilon_{i+1} \\ [2\vartheta_{i,2}(\bar{\boldsymbol{x}}_{i+1}) - 1][K_i(\bar{\boldsymbol{x}}_i) + g_{i,\mathrm{m}}\varepsilon_{i+1}], & -\varepsilon_{i+1} \leqslant x_{i+1} \leqslant \varepsilon_{i+1} \\ \bar{h}_i, & x_{i+1} < -\varepsilon_{i+1} \end{cases} \tag{3.26}$$

其中：$|H_i(\bar{\boldsymbol{x}}_{i+1})| \leqslant \max\{|\underline{h}_i|, K_i(\bar{\boldsymbol{x}}_i) + g_{i,\mathrm{m}}\varepsilon_{i+1}, |\bar{h}_i|\}$，且 $G_i(\bar{\boldsymbol{x}}_{i+1}) \geqslant g_{i,\mathrm{m}}(i=1, 2, \cdots, n)$。因此，系统(3.1)可被改写为

$$\begin{cases} \dot{x}_i = f_i(\bar{\boldsymbol{x}}_i, 0) + G_i(\bar{\boldsymbol{x}}_{i+1})x_{i+1} + H_i(\bar{\boldsymbol{x}}_{i+1}) + \Delta_i(t) \\ \dot{x}_n = f_n(x, 0) + G_n(\bar{\boldsymbol{x}}_{n+1})u + H_n(\bar{\boldsymbol{x}}_{n+1}) + \Delta_n(t) \\ y = x_1 \end{cases} \tag{3.27}$$

其中 $i=1, 2, \cdots, n-1$。根据式(3.12)、式(3.15)和式(3.16)可得与系统(3.27)等效的变换系统如下：

$$\begin{cases} \dot{s}_1 = r_1[f_1(\bar{\boldsymbol{x}}, 0) + G_1(\bar{\boldsymbol{x}}_2)x_2 + H_1(\bar{\boldsymbol{x}}_2) + \Delta_1(t) - \dot{y}_\mathrm{d} + v_1] \\ \dot{s}_i = f_i(\bar{\boldsymbol{x}}_i, 0) + G_i(\bar{\boldsymbol{x}}_{i+1})x_{i+1} + H_i(\bar{\boldsymbol{x}}_{i+1}) + \Delta_i(t) - \dot{x}_{i,\mathrm{c}} \\ \dot{s}_n = f_n(\boldsymbol{x}, 0) + G_n(\bar{\boldsymbol{x}}_{n+1})u + H_n(\bar{\boldsymbol{x}}_{n+1}) + \Delta_n(t) - \dot{x}_{n,\mathrm{c}} + \kappa\tanh\chi - \mathrm{sat}(\upsilon) + \upsilon \end{cases} \tag{3.28}$$

其中 $i=1, 2, \cdots, n-1$。

### 3.3.3 控制器设计

控制器的设计过程逐步表述如下：

第 1 步：考虑系统(3.28)的第 1 阶微分方程：

$$\dot{s}_1 = r_1 \bar{f}_1 + r_1 [G_1(\bar{\boldsymbol{x}}_2)x_2 + H_1(\bar{\boldsymbol{x}}_2) + \Delta_1(t)] \tag{3.29}$$

其中：$\bar{f}_1 = f_1(\bar{\boldsymbol{x}}_1, 0) - \dot{y}_d + v_1$。

考虑紧集 $\Omega_{s_1}: = \{s_1 | s_1^2/2 \leqslant P\}$，其中 $P$ 为正数。由定义 3.10 和定义 3.11 以及引理 2.1 可知，$K_1(x_1) = K_1(e_1 + y_d)$ 在紧集 $\Omega_{s_1} \times \Omega_0$ 上有最大值，即存在未知正数 $H_1^*$ 满足 $\max\{|\underline{h}_1|, K_1(x_1) + g_{1,m}\varepsilon_2, |\bar{h}_1|\} \leqslant H_1^*$。

根据引理 2.1，可采用神经网络系统 $\boldsymbol{W}_1^{*\mathrm{T}}\boldsymbol{\Psi}(x_1)$ 估计未知非线性函数 $\bar{f}_1$，因此有

$$\bar{f}_1 = \boldsymbol{W}_1^{*\mathrm{T}}\boldsymbol{\Psi}(x_1) + \iota_1, \quad |\iota_1| \leqslant \iota_1^* \tag{3.30}$$

其中 $\iota_1^*$ 为未知常数。通常径向基函数的理想权值向量 $\boldsymbol{W}_1^{*\mathrm{T}}$ 未知。因此，其各元素需要基于 Lyapunov 理论采用自适应律进行估计。为了减少计算量，本书采用最小参数学习法(Minimal Learning Parameter algorithm，MLP)估计 $\theta_1 = g_{1,m}^{-1} \| \boldsymbol{W}_1^* \|^2$，而不再逐一估计理想权值向量的各元素值。由 Young 不等式可知：

$$\begin{aligned} s_1\dot{s}_1 &= s_1 r_1 [\boldsymbol{W}_1^{*\mathrm{T}}\boldsymbol{\Psi}(\boldsymbol{x}_1) + \iota_1] + s_1 r_1 [G_1(\bar{\boldsymbol{x}}_2)x_2 + H_1(\bar{\boldsymbol{x}}_2) + \Delta_1(t)] \\ &\leqslant s_1 r_1 G_1(\bar{\boldsymbol{x}}_2)x_2 + \frac{(s_1 r_1)^2 \| \boldsymbol{W}_1^* \|^2}{2a_1^2}\boldsymbol{\psi}^{\mathrm{T}}(\bar{\boldsymbol{x}}_1)\boldsymbol{\psi}(\bar{\boldsymbol{x}}_1) + \frac{a_1^2}{2} + |s_1 r_1| g_{1,m}\delta_1^* \end{aligned} \tag{3.31}$$

其中：$a_1$ 为任意正数，且 $\delta_1^* = g_{1,m}^{-1}(\iota_1^* + H_1^* + \Delta_1^*)$。

定义以下 Lyapunov 候选函数：

$$V_1 = \frac{1}{2}s_1^2 + \frac{g_{1,m}\tilde{\delta}_1^2}{2\alpha_1} + \frac{g_{1,m}\tilde{\theta}_1^2}{2\beta_1} \tag{3.32}$$

其中：$\alpha_1 > 0$ 和 $\beta_1 > 0$ 为待设计参数，$\tilde{\theta}_1 = \theta_1 - \hat{\theta}_1$ 且 $\tilde{\delta}_1 = \delta_1^* - \hat{\delta}_1$。对 $V_1$ 求时间的一阶导数可得

$$\begin{aligned} \dot{V}_1 \leqslant & s_1 r_1 G_1(\bar{\boldsymbol{x}}_2)(s_2 + x_{2,c}) + \frac{(s_1 r_1)^2 \| \boldsymbol{W}_1^* \|^2}{2a_1^2}\boldsymbol{\psi}^{\mathrm{T}}(\bar{\boldsymbol{x}}_1)\boldsymbol{\psi}(\bar{\boldsymbol{x}}_1) + \frac{a_1^2}{2} + \\ & |s_1 r_1| g_{1,m}\delta_1^* - \frac{g_{1,m}\tilde{\delta}_1 \dot{\hat{\delta}}_1}{\alpha_1} - \frac{g_{1,m}\tilde{\theta}_1 \dot{\hat{\theta}}_1}{\beta_1} \end{aligned} \tag{3.33}$$

设计虚拟控制律 $x_{2,c}$ 与相应的自适应律为

$$x_{2,c} = -k_1 s_1 r_1 - \frac{\hat{\theta}_1 s_1 r_1}{2a_1^2}\boldsymbol{\psi}^{\mathrm{T}}(\bar{\boldsymbol{x}}_1)\boldsymbol{\psi}(\bar{\boldsymbol{x}}_1) - \hat{\delta}_1 \tanh\left(\frac{s_1 r_1}{\lambda_1}\right) \tag{3.34}$$

$$\dot{\hat{\delta}}_1 = \alpha_1 \left[ s_1 r_1 \tanh\left(\frac{s_1 r_1}{\lambda_1}\right) - \sigma_1 \hat{\delta}_1 \right] \tag{3.35}$$

$$\dot{\hat{\theta}}_1 = \beta_1 \left[ \frac{(s_1 r_1)^2}{2a_1^2}\boldsymbol{\psi}^{\mathrm{T}}(\bar{\boldsymbol{x}}_1)\boldsymbol{\psi}(\bar{\boldsymbol{x}}_1) - \sigma_1 \hat{\theta}_1 \right] \tag{3.36}$$

其中：$k_1>0$，$\alpha_1>0$，$\beta_1>0$，$\sigma_1>0$ 与 $\lambda_1>0$ 为待设计参数；$\hat{\delta}_1$ 和 $\hat{\theta}_1$ 分别为 $\delta_1^*$ 和 $\theta_1$ 的估计值。通过选择初始值 $\hat{\delta}_1(0)\geqslant 0$ 和 $\hat{\theta}_1(0)\geqslant 0$，可使得对于 $\forall\, t\geqslant 0$ 有 $\hat{\delta}_1(t)\geqslant 0$ 和 $\hat{\theta}_1(t)\geqslant 0$。

将式(3.34)代入式(3.33)可得

$$\dot{V}_1\leqslant s_1s_2r_1G_1(\bar{\boldsymbol{x}}_2)-k_1g_{1,\mathrm{m}}(s_1r_1)^2-\frac{g_{1,\mathrm{m}}\hat{\theta}_1(s_1r_1)^2}{2a_1^2}\boldsymbol{\psi}^{\mathrm{T}}(\bar{\boldsymbol{x}}_1)\boldsymbol{\psi}(\bar{\boldsymbol{x}}_1)-\hat{\delta}_1g_{1,\mathrm{m}}s_1r_1\tanh\left(\frac{s_1r_1}{\lambda_1}\right)+$$
$$\frac{(s_1r_1)^2\|\boldsymbol{W}_1^*\|^2}{2a_1^2}\boldsymbol{\psi}^{\mathrm{T}}(\bar{\boldsymbol{x}}_1)\boldsymbol{\psi}(\bar{\boldsymbol{x}}_1)+\frac{a_1^2}{2}+|s_1r_1|g_{1,\mathrm{m}}\delta_1^*-\frac{g_{1,\mathrm{m}}\tilde{\delta}_1\dot{\hat{\delta}}_1}{\alpha_1}-\frac{g_{1,\mathrm{m}}\tilde{\theta}_1\dot{\hat{\theta}}_1}{\beta_1}\tag{3.37}$$

由 $\theta_1=g_{1,\mathrm{m}}^{-1}\|\boldsymbol{W}_1^*\|^2$，$\tilde{\theta}_1=\theta_1-\hat{\theta}_1$ 和 $\tilde{\delta}_1=\delta_1^*-\hat{\delta}_1$ 可得

$$\dot{V}_1\leqslant s_1s_2r_1G_1(\bar{\boldsymbol{x}}_2)-k_1g_{1,\mathrm{m}}(s_1r_1)^2+g_{1,\mathrm{m}}\tilde{\theta}_1\left[\frac{(s_1r_1)^2}{2a_1^2}\boldsymbol{\psi}^{\mathrm{T}}(\bar{\boldsymbol{x}}_1)\boldsymbol{\psi}(\bar{\boldsymbol{x}}_1)-\frac{\dot{\hat{\theta}}_1}{\beta_1}\right]+\frac{a_1^2}{2}+$$
$$g_{1,\mathrm{m}}\tilde{\delta}_1\left[s_1r_1\tanh\left(\frac{s_1r_1}{\lambda_1}\right)-\frac{\dot{\hat{\delta}}_1}{\alpha_1}\right]+g_{1,\mathrm{m}}\delta_1^*\left[|s_1r_1|-s_1r_1\tanh\left(\frac{s_1r_1}{\lambda_1}\right)\right]\tag{3.38}$$

将式(3.35)和式(3.36)代入式(3.38)可得

$$\dot{V}_1\leqslant s_1s_2r_1G_1(\bar{\boldsymbol{x}}_2)-k_1g_{1,\mathrm{m}}(s_1r_1)^2+g_{1,\mathrm{m}}\sigma_1\tilde{\theta}_1\hat{\theta}_1+g_{1,\mathrm{m}}\sigma_1\tilde{\delta}_1\hat{\delta}_1+0.2785g_{1,\mathrm{m}}\delta_1^*\lambda_1+\frac{a_1^2}{2}\tag{3.39}$$

第 2 步：考虑系统(3.28)的第 2 阶微分方程：

$$\dot{s}_2=\bar{f}_2+G_2(\bar{\boldsymbol{x}}_3)x_3+H_2(\bar{\boldsymbol{x}}_3)+\Delta_2(t)\tag{3.40}$$

其中 $\bar{f}_2=f_2(\bar{\boldsymbol{x}}_2,0)-\dot{x}_{2,\mathrm{c}}$。

定义紧集 $\Omega_2:=\{(s_1,s_2,\hat{\delta}_1,\hat{\theta}_1)^{\mathrm{T}}\mid V_1+s_2^2/2\leqslant P\}$。由于等式(3.34)右边的所有变量均包含在紧集 $\Omega_2\times\Omega_0$ 中，因此 $K_2(\bar{\boldsymbol{x}}_2)=K_2(x_1,s_2+x_{2,\mathrm{c}})$和 $G_1(\bar{\boldsymbol{x}}_2)=G_1(x_1,s_2+x_{2,\mathrm{c}})$在紧集 $\Omega_2\times\Omega_0$ 上有最大值。进一步可知，存在未知正数 $H_2^*$ 和 $G_{1,\mathrm{M}}$ 满足 $\max\{|\underline{h}_2|,K_2(\bar{\boldsymbol{x}}_2)+g_{2,\mathrm{m}}\varepsilon_3,|\bar{h}_2|\}\leqslant H_2^*$ 和 $G_1(\bar{\boldsymbol{x}}_2)\leqslant G_{1,\mathrm{M}}$。

根据引理 2.1，可采用神经网络系统 $\boldsymbol{W}_2^{*\mathrm{T}}\boldsymbol{\Psi}(\bar{\boldsymbol{x}}_2)$估计未知非线性函数 $\bar{f}_2$：

$$\bar{f}_2=\boldsymbol{W}_2^{*\mathrm{T}}\boldsymbol{\Psi}(\bar{\boldsymbol{x}}_2)+\iota_2,\quad|\iota_2|\leqslant\iota_2^*\tag{3.41}$$

其中 $\iota_2^*$ 为未知常数。与第 1 步类似，可采用 MLP 技术估计 $\theta_2=g_{2,\mathrm{m}}^{-1}\|\boldsymbol{W}_2^*\|^2$。由 Young 不等式可得

$$\begin{aligned}s_2\dot{s}_2&=s_2[\boldsymbol{W}_2^{*\mathrm{T}}\boldsymbol{\Psi}(\bar{\boldsymbol{x}}_2)+\iota_2]+s_2[G_2(\bar{\boldsymbol{x}}_3)x_3+H_2(\bar{\boldsymbol{x}}_3)+\Delta_3(t)]\\&\leqslant s_2G_2(\bar{\boldsymbol{x}}_3)x_3+\frac{s_2^2\|\boldsymbol{W}_2^*\|^2}{2a_2^2}\boldsymbol{\psi}^{\mathrm{T}}(\bar{\boldsymbol{x}}_2)\boldsymbol{\psi}(\bar{\boldsymbol{x}}_2)+\frac{a_2^2}{2}+|s_2|g_{2,\mathrm{m}}\delta_2^*\end{aligned}\tag{3.42}$$

其中：$a_2$ 为任意正数，且 $\delta_2^*=g_{2,\mathrm{m}}^{-1}(\iota_2^*+H_2^*+\Delta_2^*)$。

定义如下 Lyapunov 候选函数：

$$V_2=V_1+\frac{1}{2}s_2^2+\frac{g_{2,\mathrm{m}}\tilde{\delta}_2^2}{2\alpha_2}+\frac{g_{2,\mathrm{m}}\tilde{\theta}_2^2}{2\beta_2}\tag{3.43}$$

其中：$\alpha_2>0$ 和 $\beta_2>0$ 为待设计参数，$\tilde{\theta}_2=\theta_2-\hat{\theta}_2$ 和 $\tilde{\delta}_2=\delta_2^*-\hat{\delta}_2$。对 $V_2$ 求时间的一阶导数可得

$$\dot{V}_2 \leqslant \dot{V}_1+s_2G_2(\bar{\boldsymbol{x}}_3)(s_3+x_{3,\mathrm{c}})+\frac{s_2^2\ \|\boldsymbol{W}_2^*\|^2}{2a_2^2}\boldsymbol{\psi}^{\mathrm{T}}(\bar{\boldsymbol{x}}_2)\boldsymbol{\psi}(\bar{\boldsymbol{x}}_2)+$$

$$\frac{a_2^2}{2}+|s_2|g_{2,\mathrm{m}}\delta_2^*-\frac{g_{2,\mathrm{m}}\tilde{\delta}_2\dot{\hat{\delta}}_2}{\alpha_2}-\frac{g_{2,\mathrm{m}}\tilde{\theta}_2\dot{\hat{\theta}}_2}{\beta_2} \tag{3.44}$$

设计虚拟控制律 $x_{3,\mathrm{c}}$ 及相应的自适应律为

$$x_{3,\mathrm{c}}=-k_2s_2-\frac{\hat{\theta}_2s_2}{2a_2^2}\boldsymbol{\psi}^{\mathrm{T}}(\bar{\boldsymbol{x}}_2)\boldsymbol{\psi}(\bar{\boldsymbol{x}}_2)-\hat{\delta}_2\tanh\left(\frac{s_2}{\lambda_2}\right) \tag{3.45}$$

$$\dot{\hat{\delta}}_2=\alpha_2\left[s_2\tanh\left(\frac{s_2}{\lambda_2}\right)-\sigma_2\hat{\delta}_2\right] \tag{3.46}$$

$$\dot{\hat{\theta}}_2=\beta_2\left[\frac{s_2^2}{2a_2^2}\boldsymbol{\psi}^{\mathrm{T}}(\bar{\boldsymbol{x}}_2)\boldsymbol{\psi}(\bar{\boldsymbol{x}}_2)-\sigma_2\hat{\theta}_2\right] \tag{3.47}$$

其中：$k_2>0$，$\alpha_2>0$，$\beta_2>0$，$\sigma_2>0$ 和 $\lambda_2>0$ 为待设计参数；$\hat{\delta}_2$ 和 $\hat{\theta}_2$ 分别为 $\delta_2^*$ 和 $\theta_2$ 的估计值。与第 1 步类似，选择初始值满足 $\hat{\delta}_2(0)\geqslant 0$ 和 $\hat{\theta}_2(0)\geqslant 0$，可使得对于 $\forall t\geqslant 0$ 均有 $\hat{\delta}_2(t)\geqslant 0$ 和 $\hat{\theta}_2(t)\geqslant 0$。

将 $\theta_2=g_{2,\mathrm{m}}^{-1}\|\boldsymbol{W}_2^*\|^2$ 和式(3.45)代入式(3.44)可得

$$\dot{V}_2\leqslant -k_1g_{1,\mathrm{m}}(s_1r_1)^2+g_{1,\mathrm{m}}\sigma_1\tilde{\theta}_1\hat{\theta}_1+g_{1,\mathrm{m}}\sigma_1\tilde{\delta}_1\hat{\delta}_1+0.2785g_{1,\mathrm{m}}\delta_1^*\lambda_1+\frac{a_1^2}{2}+$$

$$s_2s_3G_2(\bar{\boldsymbol{x}}_3)+s_1s_2r_1G_1(\bar{\boldsymbol{x}}_2)-k_2g_{2,\mathrm{m}}s_2^2+g_{2,\mathrm{m}}\tilde{\theta}_2\left[\frac{s_2^2}{2a_2^2}\boldsymbol{\psi}^{\mathrm{T}}(\bar{\boldsymbol{x}}_2)\boldsymbol{\psi}(\bar{\boldsymbol{x}}_2)-\frac{\dot{\hat{\theta}}_2}{\beta_2}\right]+$$

$$\frac{a_2^2}{2}+g_{2,\mathrm{m}}\tilde{\delta}_2\left[s_2\tanh\left(\frac{s_2}{\lambda_2}\right)-\frac{\dot{\hat{\delta}}_2}{\alpha_2}\right]+g_{2,\mathrm{m}}\delta_2^*\left[|s_2|-s_2\tanh\left(\frac{s_2}{\lambda_2}\right)\right] \tag{3.48}$$

将式(3.46)和式(3.47)代入式(3.48)得到

$$\dot{V}_2\leqslant -k_1g_{1,\mathrm{m}}(s_1r_1)^2-k_2g_{2,\mathrm{m}}s_2^2+s_2s_3G_2(\bar{\boldsymbol{x}}_3)+s_1s_2r_1G_1(\bar{\boldsymbol{x}}_2)+$$

$$\sum_{j=1}^{2}\left(g_{j,\mathrm{m}}\sigma_j\tilde{\theta}_j\hat{\theta}_j+g_{j,\mathrm{m}}\sigma_j\tilde{\delta}_j\hat{\delta}_j+0.2785g_{j,\mathrm{m}}\delta_j^*\lambda_j+\frac{a_j^2}{2}\right) \tag{3.49}$$

第 $i$ 步：考虑系统(3.28)的第 $i$ 阶微分方程(其中 $i=3, 4, \cdots, n-1$)：

$$\dot{s}_i=\bar{f}_i+G_i(\bar{\boldsymbol{x}}_{i+1})x_{i+1}+H_i(\bar{\boldsymbol{x}}_{i+1})+\Delta_i(t) \tag{3.50}$$

式中 $\bar{f}_i=f_i(\bar{\boldsymbol{x}}_i, 0)-\dot{x}_{i,\mathrm{c}}$。

定义紧集 $\Omega_i:=\{(\bar{\boldsymbol{s}}_i^{\mathrm{T}}, \bar{\hat{\boldsymbol{\delta}}}_{i-1}^{\mathrm{T}}, \bar{\hat{\boldsymbol{\theta}}}_{i-1}^{\mathrm{T}})^{\mathrm{T}}\,|\,V_{i-1}+s_i^2/2\leqslant P\}$，其中 $\bar{\boldsymbol{s}}_i=[s_1, s_2, \cdots, s_i]^{\mathrm{T}}$，$\bar{\hat{\boldsymbol{\delta}}}_{i-1}=[\hat{\delta}_1, \hat{\delta}_2, \cdots, \hat{\delta}_{i-1}]^{\mathrm{T}}$ 和 $\bar{\hat{\boldsymbol{\theta}}}_{i-1}=[\hat{\theta}_1, \hat{\theta}_2, \cdots, \hat{\theta}_{i-1}]^{\mathrm{T}}$。由于等式(3.45)右边的所有变量均包含在紧集 $\Omega_i\times\Omega_0$ 中，因此，$K_i(\bar{\boldsymbol{x}}_i)=K_i(\bar{\boldsymbol{x}}_{i-1}, s_i+x_{i,\mathrm{c}})$ 和 $G_{i-1}(\bar{\boldsymbol{x}}_i)=G_{i-1}(\bar{\boldsymbol{x}}_{i-1}, s_i+x_{i,\mathrm{c}})$ 在紧集 $\Omega_i\times\Omega_0$ 中均有最大值。进一步可知，存在未知正数 $H_i^*$ 和 $G_{i,\mathrm{M}}$ 满足 $\max\{|\underline{h}_i|, K_i(\bar{\boldsymbol{x}}_i)+g_{i,\mathrm{m}}\varepsilon_{i+1}, |\bar{h}_i|\}\leqslant H_i^*$ 和 $G_{i-1}(\bar{\boldsymbol{x}}_i)\leqslant G_{i-1,\mathrm{M}}$。

根据引理 2.1，可采用神经网络系统 $\boldsymbol{W}_i^{*\mathrm{T}}\boldsymbol{\Psi}(\bar{\boldsymbol{x}}_i)$ 估计未知非线性函数 $\bar{f}_i$，即

$$\bar{f}_i = \boldsymbol{W}_i^{*\mathrm{T}}\boldsymbol{\Psi}(\bar{\boldsymbol{x}}_i) + \iota_i,\quad |\iota_i| \leqslant \iota_i^*$$

其中 $\iota_i^*$ 为未知常数。与第 1 步类似，可采用 MLP 技术估计 $\theta_i = g_{i,\mathrm{m}}^{-1}\|\boldsymbol{W}_i^*\|^2$。由 Young 不等式可得

$$\begin{aligned} s_i\dot{s}_i &= s_i[\boldsymbol{W}_i^{*\mathrm{T}}\boldsymbol{\Psi}(\bar{\boldsymbol{x}}_i) + \iota_i] + s_i[G_i(\bar{\boldsymbol{x}}_{i+1})x_{i+1} + H_i(\bar{\boldsymbol{x}}_{i+1}) + \Delta_i(t)] \\ &\leqslant s_iG_i(\bar{\boldsymbol{x}}_{i+1})x_{i+1} + \frac{s_i^2\|\boldsymbol{W}_i^*\|^2}{2a_i^2}\boldsymbol{\psi}^{\mathrm{T}}(\bar{\boldsymbol{x}}_i)\boldsymbol{\psi}(\bar{\boldsymbol{x}}_i) + \frac{a_i^2}{2} + |s_i|g_{i,\mathrm{m}}\delta_i^* \end{aligned} \tag{3.51}$$

其中 $a_i$ 为任意正数，且 $\delta_i^* = g_{i,\mathrm{m}}^{-1}(\iota_i^* + H_i^* + \Delta_i^*)$。

定义如下 Lyapunov 候选函数：

$$V_i = V_{i-1} + \frac{1}{2}s_i^2 + \frac{g_{i,\mathrm{m}}\tilde{\delta}_i^2}{2\alpha_i} + \frac{g_{i,\mathrm{m}}\tilde{\theta}_i^2}{2\beta_i} \tag{3.52}$$

其中：$\alpha_i>0$ 和 $\beta_i>0$ 为待设计参数，$\tilde{\theta}_i=\theta_i-\hat{\theta}_i$，$\tilde{\delta}_i=\delta_i^*-\hat{\delta}_i$。对 $V_i$ 求时间的一阶导数可得

$$\begin{aligned} \dot{V}_i \leqslant{}& \dot{V}_{i-1} + s_iG_i(\bar{\boldsymbol{x}}_{i+1})(s_{i+1} + x_{i+1,\mathrm{c}}) + \frac{s_i^2\|\boldsymbol{W}_i^*\|^2}{2a_i^2}\boldsymbol{\psi}^{\mathrm{T}}(\bar{\boldsymbol{x}}_i)\boldsymbol{\psi}(\bar{\boldsymbol{x}}_i) + \\ & \frac{a_i^2}{2} + |s_i|g_{i,\mathrm{m}}\delta_i^* - \frac{g_{i,\mathrm{m}}\tilde{\delta}_i\dot{\hat{\delta}}_i}{\alpha_i} - \frac{g_{i,\mathrm{m}}\tilde{\theta}_i\dot{\hat{\theta}}_i}{\beta_i} \end{aligned} \tag{3.53}$$

设计虚拟控制律 $x_{i+1,\mathrm{c}}$ 及相应的自适应律为

$$x_{i+1,\mathrm{c}} = -k_is_i - \frac{\hat{\theta}_is_i}{2a_i^2}\boldsymbol{\psi}^{\mathrm{T}}(\bar{\boldsymbol{x}}_i)\boldsymbol{\psi}(\bar{\boldsymbol{x}}_i) - \hat{\delta}_i\tanh\left(\frac{s_i}{\lambda_i}\right) \tag{3.54}$$

$$\dot{\hat{\delta}}_i = \alpha_i\left[s_i\tanh\left(\frac{s_i}{\lambda_i}\right) - \sigma_i\hat{\delta}_i\right] \tag{3.55}$$

$$\dot{\hat{\theta}}_i = \beta_i\left[\frac{s_i^2}{2a_i^2}\boldsymbol{\psi}^{\mathrm{T}}(\bar{\boldsymbol{x}}_i)\boldsymbol{\psi}(\bar{\boldsymbol{x}}_i) - \sigma_i\hat{\theta}_i\right] \tag{3.56}$$

其中：$k_i>0$，$\alpha_i>0$，$\beta_i>0$，$\sigma_i>0$ 和 $\lambda_i>0$ 为待设计参数，$\hat{\delta}_i$ 和 $\hat{\theta}_i$ 分别为 $\delta_i^*$ 和 $\theta_i$ 的估计值。与第 1 步类似，选择初始值满足 $\hat{\delta}_i(0)\geqslant 0$ 和 $\hat{\theta}_i(0)\geqslant 0$，可使得对于 $\forall t\geqslant 0$ 均有 $\hat{\delta}_i(t)\geqslant 0$ 和 $\hat{\theta}_i(t)\geqslant 0$。

将 $\theta_i = g_{i,\mathrm{m}}^{-1}\|\boldsymbol{W}_i^*\|^2$ 和式(3.54)代入式(3.53)中可得

$$\begin{aligned} \dot{V}_i \leqslant{}& -k_1g_{1,\mathrm{m}}(s_1r_1)^2 - \sum_{j=2}^{i-1}(k_jg_{j,\mathrm{m}}s_j^2) + \\ & \sum_{j=1}^{i-1}\left(g_{j,\mathrm{m}}\sigma_j\tilde{\theta}_j\hat{\theta}_j + g_{j,\mathrm{m}}\sigma_j\tilde{\delta}_j\hat{\delta}_j + 0.2785g_{j,\mathrm{m}}\delta_j^*\lambda_j + \frac{a_j^2}{2}\right) + s_1s_2r_1G_1(\bar{\boldsymbol{x}}_2) + \\ & \sum_{j=2}^{i-1}s_js_{j+1}G_j(\bar{\boldsymbol{x}}_{j+1}) + s_is_{i+1}G_i(\bar{\boldsymbol{x}}_{i+1}) - k_ig_{i,\mathrm{m}}s_i^2 + g_{i,\mathrm{m}}\tilde{\theta}_i\left[\frac{s_i^2}{2a_i^2}\boldsymbol{\psi}^{\mathrm{T}}(\bar{\boldsymbol{x}}_i)\boldsymbol{\psi}(\bar{\boldsymbol{x}}_i) - \frac{\dot{\hat{\theta}}_i}{\beta_i}\right] + \\ & \frac{a_i^2}{2} + g_{i,\mathrm{m}}\tilde{\delta}_i\left[s_i\tanh\left(\frac{s_i}{\lambda_i}\right) - \frac{\dot{\hat{\delta}}_i}{\alpha_i}\right] + g_{i,\mathrm{m}}\delta_i^*\left[|s_i| - s_i\tanh\left(\frac{s_i}{\lambda_i}\right)\right] \end{aligned} \tag{3.57}$$

根据式(3.55)和式(3.56)可得

$$\dot{V}_i \leqslant -k_1 g_{1,\mathrm{m}}(s_1 r_1)^2 - \sum_{j=2}^{i}(k_j g_{j,\mathrm{m}} s_j^2) + s_1 s_2 r_1 G_1(\bar{\boldsymbol{x}}_2) + \sum_{j=2}^{i} s_j s_{j+1} G_j(\bar{\boldsymbol{x}}_{j+1}) + \sum_{j=1}^{i}\left(g_{j,\mathrm{m}}\sigma_j\tilde{\theta}_j\hat{\theta}_j + g_{j,\mathrm{m}}\sigma_j\tilde{\delta}_j\hat{\delta}_j + 0.2785 g_{j,\mathrm{m}}\delta_j^*\lambda_j + \frac{a_j^2}{2}\right) \tag{3.58}$$

第 $n$ 步：考虑系统(3.28)的第 $n$ 阶微分方程：

$$\dot{s}_n = \bar{f}_n + G_n(\bar{\boldsymbol{x}}_{n+1})u + H_n(\bar{\boldsymbol{x}}_{n+1}) + \Delta_n(t) + \kappa\tanh\chi - \mathrm{sat}(\upsilon) + \upsilon \tag{3.59}$$

其中 $\bar{f}_n = f_n(\bar{\boldsymbol{x}}_n, 0) - \dot{x}_{n,\mathrm{c}}$。由于 $|u| = |\mathrm{sat}(\upsilon)| \leqslant u_{\mathrm{M}}$，存在连续函数 $\bar{G}_n(\bar{\boldsymbol{x}}_n)$ 满足：

$$|G_n(\bar{\boldsymbol{x}}_{n+1})u| = |G_n[\bar{\boldsymbol{x}}_n, \mathrm{sat}(\upsilon)]\mathrm{sat}(\upsilon)| \leqslant \bar{G}_n(\bar{\boldsymbol{x}}_n) \tag{3.60}$$

定义紧集 $\Omega_n := \left\{(\bar{\boldsymbol{s}}_n^{\mathrm{T}}, \bar{\hat{\boldsymbol{\delta}}}_{n-1}^{\mathrm{T}}, \bar{\hat{\boldsymbol{\theta}}}_{n-1}^{\mathrm{T}})^{\mathrm{T}} \middle| V_{n-1} + \frac{s_n^2}{2} \leqslant P\right\}$。由于等式(3.54)右边的所有变量均包含在紧集 $\Omega_n \times \Omega_0$ 中，因此，$K_n(\bar{\boldsymbol{x}}_{n-1}, s_n + x_{n,\mathrm{c}})$，$G_{n-1}(\bar{\boldsymbol{x}}_n) = G_{n-1}(\bar{\boldsymbol{x}}_{n-1}, s_n + x_{n,\mathrm{c}})$ 和 $\bar{G}_n(\bar{\boldsymbol{x}}_n) = \bar{G}_n(\bar{\boldsymbol{x}}_{n-1}, s_n + x_{n,\mathrm{c}})$ 在紧集 $\Omega_n \times \Omega_0$ 中均存在最大值。进一步可知，存在未知正数 $H_n^*$、$G_{n-1,\mathrm{M}}$ 和 $\bar{G}_n^*$ 满足 $H_n(\bar{\boldsymbol{x}}_{n+1}) \leqslant H_n^*$，$G_{n-1}(\bar{\boldsymbol{x}}_n) \leqslant G_{n-1,\mathrm{M}}$ 和 $\bar{G}_n(\bar{\boldsymbol{x}}_n) \leqslant \bar{G}_n^*$。

根据引理 2.1，可采用神经网络系统 $\boldsymbol{W}_n^{*\mathrm{T}}\boldsymbol{\Psi}(\bar{\boldsymbol{x}}_n)$ 估计未知非线性函数 $\bar{f}_n$，即

$$\bar{f}_n = \boldsymbol{W}_n^{*\mathrm{T}}\boldsymbol{\Psi}(\bar{\boldsymbol{x}}_n) + \iota_n, \quad |\iota_n| \leqslant \iota_n^*$$

其中 $\iota_n^*$ 为未知常数。与第 1 步类似，可采用 MLP 技术估计变量 $\theta_n = \|\boldsymbol{W}_n^*\|^2$。由 Young 不等式可得

$$\begin{aligned} s_n\dot{s}_n =& s_n[\boldsymbol{W}_n^{*\mathrm{T}}\boldsymbol{\Psi}(\bar{\boldsymbol{x}}_n) + \iota_n] + \upsilon s_n + \\ & s_n[G_n(\bar{\boldsymbol{x}}_{n+1})u + H_n(\bar{\boldsymbol{x}}_{n+1}) + \Delta_n(t) + \kappa\tanh\chi - \mathrm{sat}(\upsilon)] \\ \leqslant & \upsilon s_n + \frac{s_n^2\|\boldsymbol{W}_n^*\|^2}{2a_n^2}\boldsymbol{\psi}^{\mathrm{T}}(\bar{\boldsymbol{x}}_n)\boldsymbol{\psi}(\bar{\boldsymbol{x}}_n) + \frac{a_n^2}{2} + |s_n|\delta_n^* \end{aligned} \tag{3.61}$$

其中：$a_n$ 为任意正数，且 $\delta_n^* = \iota_n^* + \bar{G}_n^* + H_n^* + \Delta_n^* + \kappa + u_{\mathrm{M}}$。

定义如下 Lyapunov 候选函数：

$$V_n = V_{n-1} + \frac{1}{2}s_n^2 + \frac{\tilde{\delta}_n^2}{2\alpha_n} + \frac{\tilde{\theta}_n^2}{2\beta_n} \tag{3.62}$$

其中：$\alpha_n > 0$ 和 $\beta_n > 0$ 为待设计参数，$\tilde{\theta}_n = \theta_n - \hat{\theta}_n$，$\tilde{\delta}_n = \delta_n^* - \hat{\delta}_n$。对 $V_n$ 求时间的一阶导数可得

$$\dot{V}_n \leqslant \dot{V}_{n-1} + \upsilon s_n + \frac{s_n^2\|\boldsymbol{W}_n^*\|^2}{2a_n^2}\boldsymbol{\psi}^{\mathrm{T}}(\bar{\boldsymbol{x}}_n)\boldsymbol{\psi}(\bar{\boldsymbol{x}}_n) + \frac{a_n^2}{2} + |s_n|\delta_n^* - \frac{\tilde{\delta}_n\dot{\hat{\delta}}_n}{\alpha_n} - \frac{\tilde{\theta}_n\dot{\hat{\theta}}_n}{\beta_n} \tag{3.63}$$

设计虚拟控制律 $\upsilon$ 及相应的自适应律为

$$\upsilon = -k_n s_n - \frac{\hat{\theta}_n s_n}{2a_n^2}\boldsymbol{\psi}^{\mathrm{T}}(\bar{\boldsymbol{x}}_n)\boldsymbol{\psi}(\bar{\boldsymbol{x}}_n) - \hat{\delta}_n\tanh\left(\frac{s_n}{\lambda_n}\right) \tag{3.64}$$

$$\dot{\hat{\delta}}_n = \alpha_n \left[ s_n \tanh\left(\frac{s_n}{\lambda_n}\right) - \sigma_n \hat{\delta}_n \right] \tag{3.65}$$

$$\dot{\hat{\theta}}_n = \beta_n \left[ \frac{s_n^2}{2a_n^2} \boldsymbol{\psi}^{\mathrm{T}}(\bar{\boldsymbol{x}}_n) \boldsymbol{\psi}(\bar{\boldsymbol{x}}_n) - \sigma_n \hat{\theta}_n \right] \tag{3.66}$$

其中：$k_n>0$，$\alpha_n>0$，$\beta_n>0$，$\sigma_n>0$ 和 $\lambda_n>0$ 为待设计参数；$\hat{\delta}_n$ 和 $\hat{\theta}_n$ 分别为 $\delta_n^*$ 和 $\theta_n$ 的估计值。与第 1 步类似，选择初始值满足 $\hat{\delta}_n(0)\geqslant 0$ 和 $\hat{\theta}_n(0)\geqslant 0$，可使得对于 $\forall t\geqslant 0$ 均有 $\hat{\delta}_n(t)\geqslant 0$ 和 $\hat{\theta}_n(t)\geqslant 0$。

将 $\theta_n = \| \boldsymbol{W}_n^* \|^2$ 和式(3.64)代入式(3.63)可得

$$\dot{V}_n \leqslant \dot{V}_{n-1} - k_n s_n^2 + \tilde{\theta}_n \left[ \frac{s_n^2}{2a_n^2} \boldsymbol{\psi}^{\mathrm{T}}(\bar{\boldsymbol{x}}_n) \boldsymbol{\psi}(\bar{\boldsymbol{x}}_n) - \frac{\dot{\hat{\theta}}_n}{\beta_n} \right] + \frac{a_n^2}{2} + \tilde{\delta}_n \left[ s_n \tanh\left(\frac{s_n}{\lambda_n}\right) - \frac{\dot{\hat{\delta}}_n}{\alpha_n} \right] +$$
$$\delta_n^* \left[ |s_n| - s_n \tanh\left(\frac{s_n}{\lambda_n}\right) \right] \tag{3.67}$$

由式(3.58)、式(3.65)和式(3.66)可得

$$\dot{V}_n \leqslant - k_1 g_{1,\mathrm{m}} (s_1 r_1)^2 - \sum_{j=2}^{n-1} (k_j g_{j,\mathrm{m}} s_j^2) - k_n s_n^2 + s_1 s_2 r_1 G_1(\bar{\boldsymbol{x}}_2) + \sum_{j=2}^{n-1} s_j s_{j+1} G_j(\bar{\boldsymbol{x}}_{j+1}) +$$
$$\sum_{j=1}^{n-1} \left( g_{j,\mathrm{m}} \sigma_j \tilde{\theta}_j \hat{\theta}_j + g_{j,\mathrm{m}} \sigma_j \tilde{\delta}_j \hat{\delta}_j + 0.2785 g_{j,\mathrm{m}} \delta_j^* \lambda_j + \frac{a_j^2}{2} \right) +$$
$$\sigma_n \tilde{\theta}_n \hat{\theta}_n + \sigma_n \tilde{\delta}_n \hat{\delta}_n + 0.2785 \delta_n^* \lambda_n + \frac{a_n^2}{2} \tag{3.68}$$

图 3.2 是误差补偿系统结构示意图。当 $\mathrm{sat}(\upsilon)-\upsilon=0$ 时，误差补偿系统不发挥作用，此时$\chi(t)=0$；当 $\mathrm{sat}(\upsilon)-\upsilon\neq 0$ 时，误差补偿系统发挥作用，并对第 $n$ 个微分方程的跟踪误差 $s_n$ 产生有界补偿项 $\xi\tanh\chi$。当控制输入将要超限时，误差补偿系统通过调节第 $n$ 阶微分方程的跟踪误差(等效于调节第 $n$ 阶微分方程的状态变量)以避免控制输入超限。

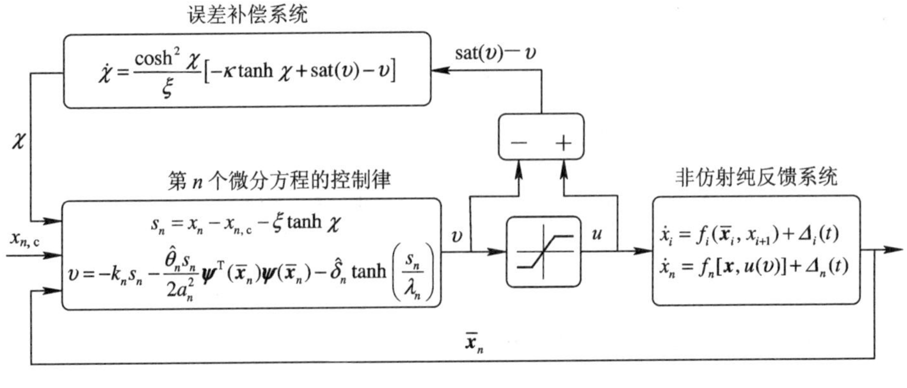


图 3.2　误差补偿系统结构示意图

### 3.3.4　稳定性分析

本小节将基于 Lyapunov 稳定性理论对闭环系统进行稳定性分析。

**定理 3.2**　若系统(3.1)满足假设 3.1～假设 3.4，将上述控制方案应用于系统(3.1)，则对于 $L(0)<e(0)<U(0)$，$\forall P>0$ 与 $V_n(0)\leqslant P$，闭环系统存在以下特性：

(1) 在闭环系统中，$s_i$，$\tilde{\theta}_i$ 和 $\tilde{\delta}_i(i=1, 2, \cdots, n)$ 半全局最终一致有界；

(2) 跟踪误差 $e(t)$ 保持在零点附近的领域内且满足预设的瞬态与稳态性能；

(3) 补偿系统(3.20)中的状态变量 $\chi$ 有界且控制输入约束未被违背。

**证明**

(1) 由均值不等式易得

$$\tilde{\theta}_i\hat{\theta}_i=\tilde{\theta}_i(\theta_i-\tilde{\theta}_i)\leqslant\frac{\theta_i^2}{2}-\frac{\tilde{\theta}_i^2}{2},\ \tilde{\delta}_i\hat{\delta}_i=\tilde{\delta}_i(\delta_i^*-\tilde{\delta}_i)\leqslant\frac{\delta_i^{*2}}{2}-\frac{\tilde{\delta}_i^2}{2}$$

$$s_1s_2r_1G_1(\bar{\boldsymbol{x}}_2)\leqslant\frac{(s_1r_1)^2G_{1,\mathrm{M}}b_1}{2}+\frac{G_{1,\mathrm{M}}s_2^2}{2b_1},\ s_js_{j+1}G_j(\bar{\boldsymbol{x}}_{j+1})\leqslant\frac{s_j^2G_{j,\mathrm{M}}b_j}{2}+\frac{G_{j,\mathrm{M}}s_{j+1}^2}{2b_j}\tag{3.69}$$

其中 $b_1$ 和 $b_j$ 为任意正数，$i=1, 2, \cdots, n$，$j=2, 3, \cdots, n-1$。将式(3.69)代入式(3.68)可得

$$\dot{V}_n\leqslant-\left(k_1g_{1,\mathrm{m}}-\frac{G_{1,\mathrm{M}}b_1}{2}\right)r_1^2s_1^2-\sum_{j=2}^{n-1}\left(k_jg_{j,\mathrm{m}}-\frac{G_{j-1,\mathrm{M}}}{2b_{j-1}}-\frac{G_{j,\mathrm{M}}b_j}{2}\right)s_j^2-\left(k_n-\frac{G_{n-1,\mathrm{M}}}{2b_n}\right)s_n^2-$$
$$\sum_{j=1}^{n-1}\left(g_{j,\mathrm{m}}\sigma_j\frac{\tilde{\theta}_i^2}{2}+g_{j,\mathrm{m}}\sigma_j\frac{\tilde{\delta}_i^2}{2}\right)-\sigma_n\frac{\tilde{\theta}_n^2}{2}-\sigma_n\frac{\tilde{\delta}_n^2}{2}+C_0\tag{3.70}$$

且

$$C_0=\sum_{j=1}^{n-1}\left(g_{j,\mathrm{m}}\sigma_j\frac{\theta_i^2}{2}+g_{j,\mathrm{m}}\sigma_j\frac{\delta_i^{*2}}{2}+0.2785g_{j,\mathrm{m}}\delta_j^*\lambda_j+\frac{a_j^2}{2}\right)+\sigma_n\frac{\theta_n^2}{2}+\sigma_n\frac{\delta_n^{*2}}{2}+$$
$$0.2785\delta_n^*\lambda_n+\frac{a_n^2}{2}$$

根据式(3.13)，可知在紧集 $\Omega_n\times\Omega_0$ 上有 $r_1\geqslant\dfrac{2}{U(0)-L(0)}$。由于 $r_1^2\geqslant 4/[U(0)-L(0)]^2$，则可通过以下不等式约束选择控制参数：

$$k_1\geqslant\frac{1}{g_{1,\mathrm{m}}}\left\{\frac{\Lambda_1[U(0)-L(0)]^2}{4}+\frac{G_{1,\mathrm{M}}b_1}{2}\right\},\ k_j\geqslant\frac{1}{g_{j,\mathrm{m}}}\left(\Lambda_j+\frac{G_{j-1,\mathrm{M}}}{2b_{j-1}}+\frac{G_{j,\mathrm{M}}b_j}{2}\right)$$
$$k_n\geqslant\Lambda_n+\frac{G_{n-1,\mathrm{M}}}{2b_n},\ \sigma_j\geqslant\frac{\Lambda_j}{g_{j,\mathrm{m}}},\ j=1, 2, \cdots, n-1,\ \sigma_n\geqslant\Lambda_n\tag{3.71}$$

其中 $\Lambda_j$ 为任意正数。令 $\Lambda=\min\{2\Lambda_i, \alpha_i\Lambda_i, \beta_i\Lambda_i\}$，$i=1, 2, \cdots, n$。因此有

$$\dot{V}_n \leqslant -\Lambda V_n + C_0 \tag{3.72}$$

进一步可得

$$0 \leqslant V_n(t) \leqslant \left[V_n(0) - \frac{C_0}{\Lambda}\right]\exp(-\Lambda t) + \frac{C_0}{\Lambda} \leqslant V_n(0)\exp(-\Lambda t) + \frac{C_0}{\Lambda}, \ \forall t \geqslant 0 \tag{3.73}$$

上述不等式表明 $V_n(t)$将最终收敛于 $C_0/\Lambda$，且可以通过减小参数 $\sigma_i$、$\lambda_i$ 和 $a_i$ 的同时增大 $k_i$，$\alpha_i$ 和 $\beta_i(i=1, 2, \cdots, n)$使 $C_0/\Lambda$ 任意小。此外，通过选择适当的参数可以使得 $C_0/\Lambda \leqslant P$。从式(3.72)可知，当 $V_n=P$ 时，$\dot{V}_n \leqslant 0$ 且对于 $\forall t \geqslant 0$ 均有 $V_n \leqslant P$ 成立。进一步可知，在闭环系统中，$s_i$、$\tilde{\theta}_i$ 和 $\tilde{\delta}_i(i=1, 2, \cdots, n)$均半全局最终一致有界。

函数 $K_i(\bar{\boldsymbol{x}}_i)$和 $G_i(\bar{\boldsymbol{x}}_{i+1})(i=1, 2, \cdots, n)$并没有预先假设有界。在稳定性分析中采用了"连续函数在紧集中必然有界"这一结论。因此，$H(\bar{\boldsymbol{x}}_i) \leqslant H_i^*$ 仅在紧集 $\Omega_i \times \Omega_0(i=1, 2, \cdots, n)$中成立；$G_{i-1}(\bar{\boldsymbol{x}}_i) \leqslant G_{i-1,\mathrm{M}}$仅在紧集 $\Omega_i \times \Omega_0(i=2, 3, \cdots, n)$中成立；$\bar{G}_n(\bar{\boldsymbol{x}}_n) \leqslant \bar{G}_n^*$ 仅在紧集 $\Omega_n \times \Omega_0$ 中成立。进一步，由于 $\Omega_n \subset \Omega_{n-1} \times \mathbf{R}^3 \subset \cdots \subset \Omega_3 \times \mathbf{R}^{3(n-3)} \subset \Omega_2 \times \mathbf{R}^{3(n-2)} \subset \Omega_{z_1} \times \mathbf{R}^{3(n-1)}$，因此 $H(\bar{\boldsymbol{x}}_i) \leqslant H_i^*$ 和 $G_{i-1}(\bar{\boldsymbol{x}}_i) \leqslant G_{i-1,\mathrm{M}}$在紧集 $\Omega_n \times \Omega_0$ 中也必然成立。即上述稳定性分析是基于"所有变量均处于紧集 $\Omega_n \times \Omega_0$ 中"这一条件的。根据上述证明过程可知当 $V_n=P$ 时，$\dot{V}_n \leqslant 0$。因此，当通过选择合适的参数使得 $C_0/\Lambda \leqslant P$ 与 $V_n(0) \leqslant P$ 满足时，$\Omega_n \times \Omega_0$为 LaSlle 不变集。对于 $\forall t \geqslant 0$，所有的变量都将处于该紧集内。

(2) 由式(3.32)和式(3.73)可得

$$\frac{1}{2}s_1^2 = \frac{1}{2}z_1^2 \leqslant V_n(0)\exp(-\Lambda t) + \frac{C_0}{\Lambda}, \ \forall t \geqslant 0 \tag{3.74}$$

根据 $s_1 \leqslant \sqrt{2[V_n(0)+C_0/\Lambda]}$，$\forall t \geqslant 0$ 和定理 3.1，可知对于 $\forall t \geqslant 0$ 均有 $L(t) < e_1(t) < U(t)$成立。因此，通过选择合适的控制参数，预设性能控制即可实现。

(3) 由于 $s_i$，$\tilde{\theta}_i$，$\tilde{\delta}_i$ 和 $x_i(i=1, 2, \cdots, n)$均有界，控制信号 $\upsilon$ 必然有界。存在非负常数 $\bar{\omega}$ 满足 $|\mathrm{sat}(\upsilon)-\upsilon| \leqslant \bar{\omega}$。于是可设置补偿系统参数 $\kappa$ 满足 $\kappa > \bar{\omega}$。针对补偿系统，选取以下 Lyapunov 候选函数：

$$V_\chi = \frac{\xi\chi^2}{2} \tag{3.75}$$

对 $V_\chi$ 沿式(3.16)求时间的一阶导数可得

$$\begin{aligned}\dot{V}_\chi &= \cosh^2\chi[-\kappa\chi\tanh\chi + \chi(\mathrm{sat}(\upsilon)-\upsilon)] \\ &\leqslant \cosh^2\chi(\kappa|\chi| - \kappa\chi\tanh\chi - \kappa|\chi| + \bar{\omega}|\chi|)\end{aligned}$$

$$\leqslant \cosh^2\chi[0.2785\kappa-(\kappa-\bar{\omega})\,|\,\chi\,|\,] \tag{3.76}$$

若$|\chi|>0.2785\kappa/(\kappa-\bar{\omega})$，则 $\dot{V}_\chi<0$。因此，对于$\forall t\geqslant 0$，$\chi$ 都将处于紧集$\{\chi\,|\,|\chi|\leqslant \frac{0.2785\kappa}{\kappa-\bar{\omega}}\}$中。

控制器参数影响着闭环系统各方面的性能。其中自适应律参数 $\alpha_i$、$\beta_i$、$a_i$ 和 $\lambda_i$ 可用于调节自适应收敛过程的速度：增大 $\alpha_i$、$\beta_i$ 或减小 $a_i$、$\lambda_i$ 均可使自适应更新过程收敛速度提高。减小 $\sigma_i$ 可以使得 $C_0$ 减小，系统跟踪精度提高。控制参数 $k_i$ 对闭环系统的稳定性具有决定性的作用。但由于 $g_{i,\mathrm{m}}$和 $G_{i,\mathrm{M}}$的具体值未知，因此需要通过试验性仿真逐步调节 $k_i$ 值来获得合理的系统输出与控制输入。性能函数应保持适当宽松以避免控制输入持续饱和。此外，增大参数 $\kappa$ 可以增强补偿系统的稳定性。

## 3.4 仿真研究

为验证控制方法的有效性，本节对两个具有饱和与死区输入非线性的非仿射系统进行了数值仿真，并将本章所提出的新型预设性能控制器(NPPC)和文献[20]的自适应神经网络控制器(ANC)进行了对比。由于非仿射系统存在不可导点，拉格朗日中值定理和泰勒公式均不可直接用于构造伪仿射系统。因此，NPPC 与 ANC 都是基于假设 3.4 和 3.3.2 节的模型变换方法进行设计的。然而，在 ANC 反推设计的第一步中未考虑跟踪误差约束。

### 3.4.1 数值算例

考虑由式(3.4)和式(3.5)所呈现的含死区与饱和输入非线性的二阶不确定非仿射系统。其中饱和函数 $u(\upsilon)$可描述为

$$u(\upsilon)=\mathrm{sat}(\upsilon)=\begin{cases}4.5\mathrm{sgn}(\upsilon), & |\upsilon|\geqslant 4.5\\ \upsilon, & |\upsilon|<4.5\end{cases} \tag{3.77}$$

参考指令信号由 2.4.2 节的 Van der Pol 振荡器产生。仿真中同样取 $\eta=0.2$，$[x_{\mathrm{d}1}(0), x_{\mathrm{d}2}(0)]^{\mathrm{T}}=[1.5, 0.8]^{\mathrm{T}}$。

设计 NPPC 如下：

$$\begin{cases}x_{2,\mathrm{c}}=-0.5s_1r_1-\dfrac{\hat{\theta}_1s_1r_1}{2\times 0.5^2}\boldsymbol{\psi}^{\mathrm{T}}(\bar{\boldsymbol{x}}_1)\boldsymbol{\psi}(\bar{\boldsymbol{x}}_1)-\hat{\delta}_1\tanh\left(\dfrac{s_1r_1}{0.75}\right)\\ \upsilon=-s_2-\dfrac{\hat{\theta}_2s_2}{2\times 0.1^2}\boldsymbol{\psi}^{\mathrm{T}}(\bar{\boldsymbol{x}}_2)\boldsymbol{\psi}(\bar{\boldsymbol{x}}_2)-\hat{\delta}_2\tanh\left(\dfrac{s_2}{0.75}\right)\end{cases} \tag{3.78}$$

自适应律设计为

$$\begin{cases}\dot{\hat{\delta}}_1 = s_1 r_1 \tanh\left(\dfrac{s_1 r_1}{0.75}\right) - 0.05\hat{\delta}_1 \\ \dot{\hat{\theta}}_1 = \dfrac{(s_1 r_1)^2}{2\times 0.5^2}\boldsymbol{\psi}^{\mathrm{T}}(\bar{\boldsymbol{x}}_1)\boldsymbol{\psi}(\bar{\boldsymbol{x}}_1) - 0.05\hat{\theta}_1\end{cases} \tag{3.79}$$

$$\begin{cases}\dot{\hat{\delta}}_2 = s_2 \tanh\left(\dfrac{s_2}{0.75}\right) - 0.05\hat{\delta}_2 \\ \dot{\hat{\theta}}_2 = \dfrac{s_2^2}{2\times 0.1^2}\boldsymbol{\psi}^{\mathrm{T}}(\bar{\boldsymbol{x}}_2)\boldsymbol{\psi}(\bar{\boldsymbol{x}}_2) - 0.05\hat{\theta}_2\end{cases} \tag{3.80}$$

性能函数设计为

$$U(t) = -L(t) = (2-0.02)\exp(-3t) + 0.02 \tag{3.81}$$

误差补偿系统设计为

$$\dot{\chi} = \frac{\cosh^2\chi}{10}\left[-50\tanh\chi + \mathrm{sat}(\upsilon) - \upsilon\right] \tag{3.82}$$

其中：$\hat{\delta}_1(0)=\hat{\delta}_2(0)=0$，$\hat{\theta}_1(0)=\hat{\theta}_2(0)=0$。神经网络 $\boldsymbol{W}_1^{*\mathrm{T}}\boldsymbol{\psi}(\bar{\boldsymbol{x}}_1)$ 包含 3 个单元，均匀分布在区间[−3，3]上，每个单元的宽度为 2；神经网络 $\boldsymbol{W}_2^{*\mathrm{T}}\boldsymbol{\psi}(\bar{\boldsymbol{x}}_2)$ 包含 9 个单元，均匀分布在区间[−4，4]×[−4，4]上，每个单元的宽度为 2。

图 3.3～图 3.6 为相应的仿真结果。由图 3.3 可知，与 ANC 相比，NPPC 具有更好的瞬态和稳态性能，且跟踪误差满足预设性能包络。图 3.4 显示 ANC 与 NPPC 中的状态 $x_2$ 与虚拟控制律 $x_{2,c}$ 均有界。图 3.5(a)显示 NPPC 中的转化误差与补偿系统的状态有界。从图 3.5(b)中可以看出 NPPC 和 ANC 的控制输入中均不存在超限或高频抖动。图 3.6 显示所有自适应参数均有界。综上所述，虽然采用了宽松的可控性条件，但 NPPC 依然能实现较好的控制性能。

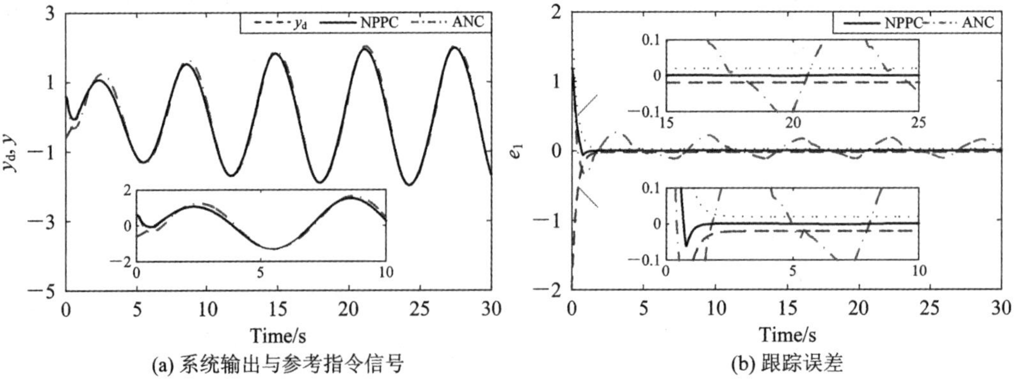


(a) 系统输出与参考指令信号　　(b) 跟踪误差

图 3.3　系统输出、参考指令信号与跟踪误差

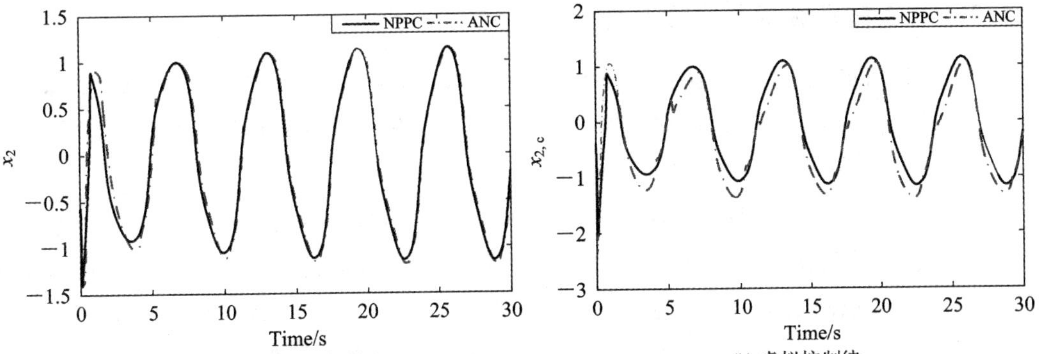


(a) 系统状态变量 $x_2$　　(b) 虚拟控制律 $x_{2,c}$

图 3.4　系统状态变量 $x_2$ 及虚拟控制律 $x_{2,c}$

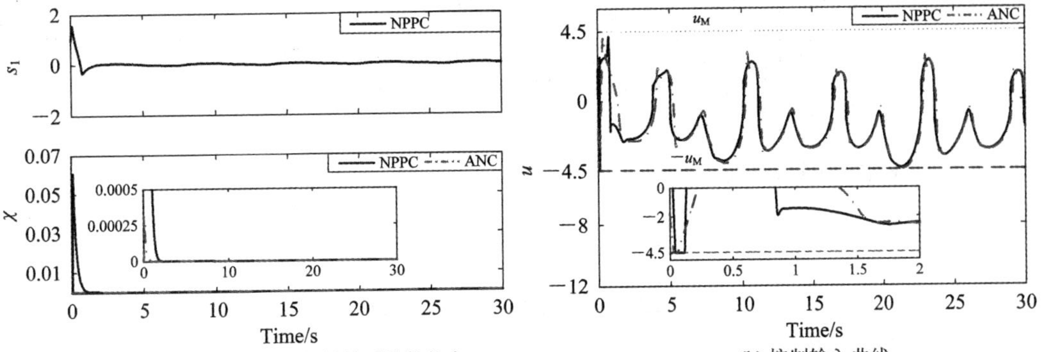


(a) NPPC的转化误差$s_1$与补偿系统的状态$\chi$　　(b) 控制输入曲线

图 3.5　NPPC 的转化误差、补偿系统的状态与控制输入

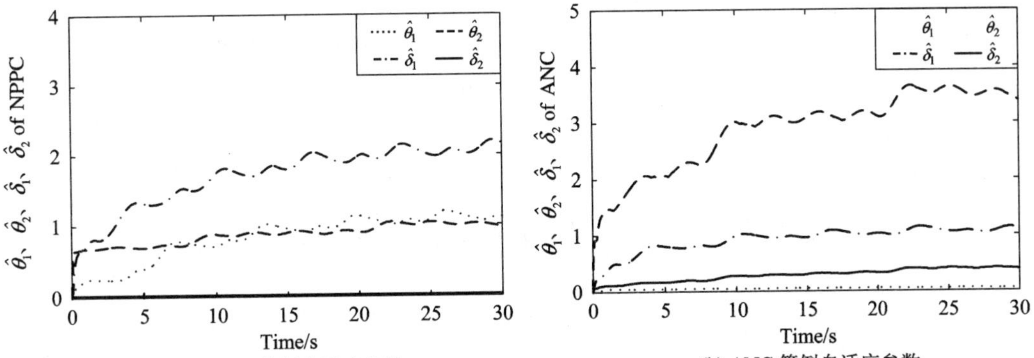


(a) NPPC 算例自适应参数　　(b) ANC 算例自适应参数

图 3.6　自适应参数变化曲线

### 3.4.2 单连杆机械臂角度跟踪控制

为了验证所提方法对高阶机械系统的适用性，本小节将 NPPC 应用于带死区输入非线性的单连杆机械臂系统，并与 ANC 进行对比。仿真采用的机械臂系统动力学模型表述如下：

$$\begin{cases} D\ddot{q} + B\dot{q} + N\sin q = \tau + \Delta_\tau(t) \\ M\dot{\tau} + H\tau = \varphi(u) + 0.5\sin[\varphi(u)] - K_{\mathrm{m}}\dot{q} \end{cases} \tag{3.83}$$

其中：$q$ 是机械臂角度位置，$\tau$ 是电动机电枢电流，$u$ 表示控制输入，$\Delta_\tau(t)=0.2\sin t$ 代表外部干扰，其余参数的定义和取值与 2.4.2 节一致。指令信号由 2.4.2 节的 Van der Pol 振荡器产生。令 $x_1=q$，$x_2=\dot{q}$，且 $x_3=\tau$，则系统(3.83)可以重新改写为以下形式：

$$\begin{cases} \dot{x}_1 = x_2 \\ \dot{x}_2 = -\dfrac{N\sin x_1}{D} - \dfrac{Bx_2}{D} + \dfrac{x_3}{D} + \Delta_\tau(t) \\ \dot{x}_3 = -\dfrac{K_{\mathrm{m}}x_2}{D} - \dfrac{Hx_3}{M} + \dfrac{\varphi(u) + 0.5\sin[\varphi(u)]}{M} \\ y = x_1 \end{cases} \tag{3.84}$$

死区输入非线性 $\varphi(u)$ 定义如下[143]：

$$\varphi(u) = \begin{cases} 2(u-0.1), & u \geqslant 0.1 \\ 0, & -0.5 < u < 0.1 \\ 2(u+0.5), & u \leqslant -0.5 \end{cases} \tag{3.85}$$

由式(3.85)易知

$$\begin{cases} \varphi(u) + 0.5\sin[\varphi(u)] \geqslant u - 0.7, \ u \geqslant 0.1 \\ \varphi(u) + 0.5\sin[\varphi(u)] \leqslant 1.5u + 1.5, \ u \leqslant -0.5 \end{cases}$$

因此系统(3.83)符合假设 3.4。此外，输入饱和函数 $u(\upsilon)$ 可描述为

$$u(\upsilon) = \mathrm{sat}(\upsilon) = \begin{cases} 4\,\mathrm{sgn}(\upsilon), & |\upsilon| \geqslant 4 \\ \upsilon, & |\upsilon| < 4 \end{cases} \tag{3.86}$$

设计 NPPC 如下：

$$\begin{cases} x_{2,\mathrm{c}} = -s_1 r_1 - \dfrac{\hat{\theta}_1 s_1 r_1}{2\times 0.5^2}\boldsymbol{\psi}^{\mathrm{T}}(\bar{\boldsymbol{x}}_1)\boldsymbol{\psi}(\bar{\boldsymbol{x}}_1) - \hat{\delta}_1 \tanh\left(\dfrac{s_1 r_1}{0.5}\right) \\ x_{3,\mathrm{c}} = -3s_2 - \dfrac{\hat{\theta}_2 s_2}{2\times 0.5^2}\boldsymbol{\psi}^{\mathrm{T}}(\bar{\boldsymbol{x}}_2)\boldsymbol{\psi}(\bar{\boldsymbol{x}}_2) - \hat{\delta}_2 \tanh\left(\dfrac{s_2}{0.1}\right) \\ \upsilon = -4s_3 - \dfrac{\hat{\theta}_3 s_3}{2\times 0.5^2}\boldsymbol{\psi}^{\mathrm{T}}(\bar{\boldsymbol{x}}_3)\boldsymbol{\psi}(\bar{\boldsymbol{x}}_3) - \hat{\delta}_3 \tanh\left(\dfrac{s_3}{0.1}\right) \end{cases} \tag{3.87}$$

自适应律如下：

$$\begin{cases}\dot{\hat{\delta}}_1 = s_1 r_1 \tanh\left(\dfrac{s_1 r_1}{0.5}\right) - 0.05\hat{\delta}_1 \\ \dot{\hat{\theta}}_1 = \dfrac{(s_1 r_1)^2}{2\times 0.5^2}\boldsymbol{\psi}^{\mathrm{T}}(\bar{\boldsymbol{x}}_1)\boldsymbol{\psi}(\bar{\boldsymbol{x}}_1) - 0.05\hat{\theta}_1\end{cases} \tag{3.88}$$

$$\begin{cases}\dot{\hat{\delta}}_2 = s_2 \tanh\left(\dfrac{s_2}{0.1}\right) - 0.05\hat{\delta}_2 \\ \dot{\hat{\theta}}_2 = \dfrac{s_2^2}{2\times 0.5^2}\boldsymbol{\psi}^{\mathrm{T}}(\bar{\boldsymbol{x}}_2)\boldsymbol{\psi}(\bar{\boldsymbol{x}}_2) - 0.05\hat{\theta}_2\end{cases} \tag{3.89}$$

$$\begin{cases}\dot{\hat{\delta}}_3 = s_3 \tanh\left(\dfrac{s_3}{0.1}\right) - 0.05\hat{\delta}_3 \\ \dot{\hat{\theta}}_3 = \dfrac{s_3^2}{2\times 0.5^2}\boldsymbol{\psi}^{\mathrm{T}}(\bar{\boldsymbol{x}}_3)\boldsymbol{\psi}(\bar{\boldsymbol{x}}_3) - 0.05\hat{\theta}_3\end{cases} \tag{3.90}$$

性能函数如下：

$$\begin{cases}U(t) = (1-0.07)\exp(-t) + 0.07 \\ L(t) = (-3+0.07)\exp(-t) - 0.07\end{cases} \tag{3.91}$$

补偿系统如下：

$$\dot{\chi} = \frac{\cosh^2\chi}{10}[-50\tanh\chi + \mathrm{sat}(\upsilon) - \upsilon] \tag{3.92}$$

其中：$\hat{\delta}_1(0)=\hat{\delta}_2(0)=\hat{\delta}_3(0)=0$，$\hat{\theta}_1(0)=\hat{\theta}_2(0)=\hat{\theta}_3(0)=0$。神经网络 $\boldsymbol{W}_1^{*\mathrm{T}}\boldsymbol{\psi}(\bar{\boldsymbol{x}}_1)$ 包含 3 个单元，均匀分布在区间[－4，4]上，每个单元的宽度为 2；神经网络 $\boldsymbol{W}_2^{*\mathrm{T}}\boldsymbol{\psi}(\bar{\boldsymbol{x}}_2)$ 包含 9 个单元，均匀分布在区间[－4，4]×[－4，4]上，每个单元的宽度为 2；神经网络 $\boldsymbol{W}_3^{\mathrm{T}}\boldsymbol{\psi}(\bar{\boldsymbol{x}}_3)$ 包含 11 个单元，均匀分布在区间[－10，10]×[－10，10]×[－10，10]上，每个单元的宽度为 2。

图 3.7～图 3.10 为相应的仿真结果。由图 3.7 可知，与 ANC 相比，NPPC 具有更好的瞬态和稳态性能，且跟踪误差满足非对称预设性能包络。图 3.8 和图 3.9(a)显示系统状态 $x_2$、$x_3$、补偿信号 $\chi$ 和转化误差 $s_1$ 均有界。此外，图 3.9(b)显示 NPPC 和 ANC 的控制输入中均不存在超限或高频抖动。图 3.10 显示所有自适应参数均有界。由上述结果可知，与 ANC 相比，NPPC 实现了更好的控制性能。

由于 2.4.2 节和 3.4.2 节的研究对象均是三阶单连杆机械臂系统，因此将二者进行对比可以发现：

(1) 第二章无须复杂的反推过程，只需要一个自适应神经网络对系统所有的不确定项进行估计；第三章在反推过程的每一步都需要引入自适应神经网络且需要对虚拟控制律进行解算。因此，第三章的控制器结构更复杂且计算量更大。

(2) 第二章将性能约束施加在误差面上间接地约束跟踪误差，因此需要精心调节误差面的各项系数，且无法避免微分器观测误差对实际跟踪误差的影响；第三章的性能约束直接施加在跟踪误差上，容易实现具有小超调的跟踪性能。

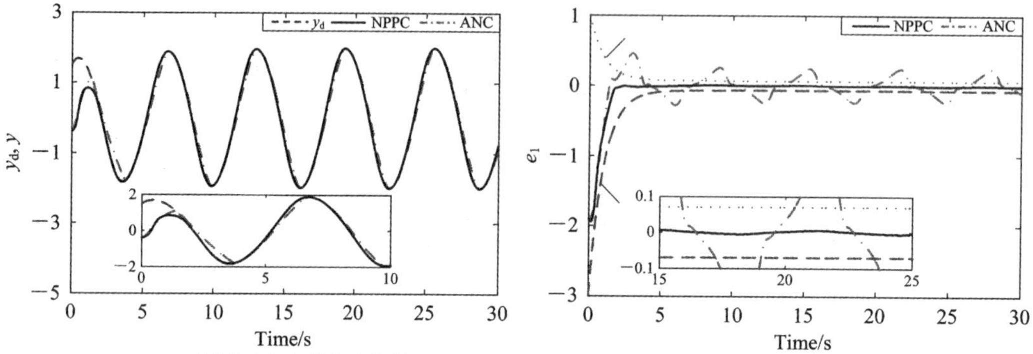

(a) 系统输出与参考指令信号
(b) 跟踪误差

图 3.7　系统输出、参考指令信号与跟踪误差

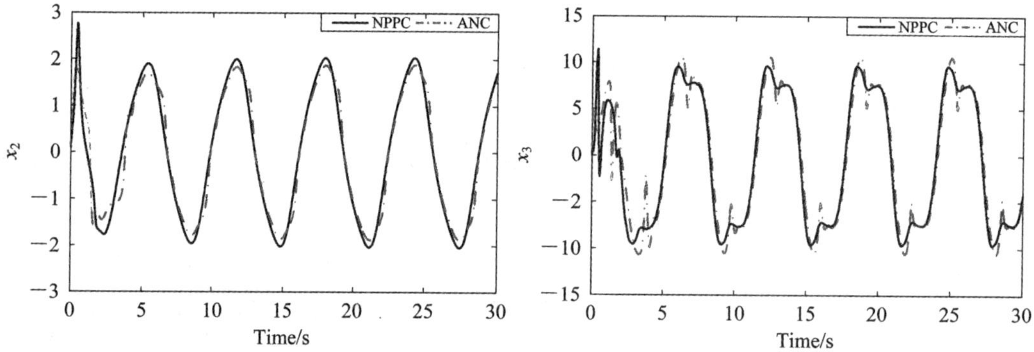

(a) 系统状态变量 $x_2$
(b) 系统状态变量 $x_3$

图 3.8　系统状态变量 $x_2$ 与 $x_3$

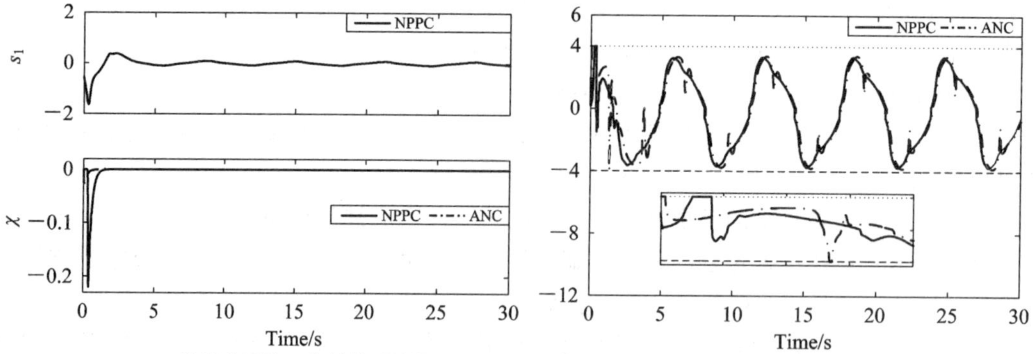

(a) NPPC的转化误差 $s_1$ 与补偿系统的状态 $\chi$
(b) 控制输入

图 3.9　NPPC 的转化误差、补偿系统的状态与控制输入

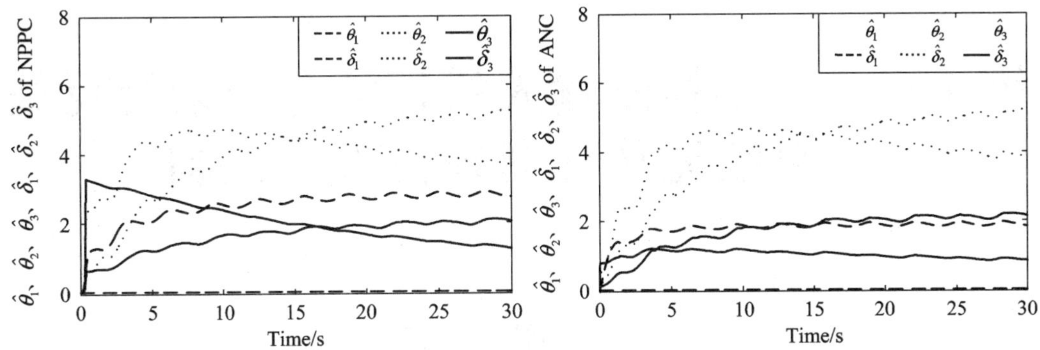


(a) NPPC 算例自适应参数　　(b) ANC 算例自适应参数

图 3.10　自适应参数变化曲线

(3) 第二章的模型变换过程依赖于各阶非仿射函数连续可偏导的特性，因此只能处理最后一阶微分方程中的外部干扰项；第三章结合反推技术与自适应控制方法可以处理任意阶微分方程中出现的干扰项。

(4) 第三章允许非仿射函数连续可偏导，因此可以处理死区输入非线性问题。此外，通过引入补偿系统，第三章的控制方法可处理饱和输入非线性问题。

综上所述，与第二章相比，第三章允许控制对象存在更多的非线性特征，但控制器的结构也更复杂。

## 3.5 本章小结

针对一类非线性函数连续不可导的不确定非仿射纯反馈系统，本章设计了一种新型自适应神经网络预设性能控制器。与要求非线性函数可偏导的可控性条件相比，本章所采用的可控性条件更加宽松。新型误差转化模式避免了传统预设性能控制方法中的不可导问题与复杂推导。非对称性能函数可使闭环系统具有小超调的跟踪性能。灵活地应用神经网络估计器，避免了传统反推设计过程中对虚拟控制信号反复求导的问题，也避免了低通滤波器的引入，降低了控制器的结构复杂度。通过数值仿真验证了控制器针对外部干扰和死区输入非线性的鲁棒性。本章仅在反推过程的第一步考虑了性能约束，降低了传统方法中每一步都需要设计性能函数所导致的控制器失效的风险。下一步将致力于研究无须估计器的预设性能控制器。

# 第 4 章 减小控制输入抖振的非仿射纯反馈系统无估计器预设性能控制

## 4.1 引 言

在大量研究非仿射系统预设性能控制的文献中，控制器设计往往依赖于假设条件：$\partial f(x, u)/\partial u$存在且有界[5-13]。因此，摆脱该假设条件限制，将预设性能控制推广到更普遍的系统具有重大的理论意义。然而，取消可导性假设，需要更宽松的假设条件以保留非仿射函数的不可导特性，同时需要通过设计控制器保证跟踪误差满足瞬态和稳态预设性能。当闭环系统存在较大的初始误差时，传统预设性能函数在瞬态时的迅速变化可能会导致控制输入超限或高频抖振。因此，可考虑设计一种在控制初始阶段收敛缓慢，当系统初步稳定后迅速收敛的性能函数。此外，由于传统的性能函数在稳态阶段几乎收敛至数值较小的常数，当指令信号存在剧烈变化时，性能包络无法自动放宽，导致控制输入可能产生高频抖振[149-150]。为避免稳态阶段控制输入超限或高频抖振，本章将设计一种可随指令信号变化而动态调整的新型性能函数。

本章针对一类输入输出受限的非仿射纯反馈系统，设计了无须任何估计器的预设性能控制器。针对非仿射函数，采用了局部半有界的可控性条件。因此与传统的变换模型相比，本章的变换模型具有更强的适用性；新的性能函数能随着指令信号变化而灵活地进行调整，以避免控制输入超限和高频抖振；状态变量有界的误差补偿系统成功地避免了控制输入超限。此外，本章所提出的控制器无须任何估计器，大大简化了控制器的结构，降低了计算复杂度。

## 4.2 问题描述与假设

考虑如下一类不确定非仿射纯反馈系统：

$$\begin{cases}\dot{x}_i = f_i(\bar{\boldsymbol{x}}_i, x_{i+1}) + d_i(t), i = 1, 2, \cdots, n-1 \\ \dot{x}_n = f_n[\boldsymbol{x}, u(\upsilon)] + d_n(t) \\ y = x_1\end{cases} \tag{4.1}$$

其中：$\bar{\boldsymbol{x}}_i=[x_1, x_2, \cdots, x_i]^{\mathrm{T}}\in\mathbf{R}^i$ 和 $x=[x_1, x_2, \cdots, x_n]^{\mathrm{T}}$ 为系统状态向量，$y\in\mathbf{R}$ 为系统输出，$f_i(\cdot)$：$\mathbf{R}^{i+1}\rightarrow\mathbf{R}$ 和 $f_n(\cdot)$：$\mathbf{R}^{n+1}\rightarrow\mathbf{R}$ 为 Lipschitz 连续的未知非仿射函数，$d_i(t)$和 $d_n(t)$为未知的外部干扰，$u(\upsilon)$为带饱和约束的控制输入，$\upsilon\in\mathbf{R}$ 为不受限的控制输入信号。根据文献[39, 52, 85, 149-153]，输入饱和 $u(\upsilon)$可表述为

$$u(\upsilon)=\mathrm{sat}(\upsilon)=\begin{cases}\bar{u}, & \upsilon>\bar{u}\\ \upsilon, & \underline{u}\leqslant\upsilon\leqslant\bar{u}\\ \underline{u}, & \upsilon<\underline{u}\end{cases} \tag{4.2}$$

其中：$\underline{u}$ 和 $\bar{u}$ 分别为 $u(\upsilon)$的下界与上界。为简化表述方式，在下文中，定义 $u=u(\upsilon)$，$u_{\mathrm{M}}=\max\{|\underline{u}|, |\bar{u}|\}$，$x_{n+1}=u$ 和 $\bar{\boldsymbol{x}}_{n+1}=[x^{\mathrm{T}}, u]^{\mathrm{T}}$。

本章的控制目标是设计状态反馈控制器 $u$，使得闭环系统的所有信号有界，跟踪误差 $e_1=x_1-y_{\mathrm{d}}$ 满足预设性能，且控制输入约束不被违背，其中 $y_{\mathrm{d}}$ 为参考指令。为了实现上述控制目标，本章采用了以下合理的假设。

**假设 4.1**　存在连续函数 $\underline{g}_i(\bar{\boldsymbol{x}}_i, x_{i+1})$，$\bar{g}_i(\bar{\boldsymbol{x}}_i, x_{i+1})$，$\underline{h}_i(\bar{\boldsymbol{x}}_i)$和 $\bar{h}_i(\bar{\boldsymbol{x}}_i)$满足以下不等式：

$$\begin{cases}f_i(\bar{\boldsymbol{x}}_i, x_{i+1})\geqslant\underline{g}_i(\bar{\boldsymbol{x}}_i, x_{i+1})x_{i+1}+\underline{h}_i(\bar{\boldsymbol{x}}_i), & x_{i+1}\geqslant\underline{\varepsilon}_{i+1}\\ f_i(\bar{\boldsymbol{x}}_i, x_{i+1})\leqslant\bar{g}_i(\bar{\boldsymbol{x}}_i, x_{i+1})x_{i+1}+\bar{h}_i(\bar{\boldsymbol{x}}_i), & x_{i+1}\leqslant\bar{\varepsilon}_{i+1}\end{cases} \tag{4.3}$$

其中：$\underline{\varepsilon}_{i+1}\geqslant 0$ 和 $\bar{\varepsilon}_{i+1}\leqslant 0$ $(i=1, 2, \cdots, n)$ 为未知常数。当 $|x_{i+1}|\geqslant\varepsilon_{i+1}>\max\{|\underline{\varepsilon}_{i+1}|, |\bar{\varepsilon}_{i+1}|\}$时，存在未知正数 $g_{i,\mathrm{m}}$满足 $\min\{\underline{g}_i(\bar{\boldsymbol{x}}_i, x_{i+1}), \bar{g}_i(\bar{\boldsymbol{x}}_i, x_{i+1})\}\geqslant g_{i,\mathrm{m}}$。

图 4.1 为假设 4.1 的示意图。图中的两条虚线分别是边界函数 $\underline{g}_i(\bar{\boldsymbol{x}}_i, x_{i+1})x_{i+1}+\underline{h}_i(\bar{\boldsymbol{x}}_i)$和 $\bar{g}_i(\bar{\boldsymbol{x}}_i, x_{i+1})x_{i+1}+\bar{h}_i(\bar{\boldsymbol{x}}_i)$的特殊形式。$\underline{g}_i(\bar{\boldsymbol{x}}_i, x_{i+1})$、$\bar{g}_i(\bar{\boldsymbol{x}}_i、x_{i+1})$，$\underline{h}_i(\bar{\boldsymbol{x}}_i)$和 $\bar{h}_i(\bar{\boldsymbol{x}}_i)$均为未知连续函数。不等式约束(4.3)仅刻画了非仿射函数 $f_i(\bar{\boldsymbol{x}}_i, x_{i+1})$随 $x_{i+1}$变化的大致趋势，它对非仿射函数上具体每一点的变化没有特殊的要求。

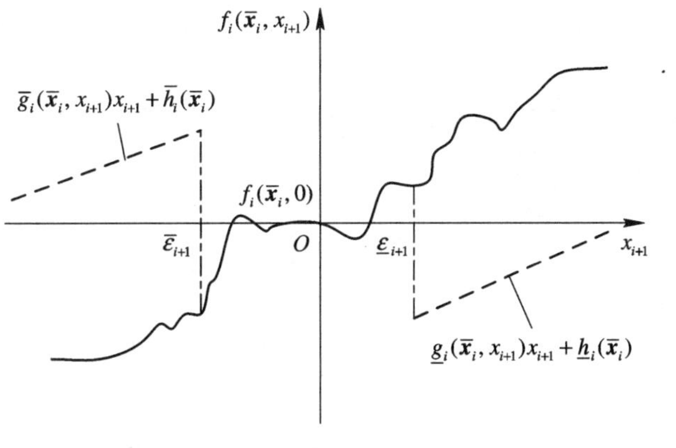


图 4.1　假设 4.1 示意图

假设 4.1 保证了系统(4.1)的可控性。在区间 $\bar{\varepsilon}_{i+1} \leqslant x_{i+1} \leqslant \underline{\varepsilon}_{i+1}$ 上，非仿射函数 $f_i(\bar{\boldsymbol{x}}_i, x_{i+1})$ 随 $x_{i+1}$ 的变化规律保持未知。同时，在不等式约束(4.3)中，$f_i(\bar{\boldsymbol{x}}_i, x_{i+1})$ 半有界，即 $f_i(\bar{\boldsymbol{x}}_i, x_{i+1})$ 在区间 $x_{i+1} \geqslant \underline{\varepsilon}_{i+1}$ 的上界和在 $x_{i+1} \leqslant \bar{\varepsilon}_{i+1}$ 的下界均被取消。文献[5-13]均假设非仿射函数可偏导，与假设 4.1 相比，前者更为严苛。其次，在本章中由于非仿射函数可能不可导，因此不能再采用拉格朗日中值定理或泰勒公式对非仿射模型进行变换。与第 3 章类似，本章将在 4.4 节中借助于灵活的数学变换处理该问题。

**假设 4.2** 参考指令信号 $y_d$ 为未知连续可导函数，且存在正数 $B_0$ 使得 $\Omega_0 := \{(y_d, \dot{y}_d, \ddot{y}_d)^{\mathrm{T}} \mid y_d^2 + \dot{y}_d^2 + \ddot{y}_d^2 \leqslant B_0\}$。

**假设 4.3** $d_i(t)$ 为在时间 $t$ 上 Lipschitz 连续的外部干扰，且存在非负常数 $d_i^*$ 满足 $|d_i(t)| \leqslant d_i^*$，$i=1, 2, \cdots, n$。

**假设 4.4** 系统(4.1)中所有的状态变量 $x_i$，$i=1, 2, \cdots, n$ 均可测。

## 4.3 控制器设计与稳定性分析

### 4.3.1 基于双曲函数的预设性能

在预设性能控制相关文献中，控制律 $u$ 通常可设计为转化误差的函数[3, 34]：

$$u = -kz(t) = -\frac{1}{2}k\ln\left[\frac{\zeta(t)+1}{1-\zeta(t)}\right] \tag{4.4}$$

其中：$\zeta(t) = \dfrac{e(t)}{\rho(t)}$ 为标准化误差，$k>0$ 为待设计参数。

结合图 1.1 和等式(4.4)可知，函数 $\rho(t)$ 和 $\dot{\rho}(t) = -l(\rho_0 - \rho_\infty)\exp(-lt)$ 在控制初始阶段的迅速变化可能会导致控制输入超限或高频抖振。尤其是当系统的初始误差较大时，要实现跟踪误差快速收敛必然会对执行器的响应速度有很高的要求。在稳态阶段，性能函数 $\rho(t)$ 几乎收敛至常数。当参考指令信号 $y_d$ 剧烈变化时，性能包络无法适当地放宽，导致控制输入可能出现超限或高频抖振。

为解决上述问题，本小节提出了如下新形式的预设性能：

$$-\lambda(t) < e(t) < \lambda(t) \tag{4.5}$$

其中性能函数 $\lambda(t)$ 为

$$\lambda(t) = \operatorname{csch}[\kappa(t)t + \lambda_0] + \lambda_\infty + \ell_1 \tanh(\ell_2 \dot{y}_d^2) \tag{4.6}$$

其中：$\kappa(t) = \kappa_\infty\{\tanh[\ell_0(t-t_0)]+1\}/2$，$\kappa_\infty$、$t_0$、$\ell_0$、$\ell_1$、$\ell_2 \geqslant 0$ 和 $\lambda_0$、$\lambda_\infty > 0$ 为待设计参数。等式(4.6)表明 $\lambda(t)$ 和 $\dot{\lambda}(t)$ 均有界。给定初始误差 $e(0)$ 及理想的稳态误差 $e(\infty)$，可通过选择合适的性能函数参数使得 $|e(0)| < \operatorname{csch}\lambda_0 + \lambda_\infty + \ell_1$ 且 $|e(\infty)| < \lambda_\infty + \ell_1$。常值 $\operatorname{csch}\lambda_0 +$

$\lambda_\infty+l_1$限制了跟踪误差 $e(t)$在瞬态时的最大超调，区间$(-\lambda_\infty-l_1, \lambda_\infty+l_1)$为跟踪误差$e(t)$在稳态时的预设变化范围。图 4.2 为上述新型预设性能的示意图。

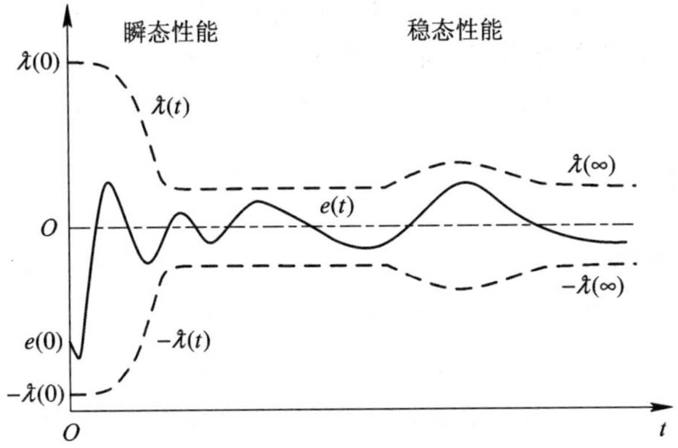


图 4.2　基于双曲函数的预设性能示意图

为了实现预设性能(4.5)，定义转化误差 $z(t)$如下：

$$z(t)=\frac{\zeta(t)}{1-\zeta^2(t)} \tag{4.7}$$

其中：标准化误差 $\zeta(t)=\dfrac{e(t)}{\lambda(t)}$。为了简化表述，将函数 $T_r[\zeta(t)]=\dfrac{\zeta(t)}{[1-\zeta^2(t)]}$定义为 $T_r(\cdot)$：$(-1, 1)\to\mathbf{R}$。

**定理 4.1**　若$|e(0)|<\lambda(0)$且对于$\forall t\geqslant 0$，存在正数 $z_M$ 满足$|z(t)|\leqslant z_M$，则对于$\forall t\geqslant 0$，均有$|e(t)|<\lambda(t)$成立。

**证明**　给定任意初始值 $e(0)$，则可通过选择合适的性能函数参数使得$|e(0)|<\lambda(0)$成立。根据 $\zeta(t)=\dfrac{e(t)}{\lambda(t)}$，可得$|\zeta(0)|<1$。

(1) 当 $0\leqslant z(t)\leqslant z_M$ 时，存在以下两种情形：

① $0\leqslant\zeta(t)<1$，$\forall t\geqslant 0$；

② $\zeta(t)<-1$，$\forall t\geqslant 0$。

显然，情形②与$|\zeta(0)|<1$ 矛盾。

(2) 当$-z_M\leqslant z(t)<0$ 时，存在以下两种情形：

① $-1<\zeta(t)\leqslant 0$，$\forall t\geqslant 0$；

② $\zeta(t)>1$，$\forall t\geqslant 0$。

显然，情形②与$|\zeta(0)|<1$ 矛盾。

综上所述，若$|e(0)|<\lambda(0)$且$|z(t)|\leqslant z_M$ 成立，则对于$\forall t\geqslant 0$，均有$|\zeta(t)|<1$。进一步可得对于$\forall t\geqslant 0$，$|e(t)|<\lambda(t)$。至此，定理 4.1 得证。

与预设性能函数(1.7)相比，新型预设性能函数更为灵活。通过选择适当小的参数 $\lambda_0$ 易得 $\lambda(0) \to \infty$。因此对于有界的初始误差 $e(0)$，只要选择适当小的参数 $\lambda_0$，不等式 $|e(0)| < \mathrm{csch}\lambda_0 + \lambda_\infty + \ell_1$ 必然成立，以此可降低发生奇异问题的风险。此外，通过调节函数 $\kappa(t)$，可以避免性能函数在初始阶段变化过快导致输入饱和或抖振。在稳态阶段，当参考指令信号 $y_d$ 发生剧烈变化时，性能包络可自动放宽以避免控制输入产生高频抖振。

## 4.3.2　控制器设计

本节针对不确定非仿射纯反馈系统(4.1)设计了一种低复杂度的预设性能控制器。设计过程基于反推技术，反推设计的每一步都依赖以下的坐标变换：

$$e_1 = x_1 - y_d,\ e_i = x_i - x_{i,c},\ e_n = x_n - x_{n,c} - \xi\tanh\chi,\ i = 2, 3, \cdots, n-1 \tag{4.8}$$

其中：$x_{i,c}$，$i=2, 3, \cdots, n$ 为待设计的虚拟控制律，$\xi>0$ 为待设计参数，$\chi$ 为以下补偿系统的状态变量：

$$\dot{\chi} = \frac{\cosh^2\chi}{\xi}[-\kappa\tanh\chi + \mathrm{sat}(\upsilon) - \upsilon],\ \chi(0) = 0 \tag{4.9}$$

其中：$\kappa>0$ 为待设计参数。

第 1 步：计算初始跟踪误差 $e_1(0)=x_1(0)-y_d(0)$。为性能函数 $\lambda_1(t)$ 选择合适的参数，使得 $|e_1(0)|<\lambda_1(0)$，构造如下虚拟控制律 $x_{2,c}$：

$$x_{2,c} = -k_1 T_r[\zeta_1(t)] \tag{4.10}$$

其中：$k_1>0$ 为待设计参数，$\zeta_1(t)=\dfrac{e_1(t)}{\lambda_1(t)}$。根据式(4.10)可得 $T_r[\zeta_1(0)]$ 与 $x_{2,c}(0)$ 的值。

第 $i$ 步：对于 $i=2, 3, \cdots, n-1$，计算误差 $e_i(0)=x_i(0)-x_{i,c}(0)$。为性能函数 $\lambda_i(t)$ 选择合适的参数，使得 $|e_i(0)|<\lambda_i(0)$ 成立，构造如下虚拟控制律 $x_{i+1,c}$：

$$x_{i+1,c} = -k_i T_r[\zeta_i(t)] \tag{4.11}$$

其中：$k_i>0$ 为待设计参数，$\zeta_i(t)=\dfrac{e_i(t)}{\lambda_i(t)}$。根据式(4.11)可得 $T_r[\zeta_i(0)]$ 与 $x_{i+1,c}(0)$ 的值。

第 $n$ 步：计算误差 $e_n(0)=x_n(0)-x_{n,c}(0)-\xi\tanh\chi(0)$。为性能函数 $\lambda_n(t)$ 选择合适的参数，使得 $|e_n(0)|<\lambda_n(0)$ 成立，构造如下控制律：

$$\upsilon = -k_{n,1} T_r[\zeta_n(t)] - k_{n,2}\tanh[T_r(\zeta_n(t))] \tag{4.12}$$

其中：$k_{n,1}>0$，$k_{n,2}>u_M$ 为待设计参数，$\zeta_n(t)=\dfrac{e_n(t)}{\lambda_n(t)}$。

性能函数 $\lambda_i(t)$，$i=1, 2, \cdots, n$ 的选取不仅取决于跟踪精度的需求，同时也会被执行器的控制能力和系统响应速度所制约。在应用中可以通过试验性仿真调节控制参数。在仿真的开始阶段选择宽松的性能包络，然后逐渐缩小包络范围直到获得理想的跟踪精度与合理的控制输入。在调参过程中，一旦出现高频抖振或不合理的控制输入，则需要重新调节性能函数，直到取得理想的控制性能为止。为了避免控制器发生奇异或控制输入超限与抖振，性能包络应该保持适当宽松。

与文献[34]相比，本章取消了$\partial f(x, u)/\partial u$存在且必须满足特定约束的假设，因此本章所采用的控制器可以处理死区输入非线性问题。针对控制输入受限问题，采用了新型预设性能函数与状态变量有界的误差补偿系统以避免控制输入饱和。此外，等式(4.12)中的双曲正切项能避免控制输入随转化误差发生剧烈的线性变化，可以发挥与滑模控制中切换项类似的作用，同时也使得参数选择更为灵活。

### 4.3.3 稳定性分析

**定理 4.2**　若不确定非仿射系统(4.1)满足假设 4.1～假设 4.4，则通过选择合适的性能函数与控制参数，上述控制方案(4.10)～(4.12)可以保证闭环系统稳定，跟踪误差满足预设性能且不违背控制输入约束。

**证明**　实现预设性能控制需要保证$-1<\underline{\zeta}_i\leqslant\zeta_i(t)\leqslant\bar{\zeta}_i<1$，$i=1, 2, \cdots, n$，即等同于确保$e_i(0)<\lambda_i(0)$且对于$\forall t\in[0, \infty)$，有$|z_i(t)|\leqslant z_{i,\mathrm{M}}$成立。首先，Part 1 将证明，在有限时间$[0, \tau_{\max})$范围内，可正确定义误差变换$T_{\mathrm{r}}[\zeta_i(t)]$，其中$\tau_{\max}\in\{\mathbf{R}^+, +\infty\}$；其次，Part 2 将证明上述控制方案可以使$|z_i(t)|\leqslant z_{i,\mathrm{M}}$，$\tau_{\max}=\infty$成立，且控制输入约束不被违背。

**Part 1**

定义$\zeta_{n+1}=\tanh\chi$，则虚拟控制输入超限项 $\mathrm{sat}(\upsilon)-\upsilon$ 可以改写为 Lipschitz 连续函数$\Delta(\zeta_n)$，且

$$\Delta(\zeta_n)=\begin{cases}\bar{u}+k_{n,1}T_{\mathrm{r}}[\zeta_n(t)]+k_{n,2}\tanh[T_{\mathrm{r}}(\zeta_n(t))], & \upsilon>\bar{u}\\ 0, & \underline{u}\leqslant\upsilon\leqslant\bar{u}\\ \underline{u}+k_{n,1}T_{\mathrm{r}}[\zeta_n(t)]+k_{n,2}\tanh[T_{\mathrm{r}}(\zeta_n(t))], & \upsilon<\underline{u}\end{cases}\tag{4.13}$$

对跟踪误差求时间的一阶导数可得

$$\begin{cases}\dot{e}_1=f_1(x_1, x_2)+d_1(t)-\dot{y}_{\mathrm{d}}\\ \dot{e}_i=f_i(\bar{\boldsymbol{x}}_i, x_{i+1})+d_i(t)-\dot{x}_{i,\mathrm{c}}, \ i=2, 3, \cdots, n-1\\ \dot{e}_n=f_n(\bar{\boldsymbol{x}}_n, u)+d_n(t)-\dot{x}_{n,\mathrm{c}}+\kappa\zeta_{n+1}-\Delta(\zeta_n)\end{cases}\tag{4.14}$$

其中：

$$\begin{cases} x_1 = \zeta_1(t)\lambda_1(t) + y_d,\ x_i = \zeta_i(t)\lambda_i(t) + x_{i,c},\ i = 2, 3, \cdots, n \\ x_n = \zeta_n(t)\lambda_n(t) + x_{n,c} + \xi\zeta_{n+1}(t) \\ u = \upsilon(\zeta_n) + \Delta(\zeta_n) \end{cases} \tag{4.15}$$

且

$$\dot{x}_{i,c} = \frac{-k_{i-1}\dot{\zeta}_{i-1}(t)[1 + \zeta_{i-1}^2(t)]}{[1 - \zeta_{i-1}^2(t)]^2},\ i = 2, 3, \cdots, n \tag{4.16}$$

对标准化误差 $\zeta_{n+1}(t)$ 求时间的一阶导数可得

$$\dot{\zeta}_i(t) = \frac{\dot{e}_i - \zeta_i(t)\dot{\lambda}_i(t)}{\lambda_i(t)} = w_i(t, \zeta_1(t), \zeta_2(t), \cdots, \zeta_{i+1}(t)),\ i = 1, 2, \cdots, n \tag{4.17}$$

$$\dot{\zeta}_{n+1}(t) = \frac{-\kappa\zeta_{n+1}(t) + \Delta(\zeta_n(t))}{\xi} = w_{n+1}(t, \zeta_n(t), \zeta_{n+1}(t)) \tag{4.18}$$

根据式(4.17)与式(4.18)，可将标准化误差向量 $\boldsymbol{\zeta}(t)=[\zeta_1(t), \zeta_2(t), \cdots, \zeta_n(t), \zeta_{n+1}(t)]^{\mathrm{T}}$ 表述为

$$\dot{\boldsymbol{\zeta}}(t) = \boldsymbol{w}(t, \boldsymbol{\zeta}(t)) = \begin{bmatrix} w_1(t, \zeta_1(t), \zeta_2(t)) \\ w_2(t, \zeta_1(t), \zeta_2(t), \zeta_3(t)) \\ \vdots \\ w_n(t, \zeta_1(t), \zeta_2(t), \cdots, \zeta_{n+1}(t)) \\ w_{n+1}(t, \zeta_n(t), \zeta_{n+1}(t)) \end{bmatrix} \tag{4.19}$$

定义以下开集：

$$\Omega_\zeta = \underbrace{(-1, 1) \times (-1, 1) \times \cdots \times (-1, 1)}_{n+1}$$

通过选择合适的性能函数可以使得 $|e_i(0)| < \lambda_i(0)$，$i=1, 2, \cdots, n$ 成立。由 $|\zeta_i(0)| < 1$，$i=1, 2, \cdots, n$ 可进一步保证 $\boldsymbol{\zeta}(0) \in \Omega_\zeta$。此外，通过假设 2 可以确保 $y_d$、$\dot{y}_d$ 和 $\ddot{y}_d$ 对于 $\forall t \geqslant 0$ 均保持连续有界；由假设 4.3 可知外部干扰 $d_i(t)$ 对于 $\forall t \geqslant 0$ 均 Lipschitz 连续且有界；由于系统(4.1)的非仿射函数均为 Lipschitz 连续，则对于所有的 $\boldsymbol{\zeta}(t) \in \Omega_\zeta$，虚拟控制律 $x_{i,c}$，$i=2, 3, \cdots, n$ 和控制输入 $u$ 也是 Lipschitz 连续的。综上所述，对于所有的 $\boldsymbol{\zeta}(t) \in \Omega_\zeta$，$\boldsymbol{w}(t, \boldsymbol{\zeta}(t))$ 也是局部 Lipschitz 连续的。因此根据文献[154]中初值问题的最大饱和解理论可知，对于 $\forall t \in [0, \tau_{\max})$，等式(4.19)存在唯一的最大饱和解 $\boldsymbol{\zeta}(t)$，且 $\boldsymbol{\zeta}(t) \in \Omega_\zeta$。

对于 $\forall t \in [0, \tau_{\max})$，有 $\zeta_i(t) \in (-1, 1)$，则对于 $\forall t \in [0, \tau_{\max})$，可正确定义转化误差 $z_i(t) = \dfrac{\zeta_i(t)}{1-\zeta_i^2(t)}$。定义正数 $\bar{E}_i$ 满足 $\bar{E}_i \geqslant \operatorname{csch}\lambda_{i,0} + \ell_{i,1} + \ell_{i,2}$，于是对于 $\forall t \in [0, \tau_{\max})$，有

$|e_i(t)|=|\zeta_i(t)\lambda_i(t)|<\bar{E}_i$。对 $z_i(t)$求时间的一阶导数可得

$$\dot{z}_i(t)=r_i[\dot{e}_i(t)+\nu_i] \tag{4.20}$$

其中：$r_i=\dfrac{1+\zeta_i^2(t)}{\lambda_i(t)(1-\zeta_i^2(t))^2}$，$\nu_i=-\zeta_i(t)\dot{\lambda}_i(t)$。注意到 $r_i\geqslant\dfrac{1}{\lambda_i(t)}>0$ 且 $|\nu_i|<\dot{\lambda}_i(t)$。

等式(4.20)与$|e_i(t)|<\bar{E}_i$ 仅在条件 $t\in[0, \tau_{\max})$与$|e_i(0)|<\lambda_i(0)$，$i=1, 2, \cdots, n$ 下成立。

**Part 2**

首先，基于假设 4.1 把非仿射函数变换为伪仿射形式。然后，证明对于 $\forall t\in[0, \tau_{\max})$，$|z_i(t)|\leqslant z_{i,\mathrm{M}}$且 $\tau_{\max}=\infty$。

(1) 当 $x_{i+1}>\varepsilon_{i+1}$时，定义连续函数 $\bar{g}_i'(\bar{\boldsymbol{x}}_i, x_{i+1})$如下：

$$\bar{g}_i'(\bar{\boldsymbol{x}}_i, x_{i+1})=\frac{1}{\varepsilon_{i+1}}[f_i(\bar{\boldsymbol{x}}_i, x_{i+1})-\underline{h}_i(\bar{\boldsymbol{x}}_i)] \tag{4.21}$$

其中：$\varepsilon_{i+1}>\max\{|\underline{\varepsilon}_{i+1}|, |\bar{\varepsilon}_{i+1}|\}$。根据假设 4.1 与式(4.21)可得

$$\bar{g}_i'(\bar{\boldsymbol{x}}_i, x_{i+1})x_{i+1}+\underline{h}_i(\bar{\boldsymbol{x}}_i)=\frac{x_{i+1}}{\varepsilon_{i+1}}[f_i(\bar{\boldsymbol{x}}_i, x_{i+1})-\underline{h}_i(\bar{\boldsymbol{x}}_i)]+\underline{h}_i(\bar{\boldsymbol{x}}_i)\geqslant f_i(\bar{\boldsymbol{x}}_i, x_{i+1}) \tag{4.22}$$

且对于 $x_{i+1}>\varepsilon_{i+1}$，有 $\bar{g}_i'(\bar{\boldsymbol{x}}_i, x_{i+1})\geqslant\underline{g}_i(\bar{\boldsymbol{x}}_i, x_{i+1})\geqslant g_{i,\mathrm{m}}$。

(2) 当 $x_{i+1}<-\varepsilon_{i+1}$时，定义连续函数 $\underline{g}_i'(\bar{\boldsymbol{x}}_i, x_{i+1})$如下：

$$\underline{g}_i'(\bar{\boldsymbol{x}}_i, x_{i+1})=-\frac{1}{\varepsilon_{i+1}}[f_i(\bar{\boldsymbol{x}}_i, x_{i+1})-\bar{h}_i(\bar{\boldsymbol{x}}_i)] \tag{4.23}$$

根据假设 4.1 和式(4.23)可得

$$\underline{g}_i'(\bar{\boldsymbol{x}}_i, x_{i+1})x_{i+1}+\bar{h}_i(\bar{\boldsymbol{x}}_i)=-\frac{x_{i+1}}{\varepsilon_{i+1}}[f_i(\bar{\boldsymbol{x}}_i, x_{i+1})-\bar{h}_i(\bar{\boldsymbol{x}}_i)]+\bar{h}_i(\bar{\boldsymbol{x}}_i)\leqslant f_i(\bar{\boldsymbol{x}}_i, x_{i+1}) \tag{4.24}$$

且对于 $x_{i+1}<-\varepsilon_{i+1}$，有 $\underline{g}_i'(\bar{\boldsymbol{x}}_i, x_{i+1})\geqslant\bar{g}_i(\bar{\boldsymbol{x}}_i, x_{i+1})\geqslant g_{i,\mathrm{m}}$。

(3) 当$-\varepsilon_{i+1}\leqslant x_{i+1}\leqslant\varepsilon_{i+1}$时，根据极值定理可知，存在连续函数 $K_i(\bar{\boldsymbol{x}}_i)$满足：

$$|f_i(\bar{\boldsymbol{x}}_i, x_{i+1})|\leqslant K_i(\bar{\boldsymbol{x}}_i),\ -\varepsilon_{i+1}\leqslant x_{i+1}\leqslant\varepsilon_{i+1} \tag{4.25}$$

结合不等式 $g_{i,\mathrm{m}}(x_{i+1}-\varepsilon_{i+1})\leqslant 0$，$g_{i,\mathrm{m}}(x_{i+1}+\varepsilon_{i+1})\geqslant 0$，式(4.25)和假设 4.1 可得

$$g_{i,\mathrm{m}}(x_{i+1}-\varepsilon_{i+1})-K_i(\bar{\boldsymbol{x}}_i)\leqslant f_i(\bar{\boldsymbol{x}}_i, x_{i+1})\leqslant K_i(\bar{\boldsymbol{x}}_i)+g_{i,\mathrm{m}}(x_{i+1}+\varepsilon_{i+1}),\ -\varepsilon_{i+1}\leqslant x_{i+1}\leqslant\varepsilon_{i+1} \tag{4.26}$$

根据式(4.22)、式(4.24)、式(4.26)和假设 4.1，可得

$$\begin{cases} \underline{g}_i(\bar{\boldsymbol{x}}_i,\ x_{i+1})x_{i+1} + \underline{h}_i(\bar{\boldsymbol{x}}_i) \leqslant f_i(\bar{\boldsymbol{x}}_i,\ x_{i+1}) \leqslant \bar{g}'_i(\bar{\boldsymbol{x}}_i,\ x_{i+1})x_{i+1} + \underline{h}_i(\bar{\boldsymbol{x}}_i), & x_{i+1} > \varepsilon_{i+1} \\ g_{i,\mathrm{m}}x_{i+1} - K_i(\bar{\boldsymbol{x}}_i) - g_{i,\mathrm{m}}\varepsilon_{i+1} \leqslant f_i(\bar{\boldsymbol{x}}_i,\ x_{i+1}) \leqslant g_{i,\mathrm{m}}x_{i+1} + K_i(\bar{\boldsymbol{x}}_i) + g_{i,\mathrm{m}}\varepsilon_{i+1}, & -\varepsilon_{i+1} \leqslant x_{i+1} \leqslant \varepsilon_{i+1} \\ \underline{g}'_i(\bar{\boldsymbol{x}}_i,\ x_{i+1})x_{i+1} + \bar{h}_i(\bar{\boldsymbol{x}}_i) \leqslant f_i(\bar{\boldsymbol{x}}_i,\ x_{i+1}) \leqslant \bar{g}_i(\bar{\boldsymbol{x}}_i,\ x_{i+1})x_{i+1} + \bar{h}_i(\bar{\boldsymbol{x}}_i), & x_{i+1} < -\varepsilon_{i+1} \end{cases} \tag{4.27}$$

于是存在值域为[0，1]的函数 $\vartheta_{i,1}(\bar{\boldsymbol{x}}_{i+1})$、$\vartheta_{i,2}(\bar{\boldsymbol{x}}_{i+1})$ 和 $\vartheta_{i,3}(\bar{\boldsymbol{x}}_{i+1})$ 满足：

$$f_i(\bar{\boldsymbol{x}}_i,\ x_{i+1}) = G_i(\bar{\boldsymbol{x}}_{i+1})x_{i+1} + H_i(\bar{\boldsymbol{x}}_{i+1}) \tag{4.28}$$

式中：

$$G_i(\bar{\boldsymbol{x}}_{i+1}) = \begin{cases} [1-\vartheta_{i,1}(\bar{\boldsymbol{x}}_{i+1})]\underline{g}_i(\bar{\boldsymbol{x}}_i,\ x_{i+1}) + \vartheta_{i,1}(\bar{\boldsymbol{x}}_{i+1})\bar{g}'_i(\bar{\boldsymbol{x}}_i,\ x_{i+1}), & x_{i+1} > \varepsilon_{i+1} \\ g_{i,\mathrm{m}}, & -\varepsilon_{i+1} \leqslant x_{i+1} \leqslant \varepsilon_{i+1} \\ [1-\vartheta_{i,3}(\bar{\boldsymbol{x}}_{i+1})]\underline{g}'_i(\bar{\boldsymbol{x}}_i,\ x_{i+1}) + \vartheta_{i,3}(\bar{\boldsymbol{x}}_{i+1})\bar{g}_i(\bar{\boldsymbol{x}}_i,\ x_{i+1}), & x_{i+1} < -\varepsilon_{i+1} \end{cases} \tag{4.29}$$

且

$$H_i(\bar{\boldsymbol{x}}_{i+1}) = \begin{cases} \underline{h}_i(\bar{\boldsymbol{x}}_i), & x_{i+1} > \varepsilon_{i+1} \\ [2\vartheta_{i,2}(\bar{\boldsymbol{x}}_{i+1}) - 1][K_i(\bar{\boldsymbol{x}}_i) + g_{i,\mathrm{m}}\varepsilon_{i+1}], & -\varepsilon_{i+1} \leqslant x_{i+1} \leqslant \varepsilon_{i+1} \\ \bar{h}_i(\bar{\boldsymbol{x}}_i), & x_{i+1} < -\varepsilon_{i+1} \end{cases} \tag{4.30}$$

因此系统(4.1)可以改写为

$$\begin{cases} \dot{x}_i = G_i(\bar{\boldsymbol{x}}_{i+1})x_{i+1} + H_i(\bar{\boldsymbol{x}}_{i+1}) + d_i(t),\ i = 1,\ 2,\ \cdots,\ n-1 \\ \dot{x}_n = G_n(\bar{\boldsymbol{x}}_{n+1})u + H_n(\bar{\boldsymbol{x}}_{n+1}) + d_n(t) \end{cases} \tag{4.31}$$

其中：$G_i(\bar{\boldsymbol{x}}_{i+1}) \geqslant g_{i,\mathrm{m}}$，且 $|H_i(\bar{\boldsymbol{x}}_{i+1})| \leqslant \max\{|\underline{h}_i(\bar{\boldsymbol{x}}_i)|,\ K_i(\bar{\boldsymbol{x}}_i) + g_{i,\mathrm{m}}\varepsilon_{i+1},\ |\bar{h}_i(\bar{\boldsymbol{x}}_i)|\}$，$i = 1,\ 2,\ \cdots,\ n$。下文将分步证明对于 $\forall t \in [0,\ \tau_{\max})$，有 $|z_i(t)| \leqslant z_{i,\mathrm{M}}$ 成立，且 $\tau_{\max} = \infty$。

第 1 步：定义径向无界正定函数 $V_{z_1} = \dfrac{z_1(t)^2}{2}$。沿等式(4.20)对 $V_{z_1}$ 求时间的一阶导可得

$$\dot{V}_{z_1} = z_1(t)r_1[G_1(\bar{\boldsymbol{x}}_2)(x_{2,\mathrm{c}} + e_2) + H_1(\bar{\boldsymbol{x}}_2) + d_1(t) - \dot{y}_\mathrm{d} + \nu_1] \tag{4.32}$$

通过选择合适的性能函数可确保 $\nu_1$ 有界；分别由假设 4.2 和假设 4.3 可知 $\dot{y}_\mathrm{d}$ 和 $d_1(t)$ 有界；函数 $\underline{h}_1(x_1)$、$\bar{h}_1(x_1)$ 和 $K_1(x_1) + g_{1,\mathrm{m}}\varepsilon_2$ 对于 $x_1 = \zeta_1(t)\lambda_1(t) + y_\mathrm{d}$ 连续。根据上述条件与极值定理可知，对于 $\forall t \in [0,\ \tau_{\max})$，存在未知正数 $\aleph_1$ 满足以下不等式：

$$|H_1(\bar{\boldsymbol{x}}_2) + d_1(t) - \dot{y}_\mathrm{d} + \nu_1| \leqslant \aleph_1 \tag{4.33}$$

将式(4.10)和式(4.33)代入式(4.32)可得

$$\begin{aligned} \dot{V}_{z_1} &\leqslant r_1\{[\aleph_1 + G_1(\bar{\boldsymbol{x}}_2)|e_2|]|z_1(t)| - k_1G_1(\bar{\boldsymbol{x}}_2)\ |z_1(t)|^2\} \\ &\leqslant k_1G_1(\bar{\boldsymbol{x}}_2)|z_1(t)|r_1\left[\frac{\aleph_1}{k_1G_1(\bar{\boldsymbol{x}}_2)} + \frac{\bar{E}_2}{k_1} - |z_1(t)|\right] \end{aligned} \tag{4.34}$$

若$|z_1|>\frac{\aleph_1}{k_1 g_{1,\mathrm{m}}}+\frac{\bar{E}_2}{k_1}$，则 $\dot{V}_{z_1}<0$。进一步可得

$$|z_1(t)|\leqslant\bar{z}_1=\max\left\{|z_1(0)|,\ \frac{\aleph_1}{k_1 g_{1,\mathrm{m}}}+\frac{\bar{E}_2}{k_1}\right\},\ \forall t\in[0,\ \tau_{\max})$$

于是对于$\forall t\in[0,\ \tau_{\max})$，$z_1(t)$和 $x_{2,\mathrm{c}}$均有界，且$-1<\underline{\zeta}_1\leqslant\zeta_1(t)\leqslant\bar{\zeta}_1<1$。由于$\dot{x}_{2,\mathrm{c}}=\frac{-k_1\dot{\zeta}_1(t)[1+\zeta_1^2(t)]}{[1-\zeta_1^2(t)]^2}$，所以对于$\forall t\in[0,\ \tau_{\max})$，$\dot{x}_{2,\mathrm{c}}$有界。

第 $i$ 步：对于$i=2,3,\cdots,n-1$，与步骤 1 类似，定义 $V_{z_i}=\frac{z_i^2(t)}{2}$。沿等式(4.20)对 $V_{z_i}$求时间的一阶导数可得

$$\dot{V}_{z_i}=z_i(t)r_i[G_i(\bar{\boldsymbol{x}}_{i+1})(x_{i+1,\mathrm{c}}+e_{i+1})+H(\bar{\boldsymbol{x}}_{i+1})+d_i(t)-\dot{x}_{i,\mathrm{c}}+\nu_i] \tag{4.35}$$

分别由式(4.20)与假设 4.3 可知 $\nu_i$ 和 $d_i(t)$有界；由步骤 $i-1$ 可知 $x_{i,\mathrm{c}}$和 $\dot{x}_{i,\mathrm{c}}$有界；函数$\bar{h}(\bar{\boldsymbol{x}}_i)$、$\bar{h}_i(\bar{\boldsymbol{x}}_i)$和 $K_i(\bar{\boldsymbol{x}}_i)+g_{i,\mathrm{m}}\varepsilon_{i+1}$对于 $x_i=\zeta_i(t)\lambda_i(t)+x_{i,\mathrm{c}}$连续：根据上述条件与极值定理可知，对于$\forall t\in[0,\ \tau_{\max})$，存在未知正数$\aleph_i$满足以下不等式：

$$|H_i(\bar{\boldsymbol{x}}_{i+1})+d_i(t)-\dot{x}_{i,\mathrm{c}}+\nu_i|\leqslant\aleph_i \tag{4.36}$$

将式(4.11)和式(4.36)代入式(4.35)可得

$$\begin{aligned}\dot{V}_{z_i}&\leqslant r_i\{[\aleph_i+G_i(\bar{\boldsymbol{x}}_{i+1})e_{i+1}]|z_i(t)|-k_iG_i(\bar{\boldsymbol{x}}_{i+1})|z_i(t)|^2\}\\&\leqslant k_iG_i(\bar{\boldsymbol{x}}_{i+1})|z_i(t)|r_i\left[\frac{\aleph_i}{k_iG_i(\bar{\boldsymbol{x}}_{i+1})}+\frac{\bar{E}_{i+1}}{k_i}-|z_i(t)|\right]\end{aligned} \tag{4.37}$$

若$|z_i(t)|>\frac{\aleph_i}{k_i g_{i,\mathrm{m}}}+\frac{\bar{E}_{i+1}}{k_i}$，则 $\dot{V}_{z_i}<0$。进一步可得

$$|z_i(t)|\leqslant\bar{z}_i=\max\left\{|z_i(0)|,\ \frac{\aleph_i}{k_i g_{i,\mathrm{m}}}+\frac{\bar{E}_{i+1}}{k_i}\right\},\ \forall t\in[0,\ \tau_{\max})$$

于是对于$\forall t\in[0,\ \tau_{\max}]$，$z_i(t)$和 $x_{i+1,\mathrm{c}}$均有界，且$-1<\underline{\zeta}_i\leqslant\zeta_i(t)\leqslant\bar{\zeta}_i<1$。由于 $\dot{x}_{i+1,\mathrm{c}}=\frac{-k_i\dot{\zeta}_i(t)[1+\zeta_i^2(t)]}{[1-\zeta_i^2(t)]^2}$，所以对于$\forall t\in[0,\ \tau_{\max})$，$\dot{x}_{i+1,\mathrm{c}}$有界。

第 $n$ 步：定义 $V_{z_n}=z_n^2(t)/2$。沿等式(4.20)对 $V_{z_n}$求时间的一阶导可得

$$\dot{V}_{z_n}=z_n(t)r_n\{[G_n(\bar{\boldsymbol{x}}_{n+1})-1]\mathrm{sat}(\upsilon)+H_n(\bar{\boldsymbol{x}}_{n+1})+d_n(t)-\dot{x}_{n,\mathrm{c}}+\kappa\tanh\chi+\upsilon+\nu_n\} \tag{4.38}$$

分别由式(4.20)与假设 4.3 可知 $\nu_n$ 和 $d_n(t)$有界；由步骤 $n-1$ 可知 $x_{n,\mathrm{c}}$和 $\dot{x}_{n,\mathrm{c}}$有界；函数 $\underline{h}_n(\bar{\boldsymbol{x}}_n)$、$\bar{h}_n(\bar{\boldsymbol{x}}_n)$和 $K_n(\bar{\boldsymbol{x}}_n)+g_{n,\mathrm{m}}\varepsilon_{n+1}$对于 $x_n=\zeta_n(t)\lambda_n(t)+x_{n,\mathrm{c}}$连续；存在连续函数$\bar{G}_n(\bar{\boldsymbol{x}}_n)$使得 $G_n(\bar{\boldsymbol{x}}_{n+1})=G_n[\bar{\boldsymbol{x}}_n,\ \mathrm{sat}(\upsilon)]\leqslant\bar{G}_n(\bar{\boldsymbol{x}}_n)$；根据上述条件与极值定理可知，对于$\forall t\in[0,\ \tau_{\max})$，存在未知正数$\aleph_n$满足以下不等式：

$$|[G_n(\bar{\boldsymbol{x}}_{n+1})-1]\mathrm{sat}(\upsilon)+H_n(\bar{\boldsymbol{x}}_{n+1})+d_n(t)-\dot{x}_{n,\mathrm{c}}+\kappa\tanh\chi+\upsilon_n|\leqslant\aleph_n \tag{4.39}$$

将式(4.12)和式(4.39)代入式(4.38)可得

$$\dot{V}_{z_n} \leqslant r_n[\aleph_n \mid z_n(t) \mid - k_{n,1} \mid z_n(t) \mid^2 - k_{n,2} z_n(t) \tanh z_n(t)] \tag{4.40}$$

若$|z_n(t)| > \max\{\operatorname{artanh}(\frac{u_M}{k_{n,2}}), \frac{\aleph_n - u_M}{k_{n,1}}\}$，则$\dot{V}_{z_n} < 0$。进一步可得

$$|z_n(t)| \leqslant \bar{z}_n = \max\left\{|z_n(0)|, \frac{\aleph_n - u_M}{k_{n,1}}, \operatorname{artanh}\left(\frac{u_M}{k_{n,2}}\right)\right\}, \ \forall t \in [0, \tau_{\max})$$

于是对于$\forall t \in [0, \tau_{\max})$，$z_n$和$\upsilon$均有界，且$-1 < \underline{\zeta}_n \leqslant \zeta_n(t) \leqslant \bar{\zeta}_n < 1$。

第$n+1$步：由于$\upsilon$有界，因此存在非负常数$\bar{\omega}$满足$|\mathrm{sat}(\upsilon) - \upsilon| \leqslant \bar{\omega}$。于是可设置参数$\kappa > \bar{\omega}$。针对补偿系统定义$V_\chi = \frac{\xi \chi^2}{2}$。沿等式(4.9)对$V_\chi$求时间的一阶导数可得

$$\begin{aligned} \dot{V}_\chi &= \chi \cosh^2 \chi[-\kappa \tanh \chi + \mathrm{sat}(\upsilon) - \upsilon] \\ &\leqslant \cosh^2 \chi(\kappa |\chi| - \kappa \chi \tanh \chi - \kappa |\chi| + \bar{\omega} |\chi|) \\ &\leqslant \cosh^2 \chi[0.2785\kappa - (\kappa - \bar{\omega}) |\chi|] \end{aligned} \tag{4.41}$$

若$|\chi| > \frac{0.2785\kappa}{\kappa - \bar{\omega}}$，则$\dot{V}_\chi < 0$。于是对于$\forall t \in [0, \tau_{\max}]$，$\chi$将处于紧集$\{\chi \mid |\chi| \leqslant 0.2785\kappa/(\kappa - \bar{\omega})\}$中，且$-1 < \underline{\zeta}_{n+1} \leqslant \zeta_{n+1}(t) \leqslant \bar{\zeta}_{n+1} < 1$。

注意到对于$\forall t \in [0, \tau_{\max}]$有$\boldsymbol{\zeta}(t) \in \Omega'_\zeta$成立，其中$\Omega'_\zeta = [\underline{\zeta}_1, \bar{\zeta}_1] \times \cdots \times [\underline{\zeta}_n, \bar{\zeta}_n] \times [\underline{\zeta}_{n+1}, \bar{\zeta}_{n+1}]$为非空紧集，易证$\Omega'_\zeta \subset \Omega_\zeta$。若假设$\tau_{\max} < \infty$成立，由于$\Omega'_\zeta \subset \Omega_\zeta$，文献[154](pp. 481)中定理 C 3.6 指出存在某一时刻$t' \in [0, \tau_{\max})$使得$\zeta(t') \notin \Omega'_\zeta$，这和已有的结论$\zeta(t) \in \Omega'_\zeta$矛盾，因此假设不成立，即$\tau_{\max} = \infty$。因此，闭环系统所有信号均有界。根据定理 4.1 可知，对于$\forall t \geqslant 0$，以下不等式恒成立：

$$-\lambda_i(t) < e_i(t) < \lambda_i(t), \ i = 1, 2, \cdots, n \tag{4.42}$$

综上所述，通过选择合适的参数可使得闭环系统实现预设性能控制。此外，对于$\forall t \geqslant 0$，补偿系统状态$\chi$将始终处于紧集$\{\chi \mid |\chi| \leqslant 0.2785\kappa/(\kappa - \bar{\omega})\}$中。因此，补偿系统将时刻有效，且保证控制输入约束不被违背。至此，定理 4.2 得证。

对于具体系统而言，一旦选择好了适当的性能包络，则可以获得$\frac{\aleph_i}{g_{i,m}}$和$\bar{E}_i (i = 1, 2, \cdots, n)$的大致范围。因此控制器参数$k_i (i = 1, 2, \cdots, n-1)$、$k_{n,1}$和$k_{n,2}$将影响转化误差$z_i(t) (i = 1, 2, \cdots, n)$的收敛范围。通过增大控制参数可以减小误差$e_i(t) (i = 1, 2, \cdots, n)$的波动，但同时也可能需要更大的控制输入。

## 4.4 仿真研究

本节采用了三组仿真研究以验证上节控制方案的有效性。由于本章的非仿射函数可能

不可导，拉格朗日中值定理与泰勒公式无法用于模型变换，因此，下文所有的控制器均是基于假设 4.1，且模型变换依照 4.3.3 节中提出的方法进行的。

### 4.4.1　单连杆机械臂角度跟踪控制

为了初步验证本章所设计的控制方法可应用于非仿射函数可能不可导的纯反馈非线性系统，本节以单连杆机械臂系统为控制对象，其系统动力学模型、参考指令、控制输入中的死区与饱和非线性都和 3.4.2 节保持一致。

由于死区输入非线性 $\varphi(u)$在点 0.1 与－0.5 处不可导，非仿射函数无法通过拉格朗日中值定理和泰勒公式实现仿射化，实际应用中难以获得 $\varphi(u)$随 $u$ 变化的精确解析表达式，尤其是在死区区间[－0.5，0.1]上。然而，可知以下不等式成立：

$$\begin{cases}\varphi(u)+0.5\sin[\varphi(u)]\geqslant u-0.7, & u\geqslant 0.1\\ \varphi(u)+0.5\sin[\varphi(u)]\leqslant 1.5u+1.5, & u\leqslant -0.5\end{cases}\tag{4.43}$$

因此，系统(3.83)符合假设 4.1。

在本仿真中，采用文献[20]中的自适应神经网络控制器(ANC)与本章所提出的预设性能控制器(PPPC)进行对比，且在 ANC 中未考虑跟踪误差约束。PPPC 设计如下：

$$\begin{cases}x_{2,\mathrm{c}}=-1.6T_{\mathrm{r}}[\zeta_1(t)], & \zeta_1(t)=\dfrac{e_1(t)}{\lambda_1(t)}\\ x_{3,\mathrm{c}}=-4T_{\mathrm{r}}[\zeta_2(t)], & \zeta_2(t)=\dfrac{e_2(t)}{\lambda_2(t)}\\ \upsilon=-T_{\mathrm{r}}[\zeta_3(t)]-10\tanh T_{\mathrm{r}}(\zeta_3(t)), & \zeta_3(t)=\dfrac{e_3(t)}{\lambda_3(t)}\end{cases}\tag{4.44}$$

其中，性能函数设计为

$$\begin{cases}\lambda_1(t)=\operatorname{csch}(0.5t+0.3)+0.04\\ \lambda_2(t)=\operatorname{csch}(0.8t+0.25)+0.05\\ \lambda_3(t)=\operatorname{csch}(t+0.2)+0.05\end{cases}\tag{4.45}$$

误差补偿系统设计如下：

$$\dot{\chi}=\frac{\cosh^2\chi}{10}[-50\tanh\chi+\mathrm{sat}(\upsilon)-\upsilon]\tag{4.46}$$

图 4.3～图 4.7 为相应的仿真结果。由图 4.3 可以明显地看出 PPPC 算例的瞬态与稳态性能均优于 ANC 算例，且 PPPC 的跟踪误差满足预设性能。图 4.4 和图 4.5 显示两个算例中的闭环系统状态均有界。由图 4.6 可知补偿系统成功地避免了控制输入超限。图 4.7 显示 PPPC 中的所有转化误差与 ANC 中的所有自适应参数均有界。综上所述，与 ANC 相比，虽然 PPPC 未采用任何估计器，但实现了更好的跟踪性能。

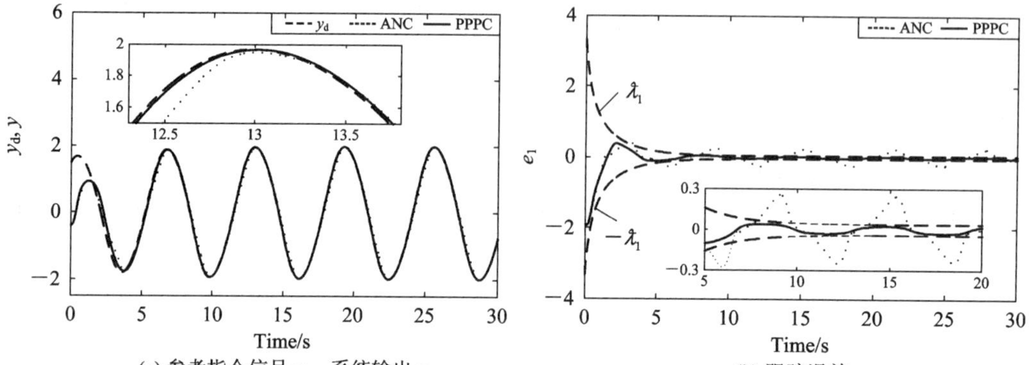


(a) 参考指令信号 $y_d$、系统输出 $y$　　(b) 跟踪误差 $e_1$

图 4.3　参考指令信号 $y_d$、系统输出 $y$ 与跟踪误差 $e_1$

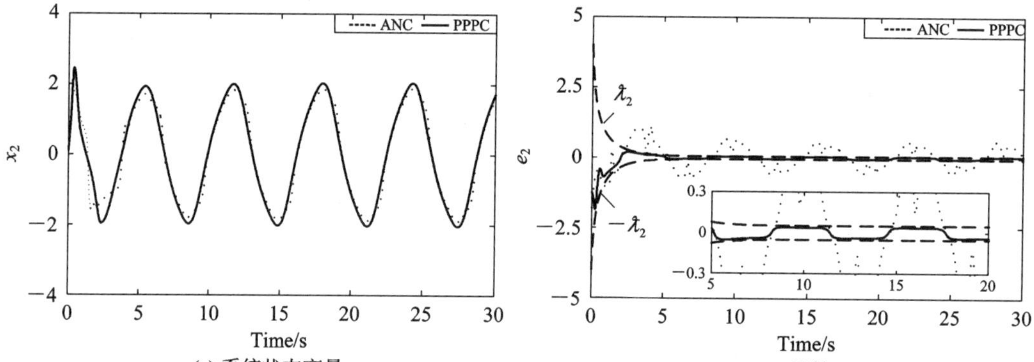


(a) 系统状态变量 $x_2$　　(b) 误差 $e_2$

图 4.4　系统状态变量 $x_2$ 与误差 $e_2$

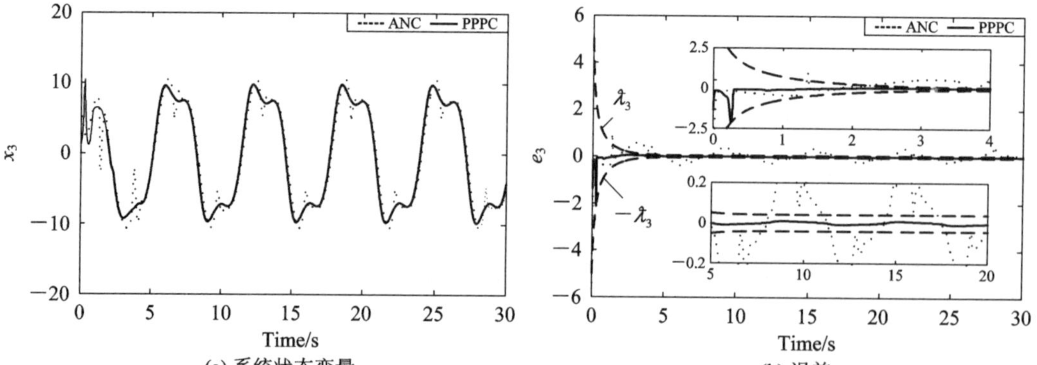


(a) 系统状态变量 $x_3$　　(b) 误差 $e_3$

图 4.5　系统状态变量 $x_3$ 与误差 $e_3$

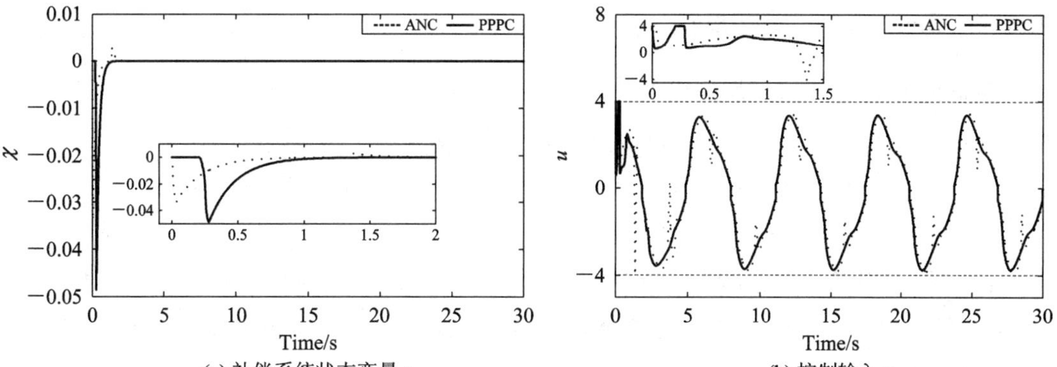


(a) 补偿系统状态变量 $\chi$　　(b) 控制输入 $u$

图 4.6　补偿系统状态变量 $\chi$ 与控制输入 $u$

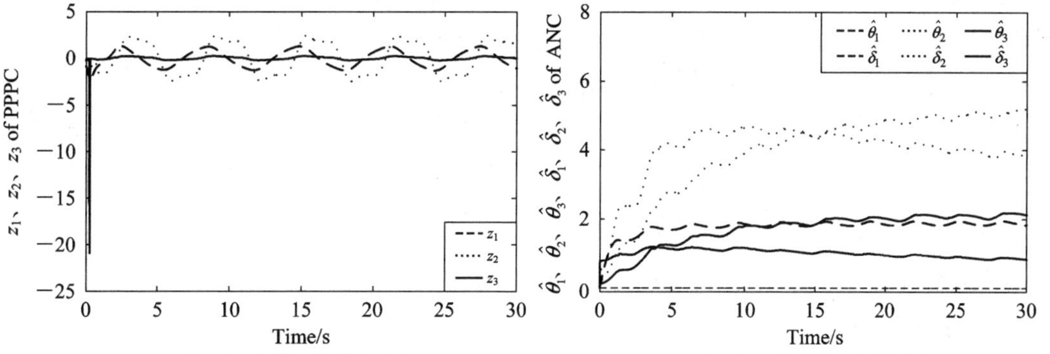


(a) PPPC 算例的转化误差　　(b) ANC 算例的自适应参数

图 4.7　PPPC 算例的转化误差与 ANC 算例的自适应参数

由于 3.4.2 节和 4.4.1 节的研究对象均是三阶单连杆机械臂系统，因此将二者进行对比可以发现：

(1) 第三章仅在反推过程的第一步引入了性能约束；第四章需要逐步设计性能函数，增大了调参难度。

(2) 第四章中无须任何估计器，减小了控制器复杂度与计算量，避免了自适应估计过程中的参数漂移问题。

综上所述，与第三章相比，第四章控制器的结构更为简单，但调参难度有所增加。此外，以下两组仿真研究将验证本章提出的性能函数可减小控制输入抖振。

### 4.4.2 Brusselator 反应模型

考虑如下 Brusselator 反应模型[9]：

$$\begin{cases}\dot{x}_1 = C-(D+1)x_1+x_1^2x_2+0.2\sin 4t \\ \dot{x}_2 = Dx_1-x_1^2x_2+(2+\cos x_1)(1+0.2\cos u)u+0.1\cos 4t \\ y = x_1\end{cases} \tag{4.47}$$

其中：$x_1$ 和 $x_2$ 代表反应过程中化合物的浓度，$C$ 和 $D$ 为加入到反应罐中原料的量。由式(4.47)可见，Brusselator 反应模型符合系统(4.1)所刻画的形式，根据实际过程，可知化合物的浓度 $x_1\neq 0$，于是可以合理地假设存在未知正数 $c_0$ 满足不等式 $x_1^2\geqslant c_0>0$。进一步可得以下不等式成立：

$$\begin{cases}C-(D+1)x_1+x_1^2x_2+0.2\sin 4t\geqslant C-(D+1)x_1+c_0x_2-0.2,\ x_2\geqslant 1\\ C-(D+1)x_1+x_1^2x_2+0.2\sin 4t\leqslant C-(D+1)x_1+c_0x_2+0.2,\ x_2\leqslant 0\\ Dx_1-x_1^2x_2+(2+\cos x_1)(1+0.2\cos u)u+0.1\cos 4t\geqslant Dx_1-x_1^2x_2+0.8u-0.1,\ u\geqslant 1\\ Dx_1-x_1^2x_2+(2+\cos x_1)(1+0.2\cos u)u+0.1\cos 4t\leqslant Dx_1-x_1^2x_2+0.8u+0.1,\ u\leqslant 0\end{cases} \tag{4.48}$$

不等式(4.48)表明模型(4.47)符合假设 4.1 的描述。在仿真中，指令信号取 $y_d=3+\sin t+0.5\sin 1.5t$，参数 $C=1$，$D=3$。初始状态 $[x_1(0),\ x_2(0)]^T=[2.5,\ 1]^T$。定义饱和输入非线性 $u(\upsilon)$ 为

$$u(\upsilon)=\begin{cases}10, & \upsilon>10\\ \upsilon, & 0\leqslant\upsilon\leqslant 10\\ 0, & \upsilon<0\end{cases} \tag{4.49}$$

为了对比验证所提出的预设性能控制器(PPPC)的效果，本仿真设置了两个对照算例：自适应神经网络控制(ANC)[20]和传统的预设性能控制(TPPC)[3, 34]。TPPC 和 PPPC 的设计均基于假设 4.1 与 4.3.3 节的模型变换方法，ANC 的设计依赖 3.3.2 节的模型变换方法。为了体现新型性能函数的效果，TPPC 和 PPPC 采用相同的误差转化方法 $T_r[\zeta(t)]=\dfrac{\zeta(t)}{1-\zeta^2(t)}$，但采用不同的性能函数。根据定理 4.2，构造以下预设性能控制器：

$$\begin{cases}x_{2,c}=-2T_r[\zeta_1(t)], & \zeta_1(t)=\dfrac{e_1(t)}{\lambda(t)}\\ \upsilon=-2T_r[\zeta_2(t)]-12\tanh\{T_r[\zeta_2(t)]\}, & \zeta_2(t)=\dfrac{e_2(t)}{\lambda(t)}\end{cases} \tag{4.50}$$

其中，性能函数设计为

$$\text{TPPC:}\begin{cases}\lambda_1(t)=(1.93-0.01)\exp(-t)+0.01\\ \lambda_2(t)=(3.3-0.02)\exp(-3.7t)+0.02\end{cases}\tag{4.51}$$

$$\text{PPPC:}\begin{cases}\lambda_1'(t)=\operatorname{csch}\left[4\dfrac{\tanh(t-2)+1}{2}t+0.5\right]+0.01\\ \lambda_2'(t)=\operatorname{csch}(2.5t+0.3)+0.02\end{cases}\tag{4.52}$$

误差补偿系统设计为

$$\dot{\chi}=\frac{\cosh^2\chi}{10}[-50\tanh\chi+\operatorname{sat}(\upsilon)-\upsilon]\tag{4.53}$$

仿真结果见图 4.8～图 4.11。图 4.8 显示 TPPC 和 PPPC 中的稳态跟踪误差比 ANC 中的好。与传统的性能函数相比，本章所提出的性能函数能实现相似的预设效果。从图 4.8(b)可以看出，在仿真初始阶段，性能包络 $\lambda_1'(t)$ 比 $\lambda_1(t)$ 更为宽松。然而，在 $t=1.13$ s 之后包络 $\lambda_1'(t)$ 比 $\lambda_1(t)$ 更为紧密。在下文中，采用如下定义：当 $\lambda(t)\leqslant 1.1\lambda(\infty)$ 时，可以认为闭环系统达到了稳态阶段。通过仿真可知，PPPC 在 $t=2.47$ s 时达到了稳态阶段；TPPC 在 $t=11.82$ s时达到了的稳态阶段。与传统的性能函数相比，新型性能函数在稳态阶段可以实现更快速的收敛，且控制输入变化更为合理。由图 4.9 可知，TPPC 和 PPPC 的误差 $e_2$ 均满足预设性能。图 4.10 显示，在本仿真的所有算例中，误差补偿系统均成功地避免了控制输入超限。为了实现稳定的跟踪控制，ANC 采用了较大比例增益，但同时也导致了较大的初始控制输入。由图 4.11 可知，ANC 中所有的自适应参数、TPPC 和 PPPC 中所有的转化误差均有界。PPPC 无需估计器，因此控制器的结构简单且避免了参数漂移等问题。

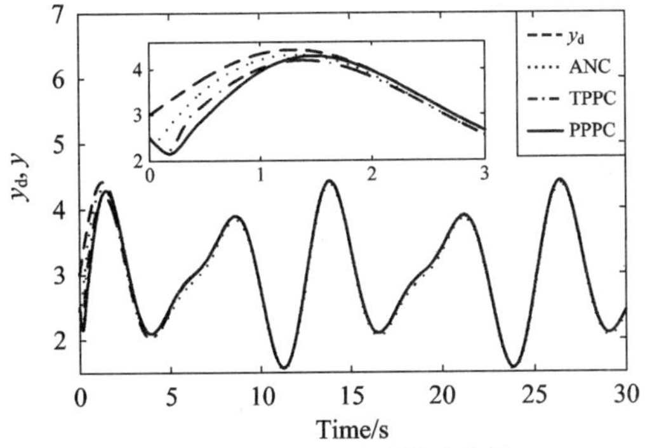

(a) 系统输出 $y$、参考指令信号 $y_d$

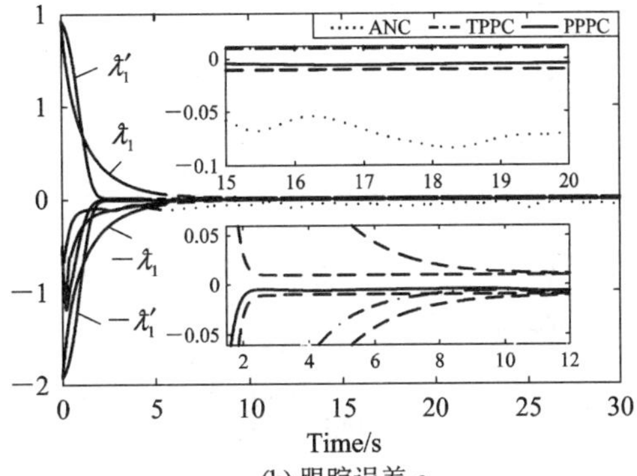

(b) 跟踪误差 $e_1$

图 4.8　系统输出 $y$、参考指令信号 $y_d$ 与跟踪误差 $e_1$

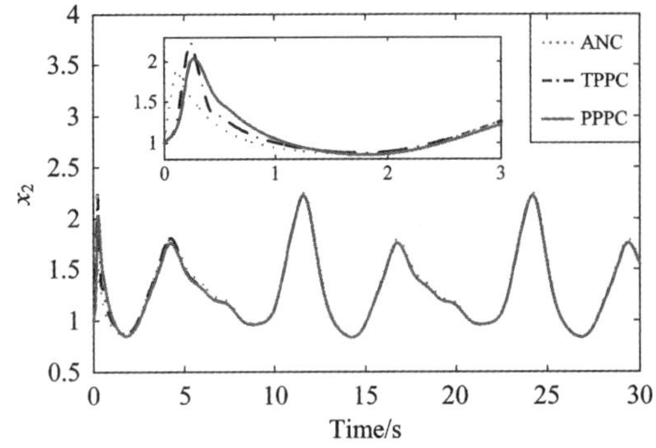


(a) 系统状态变量 $x_2$

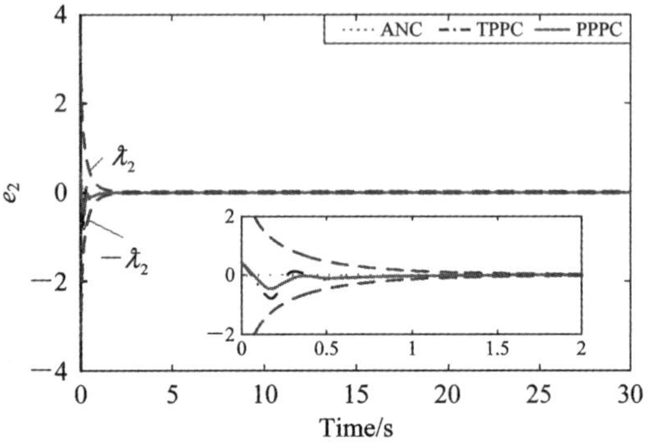


(b) 误差 $e_2$

图 4.9　系统状态变量 $x_2$ 与误差 $e_2$

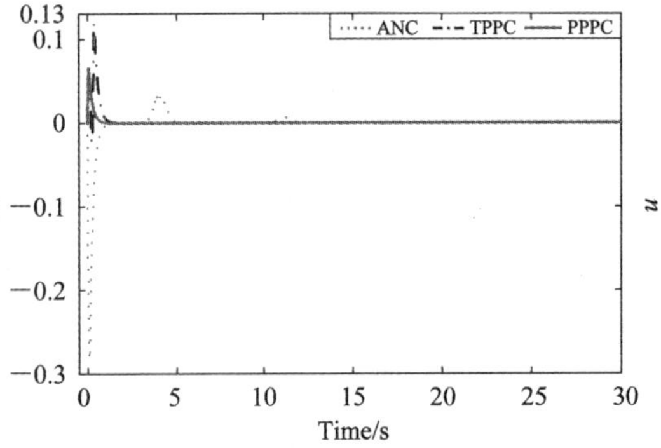


(a) 补偿系统状态变量 $\chi$

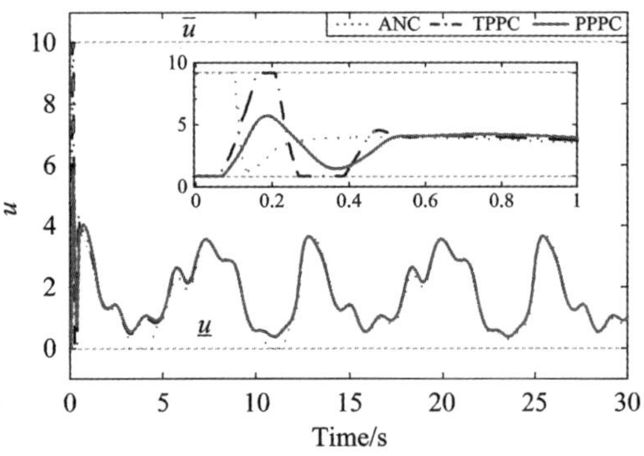


(b) 控制输入 $u$

图 4.10　补偿系统状态变量 $\chi$ 与控制输入 $u$

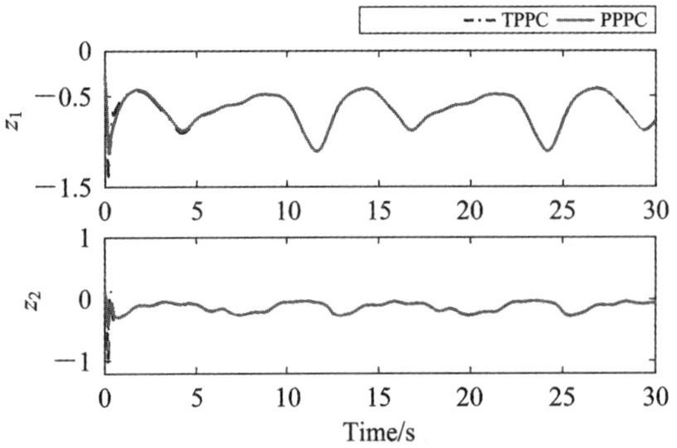


(a) TPPC/PPPC 算例中的转化误差

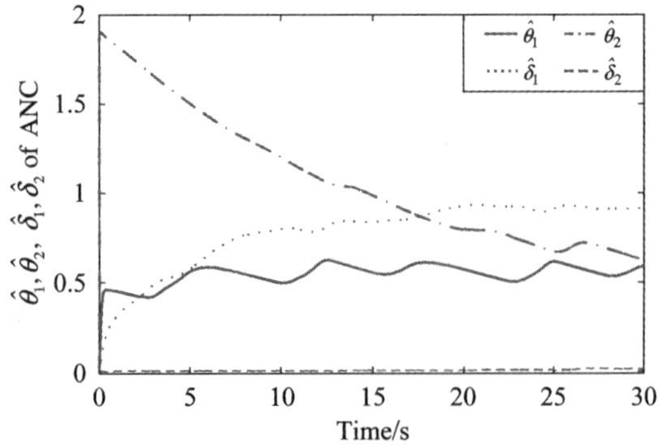


(b) ANC算例中的自适应参数

图 4.11　TPPC/PPPC 算例中的转化误差与 ANC 算例中的自适应参数

### 4.4.3　数值算例

为验证本章所设计的新型性能函数减小控制输入抖振的能力，考虑以下三阶非仿射不确定系统[155]：

$$\begin{cases}\dot{x}_1 = x_1 + x_2 + 0.2x_2^3 + 0.2\sin t \\ \dot{x}_2 = x_3 + 0.5x_3^3 + 0.1\cos t \\ \dot{x}_3 = x_1x_2x_3 - 2x_1^2 + [0.3 + 0.1\sin(0.5x_1x_2x_3)]D(u) + \dfrac{D(u)^3}{7} + 0.1\cos t \\ y = x_1\end{cases} \tag{4.54}$$

其中死区输入非线性 $D(u)$（图 4.12 所示为死区输入非线性 $D(u)$）定义如下：

$$D(u) = \begin{cases}0.15u^2 + 0.64u + 0.8\sin(0.9\pi) - 0.984, & u \geqslant 1.2 \\ 0.8\sin[\pi(u - 0.3)], & 0.3 < u < 1.2 \\ 0, & 0.1 < u \leqslant 0.3 \\ \sin[1.5\pi(u + 0.1)], & -0.7 < u \leqslant -0.1 \\ -0.38u^2 + 0.568u + \sin(0.9\pi) + 0.5838, & u \leqslant -0.7\end{cases} \tag{4.55}$$

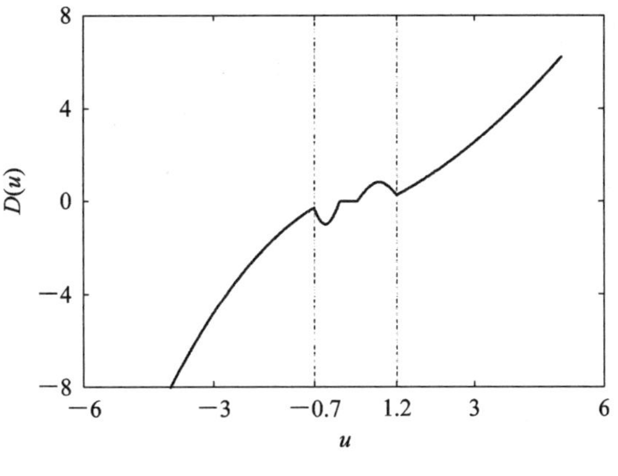


图 4.12　死区输入非线性 $D(u)$示意图

由于 $D(u)$在点 1.2、0.3、−0.1 和−0.7 处不可导，非仿射函数无法通过拉格朗日中值定理和泰勒公式实现仿射化。此外，实际应用中难以获得 $D(u)$随 $u$ 变化的精确规律，尤其是在死区区间[−0.7，1.2]上。然而，当 $u \geqslant 1.2$ 与 $u \leqslant -0.7$ 时，可知分别存在正定函数 $\underline{g}(u) \leqslant 0.15u + 0.64$ 与 $\overline{g}(u) \leqslant -0.38u + 0.568$ 满足：

$$\begin{cases}0.15u^2 + 0.64u + 0.8\sin(0.9\pi) - 0.984 \geqslant \underline{g}(u)u + 0.8\sin(0.9\pi) - 0.984, & u \geqslant 1.2 \\ -0.38u^2 + 0.568u + \sin(0.9\pi) + 0.5838 \leqslant \overline{g}(u)u + \sin(0.9\pi) + 0.5838, & u \leqslant -0.7\end{cases} \tag{4.56}$$

具体可以设置 $\underline{g}(u)=0.6$ 与 $\bar{g}(u)=0.5$。当 $|u|\geqslant 1.5>\max\{|-0.7|, 1.2\}$ 时，有 $\min\{\underline{g}(u), \bar{g}(u)\}\geqslant 0.5$。由于 $0.3+0.1\sin(0.5x_1x_2x_3)\geqslant 0.2$，因此系统(4.54)符合假设 4.1 的描述。

在仿真中，参考指令为 $y_d=\tanh[5\sin(0.4t)]$，系统状态的初始值为 $[x_1(0), x_2(0), x_3(0)]^T=[-1, 0.5, 0.5]^T$。此外，输入饱和函数 $u(\upsilon)$ 定义如下：

$$u(\upsilon)=\mathrm{sat}(\upsilon)=\begin{cases}6\mathrm{sgn}(\upsilon), & |\upsilon|\geqslant 6\\ \upsilon, & |\upsilon|<6\end{cases} \tag{4.57}$$

为了体现新型性能函数的有效性，TPPC 和 PPPC 采用相同的误差转化函数 $T_r[\zeta(t)]=\dfrac{\zeta(t)}{1-\zeta^2(t)}$ 与不同的性能函数。根据定理 4.2，构造如下预设性能控制器：

$$\begin{cases}x_{2,c}=-0.8T_r[\zeta_1(t)],\ \zeta_1(t)=\dfrac{e_1(t)}{\lambda_1(t)}\\ x_{3,c}=-2T_r[\zeta_2(t)],\ \zeta_2(t)=\dfrac{e_2(t)}{\lambda_2(t)}\\ \upsilon=-0.5T_r[\zeta_3(t)]-8\tanh T_r[\zeta_3(t)],\ \zeta_3(t)=\dfrac{e_3(t)}{\lambda_3(t)}\end{cases} \tag{4.58}$$

其中，性能函数设计为

$$\mathrm{TPPC}:\begin{cases}\lambda_1(t)=\mathrm{csch}(t+0.5)+0.02\\ \lambda_2(t)=\mathrm{csch}(1.2t+0.25)+0.05\\ \lambda_3(t)=\mathrm{csch}(1.3t+0.2)+0.04\end{cases} \tag{4.59}$$

$$\mathrm{NPPC}:\begin{cases}\lambda_1'(t)=\mathrm{csch}\left\{2\dfrac{\tanh[0.5(t-2)]+1}{2}t+0.5\right\}+0.01+0.03\tanh(4\dot{y}_d^2)\\ \lambda_2'(t)=\lambda_2(t),\ \lambda_3'(t)=\lambda_3(t)\end{cases} \tag{4.60}$$

误差补偿系统为

$$\dot{\chi}=\frac{\cosh^2\chi}{10}[-50\tanh\chi+\mathrm{sat}(\upsilon)-\upsilon] \tag{4.61}$$

在上述两个算例中，控制律(4.58)中的参数保持不变。仿真结果见图 4.13～图 4.16。图 4.13 显示：在 $t=0.99$ s 以前，PPPC 的性能包络比 TPPC 的更为宽松；在 $t=0.99$ s 之后，$\lambda_1'(t)$ 比 $\lambda_1(t)$ 更紧密。由图 4.14～图 4.16 可知，与 TPPC 相比，PPPC 成功地避免了控制输入饱和，且引起的状态波动更小。图 4.14 和图 4.15 显示误差 $e_2$ 和 $e_3$ 满足预设性能。从图 4.16(a)可知，TPPC 和 PPPC 的转化误差均有界。当指令信号 $y_d$ 不发生剧烈变化时，与 TPPC 相比，PPPC 的性能包络更为紧密，闭环系统的跟踪精度更高；结合图 4.13(b)与图 4.16(b)可发现，当指令信号 $y_d$ 产生剧烈变化时，PPPC 的性能包络可以自动放宽，以避免控制输入饱和与抖振。图 4.16(b)的子图显示，与 TPPC 相比，PPPC 的控制输入曲线更光滑。

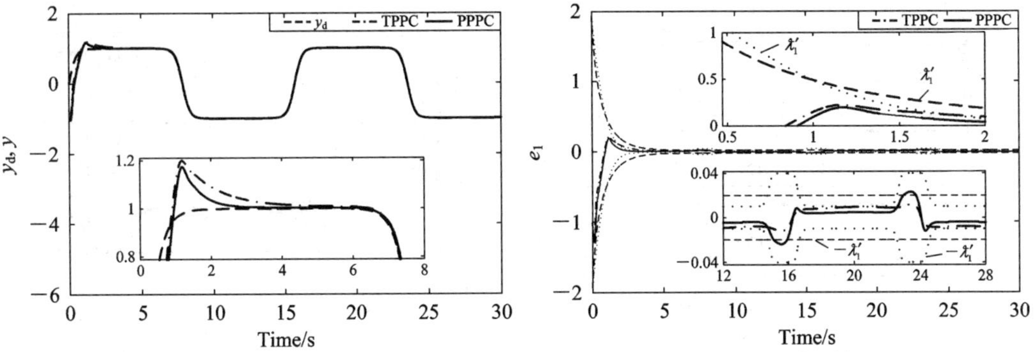


(a) 参考指令信号 $y_d$ 与系统输出 $y$　　(b) 跟踪误差 $e_1$

图 4.13　参考指令信号 $y_d$、系统输出 $y$ 与跟踪误差 $e_1$

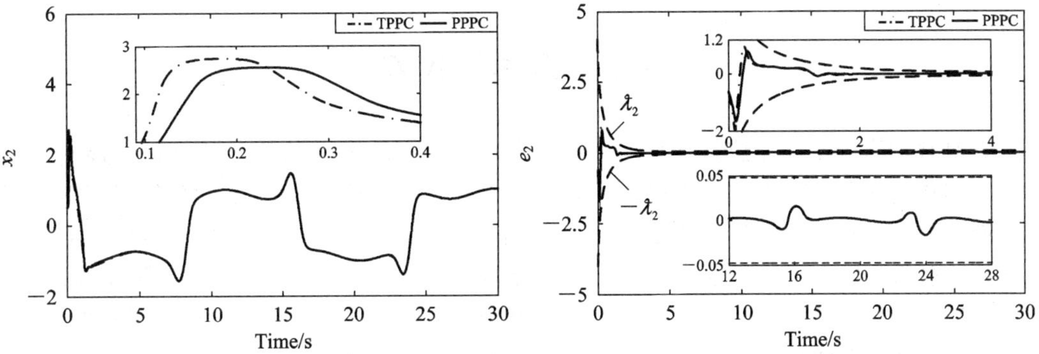


(a) 系统状态变量 $x_2$　　(b) 误差 $e_2$

图 4.14　系统状态变量 $x_2$ 与误差 $e_2$

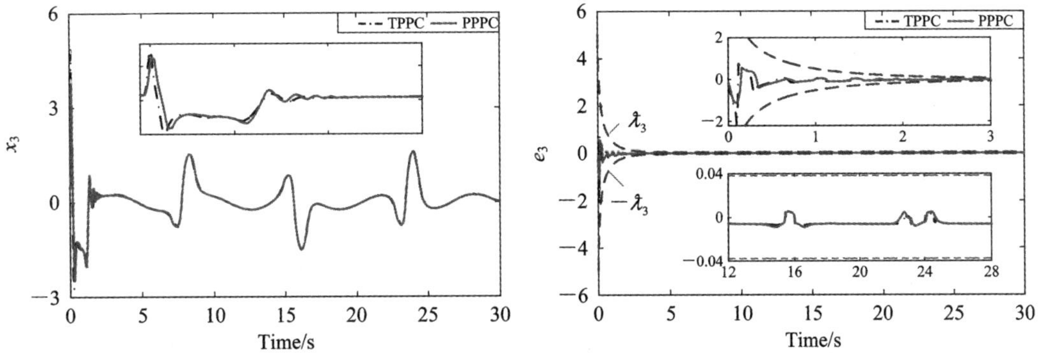


(a) 系统状态变量 $x_3$　　(b) 误差 $e_3$

图 4.15　系统状态变量 $x_3$ 与误差 $e_3$

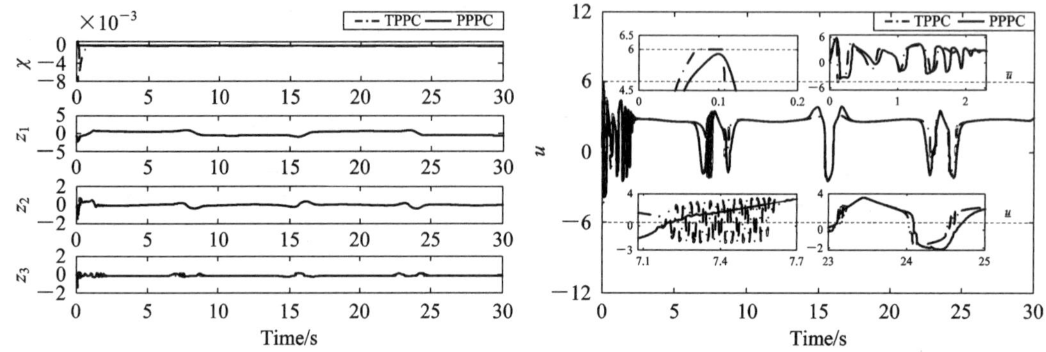


(a) 补偿系统状态 $\chi$ 与转化误差 $z_1$、$z_2$、$z_3$　　(b) 控制输入 $u$

图 4.16　补偿系统状态 $\chi$ 与转化误差 $z_1$、$z_2$、$z_3$ 及控制输入 $u$

## 4.5　本章小结

针对含输入受限的非仿射纯反馈系统，本章设计了一种无估计器的预设性能控制器，以针对非仿射函数的不等式约束取代了非仿射函数必须可偏导的假设，使得所设计的控制器具有更好的适用性。新型预设性能函数可以随指令信号变化灵活调整，以此减小控制输入抖振。本章所提出的控制方案无须任何估计器，简化了控制器的结构。三组仿真验证了闭环系统针对外部干扰与死区输入非线性的鲁棒性。值得注意的是，本章基于双曲函数所设计的性能函数只能降低产生控制器奇异问题的风险，并非本质上不依赖初始误差。由于在实际应用中很难确保初始误差一定在性能包络范围内，本书下一步将致力于研究不依赖初始误差的预设性能控制方法。

# 第 5 章　带不确定输入非线性的非仿射大系统分散式预设性能控制

## 5.1 引　　言

大尺度互联系统能对大量实际系统进行统一的描述，如飞行器系统、电力系统和机械系统。近年来，针对大尺度互联系统的研究取得了显著的进展[156-163]。其中，分布式控制与分散式控制为两种最普遍的控制方案。总体而言，为了完成特定的任务，很多独立的子系统间并没有太多的信息交换，因此分散式控制比分布式控制的应用更广。文献[156]对分散式控制方法进行了全面的综述。一些卓越的分散式控制方法已经广泛地应用于仿射大尺度互联系统[96, 109, 113, 157-159]。相对而言，非仿射大系统分散式控制的研究成果较少[160-162]。

在非仿射系统中，控制输入以非线性隐含数的方式发挥作用，因此难以直接针对非仿射系统设计控制器。为了确保系统的可控性，文献[160－162]首先假设非仿射函数连续可导；然后，基于上述假设条件，利用拉格朗日中值定理或泰勒公式将非仿射系统变换为等效的伪仿射系统；最后，基于变换系统设计控制器。然而，在实际应用中，很多系统的非线性函数不可导，甚至不连续。由于针对非仿射函数所采用的假设过于苛刻，很多典型的非线性特性被忽视了，如磁滞、齿隙与死区等非线性。

为了处理大尺度系统中的未知非线性项，模糊系统和神经网络被广泛地应用于控制器的设计过程中。但是上述控制器只在估计器有效的紧集中才能发挥作用。因此有必要设计一种基于宽松可控性条件且无须估计器的预设性能控制方案。

作为新兴的且极具潜力的性能约束控制方法，预设性能控制已经广泛地应用到了各种类型的非线性系统中[74-137]。然而，传统的预设性能函数必须包络初始误差，否则会导致控制失效。本书第 4 章关注到了上述问题，采用了基于双曲函数的性能函数替代指数形式的性能函数，以降低控制器发生奇异问题的风险。但基于双曲函数的性能函数并非本质上不依赖闭环系统的初始条件。此外，该控制方案可能导致控制输入在控制初始阶段发生跳变。然而，在很多实际系统中，控制输入是不允许跳变的[164]。

针对一类含不确定执行器非线性的非仿射大尺度系统，本章设计了一种不依赖初始条件的预设性能控制器。事实上，针对一类非仿射函数连续可导的大尺度系统，文献[160]曾设计了低复杂度的预设性能控制器。然而，非仿射函数严苛的可控性条件与性能函数对初始条件的依赖限制了该成果的应用。

本章允许非仿射大系统的非线性函数不可导甚至不连续，同时采用了非仿射函数半有界的假设条件。因此，和其他研究成果相比，本章通过变换所获得的伪仿射模型具有更好的适用性；与仅针对一种控制输入非线性的研究成果不同，本章的控制方案可以处理磁滞、齿隙和死区等不确定输入非线性；新型误差转化方式使得性能函数不依赖系统初始条件，避免了控制过程中可能发生的的奇异问题，也避免了在控制初始阶段控制输入跳变。

## 5.2　问题描述与假设

考虑如下一类不确定非仿射大尺度互联系统[160-161]：

$$\begin{cases}\dot{x}_{i,j}=x_{i,j+1},\ i=1,2,\cdots,N,\ j=1,2,\cdots,n_i-1\\ \dot{x}_{i,n_i}=f_i[\boldsymbol{x}_i,\varphi_i(u_i)]+m_i(\boldsymbol{x}_1,\boldsymbol{x}_2,\cdots,\boldsymbol{x}_N)+\Delta_i(t)\\ y_i=x_{i,1}\end{cases}\tag{5.1}$$

其中：$\boldsymbol{x}_i=[x_{i,1},x_{i,2},\cdots,x_{i,n_i}]^{\mathrm{T}}\in\mathbf{R}^{n_i}$为可测的系统状态变量，$y_i\in\mathbf{R}$为系统输出，$f_i[\boldsymbol{x}_i,\varphi_i(u_i)]$为可能不连续的未知非仿射函数，$m_i(\boldsymbol{x}_1,\boldsymbol{x}_2,\cdots,\boldsymbol{x}_N)$为未知互联项，$\Delta_i(t)$为未知外部干扰，$\varphi_i(u_i)$表示系统可能存在死区、齿隙或磁滞输入非线性。上述执行器非线性的数学描述如下：

(1) 磁滞非线性$\varphi_i'(u_i)$[88, 165]。

$$\dot{\varphi}_i'(u_i)=\hbar_{i,\mathrm{m}}\mid\dot{u}_i(t)\mid[\hbar_{i,\mathrm{U}}u_i(t)-\varphi_i'(u_i)]+\hbar_{i,\mathrm{L}}\dot{u}_i(t)\tag{5.2}$$

其中：$\hbar_{i,\mathrm{m}}$、$\hbar_{i,\mathrm{U}}$和$\hbar_{i,\mathrm{L}}$为未知正数。根据文献[165]，等式(5.2)可以被改写成$\varphi_i'(u_i)=w_iu_i(t)+\hbar_i(u_i)$的形式，其中$w_i$为未知正数，$\hbar_i(u_i)$为有界函数。

(2) 死区非线性$\varphi_i''(u_i)$[166]。

$$\varphi_i''(u_i)=\begin{cases}\bar{d}_i(u_i)(u_i-d_{i,\mathrm{U}}), & u_i\geqslant d_{i,\mathrm{U}}\\ 0, & d_{i,\mathrm{L}}<u_i<d_{i,\mathrm{U}}\\ \underline{d}_i(u_i)(u_i-d_{i,\mathrm{L}}), & u_i\geqslant d_{i,\mathrm{L}}\end{cases}\tag{5.3}$$

其中：$d_{i,\mathrm{U}}$和$d_{i,\mathrm{L}}$为未知正数，$\bar{d}_i(u_i)$和$\underline{d}_i(u_i)$为正定函数且存在正数$d_{i,\mathrm{M}}$、$d_{i,\mathrm{m}}$，使得$d_{i,\mathrm{m}}\leqslant\bar{d}_i(u_i)\leqslant d_{i,\mathrm{M}}$和$d_{i,\mathrm{m}}\leqslant\underline{d}_i(u_i)\leqslant d_{i,\mathrm{M}}$成立。

(3) 齿隙非线性$\varphi'''_i(u_i)$[167]。

$$\varphi'''_i(u_i)=\begin{cases}b_{i,\mathrm{m}}(u_i-b_{i,\mathrm{U}}), & \dot{u}_i>0\text{ 且 }\varphi'''_i(u_i)=b_{i,\mathrm{m}}(u_i-b_{i,\mathrm{U}})\\ b_{i,\mathrm{m}}(u_i+b_{i,\mathrm{L}}), & \dot{u}_i<0\text{ 且 }\varphi'''_i(u_i)=b_{i,\mathrm{m}}(u_i+b_{i,\mathrm{L}})\\ \varphi'''_i(t\_), & \text{其他}\end{cases}\tag{5.4}$$

其中：$b_{i,\mathrm{m}}$、$b_{i,\mathrm{U}}$和$b_{i,\mathrm{L}}$为未知正数，$\varphi'''_i(t_)$表示$\varphi'''_i(u_i)$保持不变。

控制目标为：针对非仿射大尺度互联系统(5.1)，构造简单有效的分散式控制器，使得闭环系统的所有信号有界，且跟踪误差在有限时间内收敛到预先设定的性能包络以内。为了实现上述目标，有必要采用以下合理的假设。

**假设 5.1**　存在未知非负常数$\Delta_i^*$，对于$\forall t\geqslant 0$，均有$|\Delta_i(t)|\leqslant\Delta_i^*$，$i=1, 2, \cdots, N$。

**假设 5.2**　参考信号$y_{\mathrm{d},i}^{(j)}$，$j=0, 1, \cdots, n_i$为已知的连续函数，且存在正数$B_0$满足：

$$\Omega_0=\left\{(y_{\mathrm{d},i}, \dot{y}_{\mathrm{d},i}, \cdots, y_{\mathrm{d},i}^{(n_i)})^{\mathrm{T}}\,\middle|\,\sum_{j=0}^{n_i}(y_{\mathrm{d},i}^{(j)})^{\mathrm{T}}\leqslant B_0\right\}。$$

**假设 5.3**　互联项$m_i(\boldsymbol{x}_1, \boldsymbol{x}_2, \cdots, \boldsymbol{x}_N)$满足不等式$|m_i(\boldsymbol{x}_1, \boldsymbol{x}_2, \cdots, \boldsymbol{x}_N|\leqslant M_i(\|\boldsymbol{x}_i\|)$，其中$M_i(\|\boldsymbol{x}_i\|)$为未知连续函数。

**假设 5.4**　存在连续函数$\underline{g}_i(\boldsymbol{x}_i, u_i)$、$\bar{g}_i(\boldsymbol{x}_i, u_i)$、$\underline{h}_i(\boldsymbol{x}_i)$和$\bar{h}_i(\boldsymbol{x}_i)$满足：

$$\begin{cases}f_i[\boldsymbol{x}_i, \varphi_i(u_i)]\geqslant\underline{g}_i(\boldsymbol{x}_i, u_i)u_i+\underline{h}_i(\boldsymbol{x}_i), & u_i\geqslant 0\\ f_i[\boldsymbol{x}_i, \varphi_i(u_i)]\leqslant\bar{g}_i(\boldsymbol{x}_i, u_i)u_i+\bar{h}_i(\boldsymbol{x}_i), & u_i\leqslant 0\end{cases}\tag{5.5}$$

对于$\underline{\varepsilon}_i\geqslant 0$，$\bar{\varepsilon}_i\leqslant 0$，且$|u_i|\geqslant\varepsilon_i>\max\{\underline{\varepsilon}_i, |\bar{\varepsilon}_i|\}$，$i=1, 2, \cdots, n_i$，存在未知正数$g_{i,\mathrm{m}}$满足$\min\{\underline{g}_i(\boldsymbol{x}_i, u_i), \bar{g}_i(\boldsymbol{x}_i, u_i)\}\geqslant g_{i,\mathrm{m}}$。

图 5.1(a)为假设 5.4 的示意图，图中的两条虚线分别是边界函数$\bar{g}_i(\boldsymbol{x}_i, u_i)u_i+\bar{h}_i(\boldsymbol{x}_i)$和$\underline{g}_i(\boldsymbol{x}_i, u_i)u_i+\underline{h}_i(\boldsymbol{x}_i)$的特殊形式。其中，$\underline{g}_i(\boldsymbol{x}_i, u_i)$、$\bar{g}_i(\boldsymbol{x}_i, u_i)$、$\underline{h}_i(\boldsymbol{x}_i)$和$\bar{h}_i(\boldsymbol{x}_i)$均为未知连续函数。不等式约束(5.5)仅刻画了$f_i[\boldsymbol{x}_i, \varphi_i(u_i)]$随$u_i$变化的大致趋势，它对非线性函数上具体的每一点并没有特殊的要求。图 5.1(b)为文献[160－162]所普遍采用的假设条件的示意图。针对非仿射函数通常采用的可控性条件为：$0<g_{i,\mathrm{m}}\leqslant\partial f_i(\boldsymbol{x}_i, u_i)/\partial u_i\leqslant g_{i,\mathrm{M}}$，它要求非仿射函数上的每一点都可导且偏导数必须时刻为正。然而，实际应用中很难知晓非仿射函数的偏导数的符号与边界。

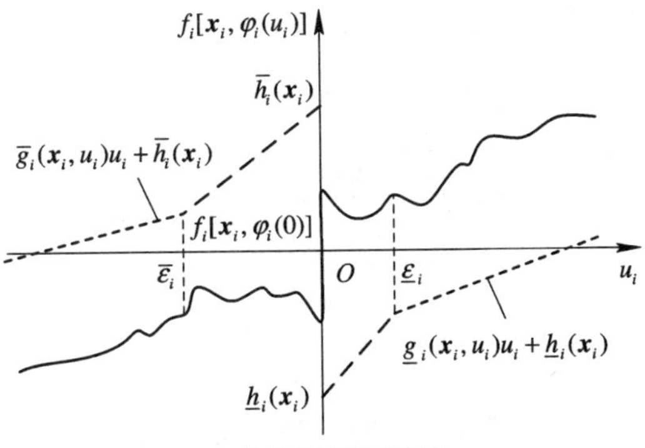


(a) 非仿射函数不连续

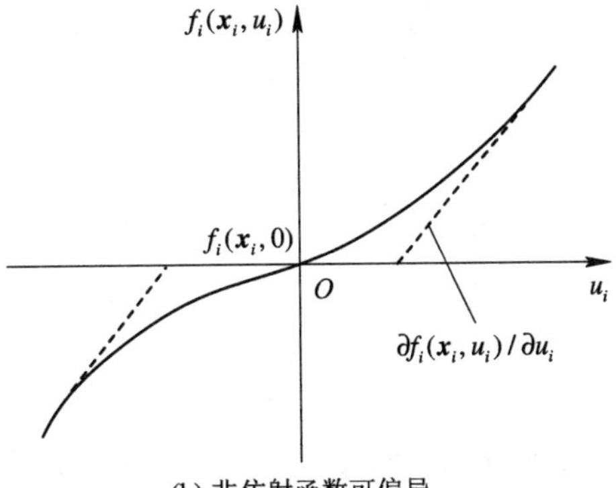


(b) 非仿射函数可偏导

图 5.1　采用不同假设条件对非仿射函数特点的刻画

假设 5.4 保证了系统(5.1)的可控性。非仿射函数 $f_i[\boldsymbol{x}_i, \varphi_i(u_i))]$随 $u_i$ 的变化可能不连续，同时 $f_i[\boldsymbol{x}_i, \varphi_i(u_i)]$在区间 $u_i>0$ 的上界与在区间 $u_i<0$ 的下界均被取消。因此，基于假设条件 5.4 所设计的控制器可以处理上述三种执行器的非线性问题，即死区、齿隙和磁滞输入非线性。在针对非仿射系统的传统控制方法中[160-162]，通常假设非仿射函数连续可导，该假设条件比假设 5.4 更为严苛。由于本章中的非仿射系统可能存在不可导点甚至不连续点，因此泰勒公式与拉格朗日中值定理均不能用于模型变换。为解决此问题，5.3.2 节将提出一种新的模型变换方式。

# 5.3 控制器设计与稳定性分析

## 5.3.1 不依赖初始条件的预设性能控制

本节将针对非仿射大系统(5.1)的第 $i(i=1, 2, \cdots, N)$个子系统提出一种改进的预设性能控制器。首先，定义以下误差变量：

$$\boldsymbol{e}_i=[e_{i,1}, e_{i,2}, \cdots, e_{i,n_i}]^{\mathrm{T}} \tag{5.6}$$

式中：$e_{i,j}=x_{i,j}-y_{\mathrm{d},i}^{(j-1)}$，$j=1, 2, \cdots, n_i$。于是

$$\begin{cases}\dot{e}_{i,j}=\dot{x}_{i,j}-y_{\mathrm{d},i}^{(j)}=x_{i,j+1}-y_{\mathrm{d},i}^{(j)}, \ j=1, 2, \cdots, n_i-1\\ \dot{e}_{i,n_i}=f_i[\boldsymbol{x}_i, \varphi_i(u_i)]+m_i(\boldsymbol{x}_1, \boldsymbol{x}_2, \cdots, \boldsymbol{x}_N)+\Delta_i(t)-y_{\mathrm{d},i}^{(n_i)}\end{cases} \tag{5.7}$$

系统(5.1)第 $i(i=1, 2, \cdots, N)$个子系统的误差面可定义为

$$s_i(t)=p_i(r+q_i)^{n_i-1}e_{i,1}=p_i[c_{i,1}, c_{i,2}, \cdots, c_{i,n_i-1}, 1]\boldsymbol{e}_i \tag{5.8}$$

其中：$r=\mathrm{d}/\mathrm{d}t$ 为一阶微分算子，$p_i$ 和 $q_i$ 为正数，$c_{i,j}=\mathrm{C}_{n_i-1}^{j-1}q_i^{n_i-j}$，$i=1, 2, \cdots, N$，$j=1, 2, \cdots, n_i$。图 5.2 为由误差面信号 $s_i(t)/p_i$ 驱动的 $n_i-1$ 个串联的一阶低通滤波器的示意图。其中 $\omega_{i,1}(t)=e_{i,1}(t)$，$\omega_{i,n_i}(t)=s_i(t)/p_i$，且 $\omega_{i,j+1}(t)=\dot{\omega}_{i,j}(t)+q_i\omega_{i,j}(t)$，$j=1, 2, \cdots, n_i-1$。

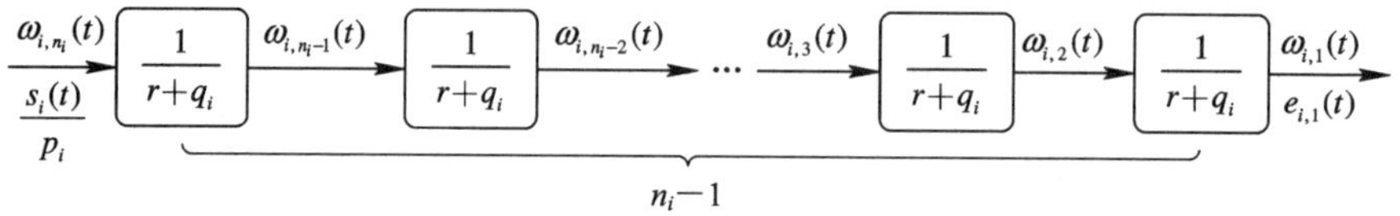


图 5.2　由误差面信号 $s_i(t)/p_i$ 驱动的 $n_i-1$ 个串联一阶低通滤波器

为确保在有限时间内实现预设性能控制，假设当 $t\geqslant t_{\mathrm{p}}>0$ 时，误差面 $s_i(t)$严格处于以下时变的不等式约束中：

$$-\lambda_i(t) < s_i(t) < \lambda_i(t),\ t \geqslant t_p > 0 \tag{5.9}$$

其中：$t_p$ 为预设的时间常数。性能函数 $\lambda_i(t)$ 选为以下指数函数的形式：

$$\lambda_i(t) = (\lambda_{i,p} - \lambda_{i,\infty})\exp[-l_i(t - t_p)] + \lambda_{i,\infty} \tag{5.10}$$

其中：$\lambda_{i,p} \geqslant \lambda_{i,\infty} > 0$ 和 $q_i > l_i \geqslant 0$ 为待设计参数，exp(·)代表指数函数。在下文中，为简化表述，定义 $\Delta t = t - t_p$。

等式(5.10)表明 $\lambda_i(t)$ 和 $\dot{\lambda}_i(t)$ 均有界。常数 $\lambda_{i,p}$ 限制了 $t \geqslant t_p$ 时 $s_i(t)$ 的最大超调。区间 $(-\lambda_{i,\infty}, \lambda_{i,\infty})$ 表示 $s_i(t)$ 在稳态时的最大允许变化范围。此外，由性能函数的定义可得 $\lambda_i(0) = (\lambda_{i,p} - \lambda_{i,\infty})\exp(l_i t_{i,p}) + \lambda_{i,\infty}$。

**定理 5.1**　若条件(5.9)成立，则跟踪误差 $e_{i,j}(i=1, 2, \cdots, N, j=1, 2, \cdots, n_i)$ 将保持有界且满足以下指数收敛：

$$|e_{i,j}(t)| < \underline{e}_{i,j}\exp(-l_i\Delta t) + \underline{e}_{i,j},\ j = 1, 2, \cdots, n_i \tag{5.11}$$

其中：

$$\begin{cases} \underline{e}_{i,1} = \dfrac{\lambda_{i,\infty}}{p_i q_i^{n_i-1}},\ \underline{e}_{i,j} = \dfrac{\lambda_{i,\infty}}{p_i q_i^{n_i-j}} + \displaystyle\sum_{k=1}^{j-1} C_{j-1}^k q_i^k \underline{e}_{i,j-k},\ j = 2, 3, \cdots, n_i \\ \bar{e}_{i,1} = \bar{\omega}_{i,1},\ \bar{e}_{i,j} = \bar{\omega}_{i,j} + \displaystyle\sum_{k=1}^{j-1} C_{j-1}^k q_i^k \bar{e}_{i,j-k},\ j = 2, 3, \cdots, n_i \\ \bar{\omega}_{i,j} = \displaystyle\sum_{k=j}^{n_i-1} \dfrac{|\omega_{i,k}(t_p)|}{(q_i - l_i)^{k-j}} + \dfrac{\lambda_{i,p} - \lambda_{i,\infty}}{p_i(q_i - l_i)^{n_i-j}},\ j = 1, 2, \cdots, n_i - 1,\ \bar{\omega}_{i,n_i} = \lambda_{i,p} - \lambda_{i,\infty} \\ \omega_{i,j}(t_p) = \displaystyle\sum_{k=0}^{j-1} C_{j-1}^k q_i^k e_{i,j-k}(t_p),\ j = 1, 2, \cdots, n_i \end{cases} \tag{5.12}$$

**证明**　具体的证明过程分为以下 3 个步骤。

(1) 根据图 5.2，可知 $\omega_{i,j+1}(t) = \dot{\omega}_{i,j}(t) + q_i\omega_{i,j}(t)$，$j = 1, 2, \cdots, n_i - 1$，其中 $\omega_{i,1}(t) = e_{i,1}(t)$。由数学归纳法可得

$$\omega_{i,j}(t) = \sum_{k=0}^{j-1} C_{j-1}^k q_i^k e_{i,j-k}(t),\ j = 1, 2, \cdots, n_i \tag{5.13}$$

由式(5.13)可得

$$\omega_{i,j}(t) = e_{i,j}(t) + \sum_{k=1}^{j-1} C_{j-1}^k q_i^k e_{i,j-k}(t),\ j = 2, 3, \cdots, n_i \tag{5.14}$$

且

$$\omega_{i,j}(t_p) = \sum_{k=0}^{j-1} C_{j-1}^k q_i^k e_{i,j-k}(t_p),\ j = 1, 2, \cdots, n_i \tag{5.15}$$

(2) 以下证明过程旨在证明$|\omega_{i,j}(t)|$($i=1, 2, \cdots, N$, $j=1, 2, \cdots, n_i$)的有界性。

① 当$j=n_i-1$时，通过求解微分方程$\frac{s_i(t)}{p_i}=\dot{\omega}_{i,n_i-1}(t)+q_i\omega_{i,n_i-1}(t)$, $t\geqslant t_p$可得

$$\omega_{i,n_i-1}(t)=\omega_{i,n_i-1}(t_p)\exp(-q_i\Delta t)+\exp(-q_i\Delta t)\int_0^{\Delta t}\frac{s_i(\tau)}{p_i}\exp(q_i\tau)\mathrm{d}\tau,\ t\geqslant t_p \tag{5.16}$$

根据$q_i>l_i\geqslant 0$与不等式约束$|s_i(t)|<\lambda_i(t)(t\geqslant t_p)$可得

$$\begin{aligned}|\omega_{i,n_i-1}(t)|\leqslant&|\omega_{i,n_i-1}(t_p)|\exp(-q_i\Delta t)+\\&\frac{\exp(-q_i\Delta t)}{p_i}\int_0^{\Delta t}\{(\lambda_{i,p}-\lambda_{i,\infty})\exp[(q_i-l_i)\tau]+\lambda_{i,\infty}\exp(q_i\tau)\}\mathrm{d}\tau\\\leqslant&|\omega_{i,n_i-1}(t_p)|\exp(-q_i\Delta t)+\frac{\lambda_{i,p}-\lambda_{i,\infty}}{p_i(q_i-l_i)}\exp(-l_i\Delta t)+\frac{\lambda_{i,\infty}}{p_iq_i}\\&\underbrace{-\frac{\lambda_{i,p}-\lambda_{i,\infty}}{p_i(q_i-l_i)}\exp(-q_i\Delta t)-\frac{\lambda_{i,\infty}}{p_iq_i}\exp(-q_i\Delta t)}_{<0}\\<&\bar{\omega}_{i,n_i-1}\exp(-l_i\Delta t)+\frac{\lambda_{i,\infty}}{p_iq_i}\end{aligned} \tag{5.17}$$

式中：

$$\bar{\omega}_{i,n_i-1}=|\omega_{i,n_i-1}(t_p)|+\frac{\lambda_{i,p}-\lambda_{i,\infty}}{p_i(q_i-l_i)} \tag{5.18}$$

② 当$j=n_i-2$时，通过求解微分方程$\omega_{i,n_i-1}(t)=\dot{\omega}_{i,n_i-2}(t)+q_i\omega_{i,n_i-2}(t)(t\geqslant t_p)$可得

$$\omega_{i,n_i-2}(t)=\omega_{i,n_i-2}(t_p)\exp(-q_i\Delta t)+\exp(-q_i\Delta t)\int_0^{\Delta t}\omega_{i,n_i-1}(\tau)\exp(q_i\tau)\mathrm{d}\tau,\ t\geqslant t_p \tag{5.19}$$

由式(5.17)和$q_i>l_i\geqslant 0$可得

$$\begin{aligned}|\omega_{i,n_i-2}(t)|\leqslant&|\omega_{i,n_i-2}(t_p)|\exp(-q_i\Delta t)+\\&\exp(-q_i\Delta t)\int_0^{\Delta t}\left\{\bar{\omega}_{i,n_i-1}\exp[(q_i-l_i)\tau]+\frac{\lambda_{i,\infty}}{p_iq_i}\exp(q_i\tau)\right\}\mathrm{d}\tau\\\leqslant&|\omega_{i,n_i-2}(t_p)|\exp(-q_i\Delta t)+\frac{\bar{\omega}_{i,n_i-1}}{q_i-l_i}\exp(-l_i\Delta t)+\frac{\lambda_{i,\infty}}{p_iq_i^2}\\&\underbrace{-\frac{\bar{\omega}_{i,n_i-1}}{q_i-l_i}\exp(-q_i\Delta t)-\frac{\lambda_{i,\infty}}{p_iq_i^2}\exp(-q_i\Delta t)}_{<0}\\<&\bar{\omega}_{i,n_i-2}\exp(-l_i\Delta t)+\frac{\lambda_{i,\infty}}{p_iq_i^2}\end{aligned} \tag{5.20}$$

式中：

$$\bar{\omega}_{i,n_i-2}=|\omega_{i,n_i-2}(t_p)|+\frac{\bar{\omega}_{i,n_i-1}}{q_i-l_i}=|\omega_{i,n_i-2}(t_p)|+\frac{|\omega_{i,n_i-1}(t_p)|}{q_i-l_i}+\frac{\lambda_p-\lambda_{i,\infty}}{p_i(q_i-l_i)^2}\tag{5.21}$$

③ 当 $j=1, 2, \cdots, n_i-3$ 时，通过求解微分方程 $\omega_{i,j+1}(t)=\dot{\omega}_{i,j}(t)+q_i\omega_{i,j}(t)(t\geqslant t_p)$ 可得

$$\omega_{i,j}(t)=\omega_{i,j}(t_p)\exp(-q_i\Delta t)+\exp(-q_i\Delta t)\int_0^{\Delta t}\omega_{i,j+1}(\tau)\exp(q_i\tau)\mathrm{d}\tau,\ t\geqslant t_p\tag{5.22}$$

根据 $q_i>l_i\geqslant 0$ 和数学归纳法可得

$$\begin{aligned}|\omega_{i,j}(t)|\leqslant&|\omega_{i,j}(t_p)|\exp(-q_i\Delta t)+\\&\exp(-q_i\Delta t)\int_0^{\Delta t}\left\{\bar{\omega}_{i,j+1}\exp[(q_i-l_i)\tau]+\frac{\lambda_{i,\infty}}{p_iq_i^{n_i-j-1}}\exp(q_i\tau)\right\}\mathrm{d}\tau\\&\leqslant|\omega_{i,j}(t_p)|\exp(-q_i\Delta t)+\frac{\bar{\omega}_{i,j+1}}{q_i-l_i}\exp(-l_i\Delta t)+\frac{\lambda_{i,\infty}}{p_iq_i^{n_i-j}}\\&\underbrace{-\frac{\bar{\omega}_{i,j+1}}{q_i-l_i}\exp(-q_i\Delta t)-\frac{\lambda_{i,\infty}}{p_iq_i^{n_i-j}}\exp(-q_i\Delta t)}_{<0}\\&<\bar{\omega}_{i,j}\exp(-l_i\Delta t)+\frac{\lambda_{i,\infty}}{p_iq_i^{n_i-j}}\end{aligned}\tag{5.23}$$

式中：

$$\bar{\omega}_{i,j}=|\omega_{i,j}(t_p)|+\frac{\bar{\omega}_{i,j+1}}{q_i-l_i}=\sum_{k=j}^{n_i-1}\frac{|\omega_{i,k}(t_p)|}{(q_i-l_i)^{k-j}}+\frac{\lambda_{i,p}-\lambda_{i,\infty}}{p_i(q_i-l_i)^{n_i-j}}\tag{5.24}$$

(3) 以下证明过程旨在证明 $|e_{i,j}(t)|(i=1, 2, \cdots, N, j=1, 2, \cdots, n_i)$ 的有界性。

① 当 $j=1$ 时，根据式(5.23)可得到

$$|e_{i,1}(t)|=|\omega_{i,1}(t)|<\bar{e}_{i,1}\exp(-l_i\Delta t)+\underline{e}_{i,1}\tag{5.25}$$

式中：

$$\bar{e}_{i,1}=\bar{\omega}_{i,1}=\sum_{k=1}^{n_i-1}\frac{|\omega_{i,k}(t_p)|}{(q_i-l_i)^{k-1}}+\frac{\lambda_{i,p}-\lambda_{i,\infty}}{p_i(q_i-l_i)^{n-1}},\ \underline{e}_{i,1}=\frac{\lambda_{i,\infty}}{p_iq_i^{n_i-1}}\tag{5.26}$$

② 当 $j=2$ 时，借助于式(5.7)和式(5.14)可得

$$|e_{i,2}(t)|=|\dot{\omega}_{i,1}(t)|\leqslant|\omega_{i,2}(t)|+|q_ie_{i,1}(t)|<\bar{e}_{i,2}\exp(-l_i\Delta t)+\underline{e}_{i,2}\tag{5.27}$$

式中：

$$\bar{e}_{i,2}=\bar{\omega}_{i,2}+q_i\bar{e}_{i,1},\ \underline{e}_{i,2}=\frac{\lambda_{i,\infty}}{p_iq_i^{n_i-2}}+q_i\underline{e}_{i,1}\tag{5.28}$$

③ 当 $j=3, 4, \cdots, n_i$ 时，由式(5.14)可得

$$|e_{i,j}(t)|\leqslant|\omega_{i,j}(t)|+\sum_{k=1}^{j-1}\mathrm{C}_{j-1}^kq^k|e_{j-k}(t)|<\bar{e}_{i,j}\exp(-l_i\Delta t)+\underline{e}_{i,j}\tag{5.29}$$

式中：

$$\bar{e}_{i,j} = \bar{\omega}_{i,j} + \sum_{k=1}^{j-1} C_{j-1}^{k} q_i^k \bar{e}_{i,j-k},\ \underline{e}_{i,j} = \frac{\lambda_{i,\infty}}{p_i q_i^{n_i-j}} + \sum_{k=1}^{j-1} C_{j-1}^{k} q_i^k \underline{e}_{i,j-k} \tag{5.30}$$

根据式(5.25)、式(5.27)和式(5.29)，可知定理 5.1 得证。

为了基于式(5.9)构造预设性能控制器，定义转化误差 $z_i(t)$ 如下：

$$z_i(t) = \frac{\zeta_i(t)}{1-\zeta_i^2(t)} \tag{5.31}$$

标准化误差 $\zeta_i(t)$ 定义为 $\zeta_i(t)=\dfrac{\phi(t)s_i(t)}{\lambda_i(t)}$，其中 $\phi(t)$ 为调节函数且定义如下：

$$\phi(t) = \begin{cases} \left[\dfrac{2t}{t_p} - \left(\dfrac{t}{t_p}\right)^2\right]^2, & t < t_p \\ 1, & t \geqslant t_p \end{cases} \tag{5.32}$$

对 $\phi(t)$ 求时间的一阶导数可得

$$\dot{\phi}(t) = \begin{cases} 2\left[\dfrac{2t}{t_p} - \left(\dfrac{t}{t_p}\right)^2\right]\left(\dfrac{2}{t_p} - \dfrac{2t}{t_p^2}\right), & t < t_p \\ 0, & t \geqslant t_p \end{cases} \tag{5.33}$$

因此对于 $\forall t \leqslant t_p$，有 $\phi(t) \in [0, 1]$ 且 $\dot{\phi}(t) \in [0, 1.54/t_p]$。在下文中，为简化表述，将 $T_r[\zeta_i(t)] = \zeta_i(t)/[1-\zeta_i^2(t)]$ 定义为 $T_r(\cdot):(-1, 1) \to \mathbf{R}$。调节函数 $\phi(t)$ 用于调节误差面 $s_i(t)$ 的值，使得性能函数不依赖 $s_i(0)$。此外，调节函数的引入可以确保对于任意初始误差均有 $\zeta_i(0)=0$。在下文中将发现，$\zeta_i(0)=0$ 可以避免控制输入在初始阶段产生跳变。

**定理 5.2**　若存在正数 $z_{i,M}$，对于 $\forall t \geqslant 0$，均有 $|z_i(t)| \leqslant z_{i,M}$，则 $|\zeta_i(t)| < 1$ 恒成立。

**证明**　根据 $\zeta_i(0)=0$，可得 $|\zeta_i(0)| < 1$。

(1) 当 $0 \leqslant z_i(t) \leqslant z_{i,M}$ 时，存在以下两种情况：

① 对于 $\forall t \geqslant 0$，均有 $0 \leqslant \zeta_i(t) < 1$；

② 对于 $\forall t \geqslant 0$，均有 $\zeta_i(t) < -1$。

显然，结论②与 $|\zeta_i(0)| < 1$ 矛盾。

(2) 当 $-z_{i,M} \leqslant z_i(t) < 0$ 时，存在以下两种情况：

① 对于 $\forall t \geqslant 0$，均有 $-1 < \zeta_i(t) < 0$；

② 对于 $\forall t \geqslant 0$，均有 $\zeta_i(t) > 1$。

显然，结论②与 $|\zeta_i(0)| < 1$ 矛盾。

综上所述，若 $|z_i(t)| \leqslant z_{i,M}$，则对于 $\forall t \geqslant 0$ 均有 $|\zeta_i(t)| < 1$。至此，定理 5.2 得证。结合定理 5.1 与定理 5.2，若存在正数 $z_{i,M}$ 使得对于 $\forall t \geqslant 0$，$|z_i(t)| \leqslant z_{i,M}$ 成立，则可进一步得到：对于 $\forall t \geqslant t_p$，$|s_i(t)| < \lambda_i(t)$ 成立且误差 $e_{i,j}$ $(i=1, 2, \cdots, N,\ j=1, 2, \cdots, n_i)$ 满足指数收敛包络。图 5.3 为上述新型预设性能的示意图。

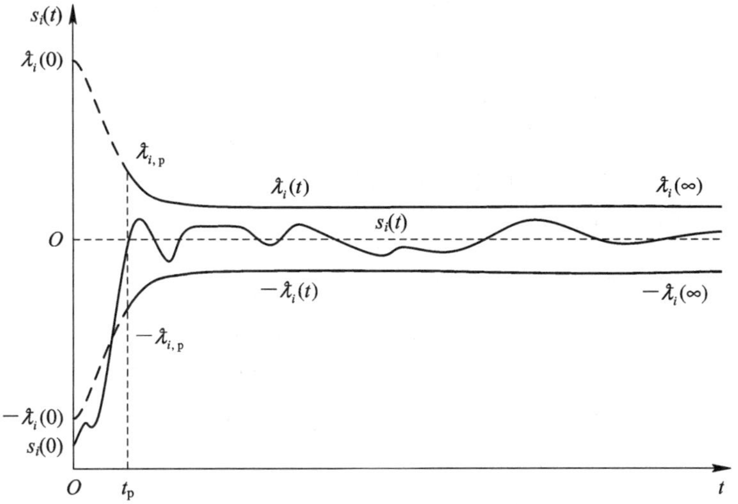


图 5.3　不依赖闭环系统初始误差的预设性能示意图

根据上述研究，可设计以下控制律 $u_i$：

$$u_i = -\kappa_i T_\mathrm{r}[\zeta_i(t)],\ \zeta_i(t) = \frac{\phi(t)s_i(t)}{\lambda_i(t)} \tag{5.34}$$

其中 $\kappa_i > 0$ 为待设计参数。

与文献[160]相比，本章的控制方法不依赖假设条件“$\partial f_i(x_i, u_i)/\partial u_i$ 存在且满足严格的约束”。本章的非仿射函数允许不可导甚至不连续，因此，所提出的控制器可处理磁滞、死区和齿隙等输入非线性问题。此外，本章所设计的新型性能函数不依赖系统的初始条件，$\zeta_i(0)=0$ 可以避免控制输入在初始阶段产生跳变。

## 5.3.2　稳定性分析

**定理 5.3**　若非仿射大尺度系统(5.1)满足假设 5.1～假设 5.4，则分散式控制器(5.34)可以确保闭环系统的所有信号有界；当 $\forall t \geqslant t_\mathrm{p}$ 时，误差 $e_{i,j}(i=1, 2, \cdots, N, j=1, 2, \cdots, n_i)$ 满足预先设定的指数收敛包络(5.11)。

**证明**　首先，在 Part 1 中将非仿射系统变换为伪仿射形式。其次，在 Part 2 中将证明闭环系统的所有信号有界。

**Part 1**

首先，基于假设 5.4 将非仿射函数 $f_i[\boldsymbol{x}_i, \varphi_i(u_i)]$ 变换为等效的伪仿射函数。

(1) 当 $0 \leqslant u_i \leqslant \varepsilon_i$ 时，根据极值定理可知，存在连续函数 $\underline{K}_i(\boldsymbol{x}_i)$ 满足 $|\underline{g}_i(\boldsymbol{x}_i, u_i)u_i + \underline{h}_i(\boldsymbol{x}_i)| \leqslant \underline{K}_i(\boldsymbol{x}_i)$。进一步可得

$$\underline{g}_i(\boldsymbol{x}_i,\ u_i)u_i + \underline{h}_i(\boldsymbol{x}_i) \geqslant -\underline{K}_i(\boldsymbol{x}_i) + g_{i,\mathrm{m}}(u_i - \varepsilon_i) \tag{5.35}$$

（2）当 $-\varepsilon_i \leqslant u_i \leqslant 0$ 时，根据极值定理可知，存在连续函数 $\overline{K}_i(\boldsymbol{x}_i)$ 满足 $|\overline{g}_i(\boldsymbol{x}_i,\ u_i)u_i + \overline{h}_i(\boldsymbol{x}_i)| \leqslant \overline{K}_i(\boldsymbol{x}_i)$。进一步可得

$$\overline{g}_i(\boldsymbol{x}_i,\ u_i)u_i + \overline{h}_i(\boldsymbol{x}_i) \leqslant \overline{K}_i(\boldsymbol{x}_i) + g_{i,\mathrm{m}}(u_i + \varepsilon_i) \tag{5.36}$$

根据假设 5.4，由式(5.35)和式(5.36)可得

$$\begin{cases} f_i[\boldsymbol{x}_i,\ \varphi_i(u_i)] \geqslant \underline{g}_i(\boldsymbol{x}_i,\ u_i)u_i + \underline{h}_i(\boldsymbol{x}_i), & u_i \geqslant \varepsilon_i \\ f_i[\boldsymbol{x}_i,\ \varphi_i(u_i)] \geqslant g_{i,\mathrm{m}}u_i - \underline{K}_i(\boldsymbol{x}_i) - g_{i,\mathrm{m}}\varepsilon_i, & 0 \leqslant u_i \leqslant \varepsilon_i \\ f_i[\boldsymbol{x}_i,\ \varphi_i(u_i)) \leqslant g_{i,\mathrm{m}}u_i + \overline{K}_i(\boldsymbol{x}_i) + g_{i,\mathrm{m}}\varepsilon_i, & -\varepsilon_i \leqslant u_i \leqslant 0 \\ f_i[\boldsymbol{x}_i,\ \varphi_i(u_i)] \leqslant \overline{g}_i(\boldsymbol{x}_i,\ u_i)u_i + \overline{h}_i(\boldsymbol{x}_i), & u_i \leqslant -\varepsilon_i \end{cases} \tag{5.37}$$

于是存在值域为[1, +∞)的未知函数 $\vartheta_{i,1}(\boldsymbol{x}_i,\ u_i)$、$\vartheta_{i,2}(\boldsymbol{x}_i,\ u_i)$、$\vartheta_{i,3}(\boldsymbol{x}_i,\ u_i)$和 $\vartheta_{i,4}(\boldsymbol{x}_i,\ u_i)$ 满足：

$$\begin{cases} f_i[\boldsymbol{x}_i,\ \varphi_i(u_i)] = \vartheta_{i,1}(\boldsymbol{x}_i,\ u_i)\underline{g}_i(\boldsymbol{x}_i,\ u_i)u_i + \underline{h}_i(\boldsymbol{x}_i), & u_i \geqslant \varepsilon_i \\ f_i[\boldsymbol{x}_i,\ \varphi_i(u_i)] = \vartheta_{i,2}(\boldsymbol{x}_i,\ u_i)g_{i,\mathrm{m}}u_i - \underline{K}_i(\boldsymbol{x}_i) - g_{i,\mathrm{m}}\varepsilon_i, & 0 \leqslant u_i \leqslant \varepsilon_i \\ f_i[\boldsymbol{x}_i,\ \varphi_i(u_i)] = \vartheta_{i,3}(\boldsymbol{x}_i,\ u_i)g_{i,\mathrm{m}}u_i + \overline{K}_i(\boldsymbol{x}_i) + g_{i,\mathrm{m}}\varepsilon_i, & -\varepsilon_i \leqslant u_i \leqslant 0 \\ f_i[\boldsymbol{x}_i,\ \varphi_i(u_i)] = \vartheta_{i,4}(\boldsymbol{x}_i,\ u_i)\overline{g}_i(\boldsymbol{x}_i,\ u_i)u_i + \overline{h}_i(\boldsymbol{x}_i), & u_i \leqslant -\varepsilon_i \end{cases} \tag{5.38}$$

根据式(5.38)可将 $f_i[\boldsymbol{x}_i,\ \varphi_i(u_i)]$改写为以下形式：

$$f_i[\boldsymbol{x}_i,\ \varphi_i(u_i)] = G_i(\boldsymbol{x}_i,\ u_i)u_i + H_i(\boldsymbol{x}_i) \tag{5.39}$$

式中：

$$G_i(\boldsymbol{x}_i,\ u_i) = \begin{cases} \vartheta_{i,1}(\boldsymbol{x}_i,\ u_i)\underline{g}_i(\boldsymbol{x}_i,\ u_i), & u_i \geqslant \varepsilon_i \\ \vartheta_{i,2}(\boldsymbol{x}_i,\ u_i)g_{i,\mathrm{m}}u_i, & 0 \leqslant u_i \leqslant \varepsilon_i \\ \vartheta_{i,3}(\boldsymbol{x}_i,\ u_i)g_{i,\mathrm{m}}u_i, & -\varepsilon_i \leqslant u_i \leqslant 0 \\ \vartheta_{i,4}(\boldsymbol{x}_i,\ u_i)\overline{g}_i(\boldsymbol{x}_i,\ u_i)u_i, & u_i \leqslant -\varepsilon_i \end{cases} \tag{5.40}$$

$$H_i(\boldsymbol{x}_i) = \begin{cases} \underline{h}_i(\boldsymbol{x}_i), & u_i \geqslant \varepsilon_i \\ -\underline{K}_i(\boldsymbol{x}_i) - g_{i,\mathrm{m}}\varepsilon_i, & 0 \leqslant u_i \leqslant \varepsilon_i \\ \overline{K}_i(\boldsymbol{x}_i) + g_{i,\mathrm{m}}\varepsilon_i, & -\varepsilon_i \leqslant u_i \leqslant 0 \\ \overline{h}_i(\boldsymbol{x}_i), & u_i \leqslant -\varepsilon_i \end{cases} \tag{5.41}$$

其中：

$$|H_i(\boldsymbol{x}_i)| \leqslant \max\{|\underline{h}_i(\boldsymbol{x}_i)|,\ |-\underline{K}_i(\boldsymbol{x}_i) - g_{i,\mathrm{m}}\varepsilon_i|,\ |\overline{K}_i(\boldsymbol{x}_i) + g_{i,\mathrm{m}}\varepsilon_i|,\ |\overline{h}_i(\boldsymbol{x}_i)|\}$$

且 $G_i(\boldsymbol{x}_i,\ u_i) \geqslant g_{i,\mathrm{m}}$，$i=1,\ 2,\ \cdots,\ N$。

**Part 2**

本部分将采用反证法证明闭环系统的所有信号均有界。首先，假设调节后的误差面

$\phi(t)s_i(t)$在某一有限时间区间内可超出性能包络。然后，证明基于本章所设计的控制器，调整后的误差面 $\phi(t)s_i(t)$在上述有限时间区间内无法突破性能包络，即假设不成立。最后，说明上述有限时间区间可以扩展到无穷。具体的证明过程如下。

(1) 证明以下不等式成立：

$$|\phi(t)s_i(t)| < \lambda_i(t),\ \forall t \geqslant 0,\ i=1,2,\cdots,N \tag{5.42}$$

对 $s_i/p_i$ 求时间的一阶导数得

$$\frac{\dot{s}_i}{p_i} = G_i(\boldsymbol{x}_i, u_i)u_i + \Lambda_i(\boldsymbol{x}_i) \tag{5.43}$$

其中：

$$\Lambda_i(\boldsymbol{x}_i) = H_i(\boldsymbol{x}_i) + m_i(\boldsymbol{x}_1, \boldsymbol{x}_2, \cdots, \boldsymbol{x}_N) + \Delta_i(t) - y_{\mathrm{d},i}^{(n_i)} + \sum_{j=1}^{n_i-1} c_{i,j}e_{i,j+1},\ i=1,2,\cdots,N \tag{5.44}$$

根据可导函数必定连续这一结论可知，调节后的误差面 $\phi(t)s_i(t)$在$|\phi(t)s_i(t)|<\lambda_i(t)$时是连续的。

(2) 假设在某一时间点 $t_l>0$，存在调节后的误差面 $\phi(t_l)s_l(t_l)$使得

$$|\phi(t_l)s_l(t_l)| \geqslant \lambda_l(t_l),\ l \in \{1,2,\cdots,N\} \tag{5.45}$$

定义 $t_w=\min\{t_l\}$，$t_w$ 表示第一次违背不等式约束(5.42)的时间点。根据 $\phi(0)s_i(0)=0$ 及 $\phi(t)s_i(t)$的连续性可得

$$|\phi(t)s_i(t)| < \lambda_i(t),\ \forall t < t_w,\ i=1,2,\cdots,N \tag{5.46}$$

且必存在调节后的误差面 $\phi(t)s_w(t)$满足

$$\lim_{t\to t_w^-} |\phi(t)s_w(t)| = \lambda_w(t),\ w \in \{1,2,\cdots,N\} \tag{5.47}$$

其中：$t_w^-$ 表示 $t_w$ 的右极限。以下从式(5.48)到式(5.63)的分析均是基于时间区间$[0, t_w)$且旨在证明式(5.45)和式(5.47)的不合理性。

(3) 根据式(5.31)可得

$$\lim_{|\phi(t)s_i(t)|\to\lambda_i(t)} |z_i(t)| = +\infty \tag{5.48}$$

为了证明以下等式成立：

$$\lim_{|\phi(t)s_i(t)|\to\lambda_i(t)} \phi(t)|z_i(t)| = +\infty \tag{5.49}$$

首先假设

$$\lim_{|\phi(t)s_i(t)|\to\lambda_i(t)} \phi(t)|z_i(t)| \in L^\infty \tag{5.50}$$

由式(5.48)和式(5.50)可得

$$\lim_{|\phi(t)s_i(t)|\to\lambda_i(t)}\frac{\phi(t)|z_i(t)|}{|z_i(t)|}=\phi(t)=0 \tag{5.51}$$

根据 $\phi(t)$的定义可知，当且仅当 $t=0$ 时，$\phi(t)=0$ 成立。等式(5.51)表明当$|\phi(t)s_i(t)|\to\lambda_i(t)$时，可得 $t=0$，进一步可推导出

$$\lim_{|\phi(t)s_i(t)|\to\lambda_i(t)}|z_i(t)|=|z_i(0)|=0 \tag{5.52}$$

显然，式(5.52)和式(5.48)矛盾，因此，假设(5.50)无效，即等式(5.49)成立。

(4) 与上述步骤相似，为了证明以下结论成立：

$$\lim_{|\phi(t)s_i(t)|\to\lambda_i(t)}|s_i(t)|\in L^{\infty} \tag{5.53}$$

首先假设

$$\lim_{|\phi(t)s_i(t)|\to\lambda_i(t)}|s_i(t)|=+\infty \tag{5.54}$$

由式(5.54)可得

$$\lim_{|\phi(t)s_i(t)|\to\lambda_i(t)}\frac{\phi(t)|s_i(t)|}{|s_i(t)|}=\phi(t)=0 \tag{5.55}$$

根据 $\phi(t)$的定义可知，当且仅当 $t=0$ 时，$\phi(t)=0$ 成立。等式(5.55)表明当$|\phi(t)s_i(t)|\to\lambda_i(t)$时，可得 $t=0$，进一步可推导出

$$\lim_{|\phi(t)s_i(t)|\to\lambda_i(t)}|z_i(t)|=|z_i(0)|=0 \tag{5.56}$$

显然，式(5.56)和式(5.48)矛盾，因此，假设(5.54)无效，即结论(5.53)成立。

(5) 为了证明当 $t\to t_w^-$ 时，$|\phi(t)s_w(t)|$不能到达边界 $\lambda_w(t)$，定义径向无界的正定函数 $V_w(t)$如下：

$$V_w(t)=\frac{1}{2}[\phi(t)s_w(t)]^2,\ w\in\{1,2,\cdots,N\} \tag{5.57}$$

若式(5.47)成立，则有

$$\lim_{t\to t_w^-}V_w(t)=\frac{1}{2}\lambda_w^2(t_w) \tag{5.58}$$

若式(5.58)成立，则以下不等式必定满足：

$$\lim_{t\to t_w^-}\dot{V}_w(t)\geqslant\lambda_w(t_w)\dot{\lambda}_w(t_w) \tag{5.59}$$

由式(5.10)可知，$\lambda_w(t)$和 $\dot{\lambda}_w(t)$均有界，于是存在常数 $r$ 满足：

$$\lim_{t\to t_w^-}\dot{V}_w(t)\geqslant\lambda_w(t_w)\dot{\lambda}_w(t_w)\geqslant r \tag{5.60}$$

对 $V_w(t)$求时间的一阶导数且结合式(5.34)和式(5.43)可得

$$\begin{aligned}\dot{V}_w(t)&=\phi(t)s_w(t)[\phi(t)\dot{s}_w(t)+\dot{\phi}(t)s_w(t)]\\&=\phi(t)s_w(t)[-\kappa_w\phi(t)p_wG_w(x_w,u_w)z_w(t)+\phi(t)p_w\Lambda_w(x_w)+\dot{\phi}(t)s_w(t)]\\&=-\kappa_wp_wG_w(x_w,u_w)|\phi(t)s_w(t)||\phi(t)z_w(t)|+\phi^2(t)p_ws_w(t)\Lambda_w(x_w)+s_w^2(t)\phi(t)\dot{\phi}(t)\end{aligned}\tag{5.61}$$

根据定理 5.1，当 $\lim\limits_{t\to t_w^-}|s_i(t)|\in L^\infty$ 时，可得 $\lim\limits_{t\to t_w^-}|e_{i,j}(t)|\in L^\infty$。此外，由假设 5.1 和假设 5.2可知 $\Delta_i(t)$ 和 $y_{d,i}^{(n_i)}$ 有界。由于函数 $\underline{h}_i(\boldsymbol{x}_i)$、$\bar{h}_i(\boldsymbol{x}_i)$、$\underline{K}_i(\boldsymbol{x}_i)$、$\bar{K}_i(\boldsymbol{x}_i)$ 和 $M_i(\|\boldsymbol{x}_i\|)$ 对于 $x_{i,j}=e_{i,j}(t)+y_{d,i}^{(j-1)}$，$j=1, 2, \cdots, n_i$ 连续，根据上述结论和极值定理可得 $\lim\limits_{t\to t_w^-}\Lambda_w(x)\in L^\infty$。由式(5.49)、式(5.53)和式(5.61)可得

$$\lim_{t\to t_w^-}\dot{V}_w(t)=-\infty\tag{5.62}$$

显然式(5.62)和式(5.60)矛盾。因此，等式(5.47)所描述的情形不存在，进一步可知以下等式成立：

$$z_i(t)=\frac{\zeta_i(t)}{1-\zeta_i^2(t)}\in L^\infty,\ \forall t<t_w\tag{5.63}$$

(6) 显然，假设(5.45)无效。因此，结论(5.42)成立且当 $t_w=+\infty$ 时，结论(5.62)与结论(5.63)依然成立。$|\phi(t)s_i(t)|$ 达到其边界 $\lambda_i(t)$ 的情形不存在，闭环系统的所有信号有界。当 $\forall t\geqslant t_p$ 时，$|s_i(t)|<\lambda_i(t)$ 且误差 $e_{i,j}$ $(i=1, 2, \cdots, N, j=1, 2, \cdots, n_i)$ 满足性能包络。

综上所述，通过选择合适的参数，可使得误差 $e_{i,j}$ 在设定时间内进入预设的性能包络中。至此，定理 5.3 得证。

## 5.4 仿真研究

本小节采用两组仿真研究以验证所提出的分散式预设性能控制器的有效性。5.4.1 节旨在验证：和传统的预设性能控制器(TPPC)[34]相比，改进的预设性能控制器(IPPC)不依赖初始条件且可处理带磁滞或死区输入非线性的非仿射大系统的控制问题。5.4.2 节旨在验证：和自适应神经网络控制器(ANC)[20]相比，即使控制输入存在齿隙输入非线性，IPPC 依然能保证预设性能。

### 5.4.1 数值算例

考虑如下非仿射互联系统[168]：

$$S_1:\begin{cases}\dot{x}_{1,1}=x_{1,2}\\ \dot{x}_{1,2}=x_{1,3}\\ \dot{x}_{1,3}=x_{1,2}^2+0.5\varphi_1(u_1)^3+\sin[0.1\varphi_1(u_1)]+(1+|x_{1,2}|)\varphi_1(u_1)+\\ \qquad x_{2,2}x_{2,3}+0.3\sin t\end{cases}$$

$$S_2:\begin{cases}\dot{x}_{2,1}=x_{2,2}\\ \dot{x}_{2,2}=x_{2,3}\\ \dot{x}_{2,3}=x_{2,2}^2+0.5\varphi_2(u_2)^3+\sin[0.1\varphi_2(u_2)]+(1+|x_{2,2}|)\varphi_2(u_2)+\\ \qquad x_{1,2}x_{1,3}+0.5\cos t\end{cases}\tag{5.64}$$

本节将设计分散式预设性能控制器，以驱使 $x_{1,1}$ 和 $x_{2,1}$ 分别跟踪参考指令 $y_{d,1}=\sin(\pi t)+0.5\cos(2\pi t)$ 和 $y_{d,2}=\cos(\pi t)+0.5\sin(2\pi t)$。系统初始状态取为 $[x_{1,1}(0),\ x_{1,2}(0),\ x_{1,3}(0),\ x_{2,1}(0),\ x_{2,2}(0),\ x_{2,3}(0)]^{\mathrm T}=[1.5,\ 0,\ 0,\ -1,\ 0,\ 0]^{\mathrm T}$。$\varphi_i(u_i)$ 表示系统控制输入可能存在磁滞或死区非线性。在本小节中，设置了 3 个算例：针对带磁滞输入非线性系统(5.64)，采用传统预设性能控制器(TPPC_H)；针对带磁滞输入非线性系统(5.64)，采用改进预设性能控制器(IPPC_H)；针对带死区输入非线性的系统(5.64)，采用改进预设性能控制器(IPPC_D)。在仿真 1 中，磁滞输入非线性 $\varphi_i'(u_i)$，$i=1, 2$ 被描述为

$$\dot{\varphi}_i'(u_i)=|\dot{u}_i(t)|[3.2u_i(t)-\varphi_i'(u_i)]+0.4\dot{u}_i(t)\tag{5.65}$$

死区输入非线性 $\varphi_i''(u_i)(i=1, 2)$ 被描述为

$$\varphi''_i(u_i)=\begin{cases}(2+0.4\sin u_i)(u_i-1), & u_i\geqslant 1\\ 0, & -0.6<u_i<1\\ (2+0.6\cos u_i)(u_i+0.6), & u_i\leqslant -0.6\end{cases}\tag{5.66}$$

由于上述系统中非仿射函数存在不可导点，因此基于泰勒公式或拉格朗日中值定理的传统控制方法都不能应用于系统(5.64)。根据文献[165]，式(5.65)可改写为 $\varphi_i'(u_i)=w_iu_i(t)+\hbar_i(u_i)$，$i=1, 2$，其中 $w_i$ 为未知正数，$\hbar_i(u_i)$ 为有界函数；此外，不等式 $\varphi_i''(u_i)\geqslant 1.6u_i-2.4$，$u_i\geqslant 1$ 和 $\varphi_i''(u_i)\leqslant 1.4u_i+2$，$u_i\leqslant -0.6$ 成立。根据以上分析可知，基于假设 5.4 所设计的控制器可以处理上述磁滞与死区输入非线性。由定理 5.3 可设计如下分散式控制器：

$$\begin{cases}\text{TPPC}: u_i=-2T_{\mathrm r}[\zeta_i(t)],\ \zeta_i(t)=\dfrac{s_i(t)}{\lambda_i(t)},\ i=1, 2\\ \text{IPPC}: u_i=-2T_{\mathrm r}[\zeta_i(t)],\ \zeta_i(t)=\dfrac{\phi(t)s_i(t)}{\lambda_i(t)},\ i=1, 2\end{cases}\tag{5.67}$$

其中：$s_i(t)=4e_{i,1}(t)+0.4e_{i,2}(t)+0.01e_{i,3}(t)$，$i=1, 2$。性能函数取为

$$\begin{cases}\text{TPPC}: \lambda_i'(t)=(5-0.1)\exp(-2t)+0.1,\ i=1, 2\\ \text{IPPC}: \lambda_i(t)=(3.4-0.1)\exp[-2(t-0.2)]+0.1,\ i=1, 2\end{cases}\tag{5.68}$$

图 5.4～图 5.8 为本节的仿真结果。图 5.4 显示当 $\forall t \geqslant 0.2$ s 时，IPPC 的误差面 $s_1(t)$ 和 $s_2(t)$ 均满足预设性能包络。然而，由于 $|s_2(0)| \geqslant \lambda_2(0)$，TPPC_H 的误差面 $s_2(t)$ 不能进入性能包络中。从图 5.5 中可以看出，IPPC 的状态 $x_{1,1}$ 和 $x_{2,1}$ 均能稳定地跟踪各自对应的参考指令 $y_{d,1}$ 和 $y_{d,2}$，且跟踪误差满足预设性能。图 5.5(b)显示 TPPC_H 的状态 $x_{2,1}$ 无法稳定地跟踪参考指令 $y_{d,2}$。从图 5.6 和图 5.7 可以发现，IPPC 中的状态 $x_{i,2}$ 和 $x_{i,3}$ 分别可稳定跟踪信号 $\dot{y}_{d,i}$ 和 $\ddot{y}_{d,i}$，$i=1, 2$。此外，图 5.8 显示在初始阶段，IPPC 的控制输入信号不存在跳变。由上述分析可知，与 TPPC 相比，IPPC 实现了更合理的控制性能。

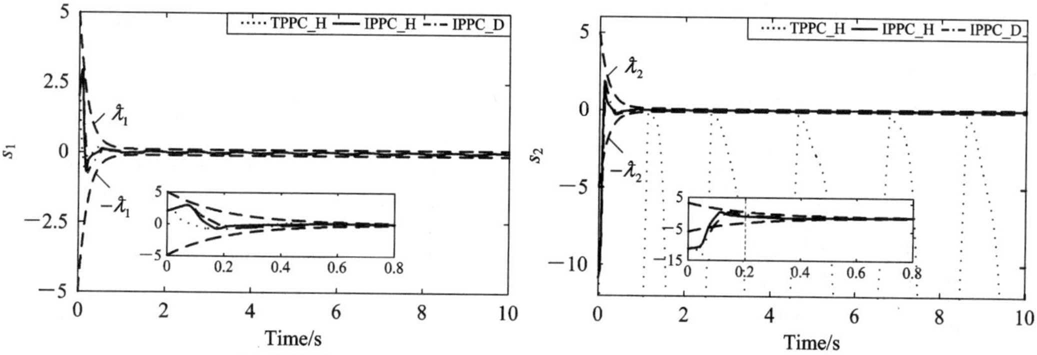


(a) 误差面 $s_1$　　(b) 误差面 $s_2$

图 5.4　误差面变化曲线

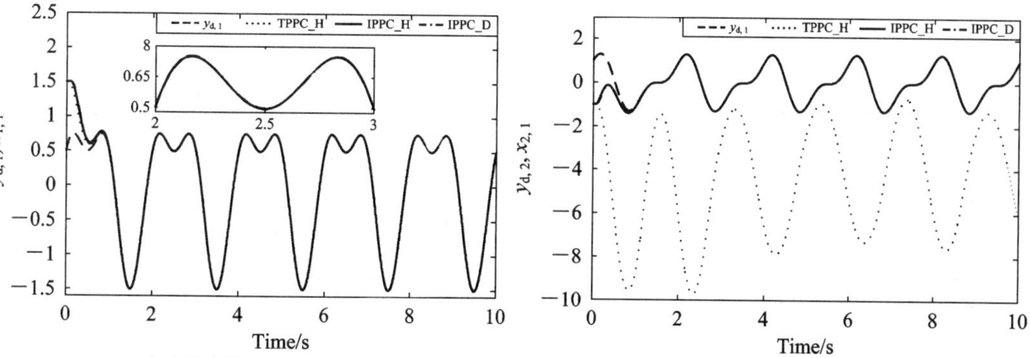


(a) 参考指令信号 $y_{d,1}$ 与系统输出 $x_{1,1}$　　(b) 参考指令信号 $y_{d,2}$ 与系统输出 $x_{2,1}$

图 5.5　参考指令信号与系统输出

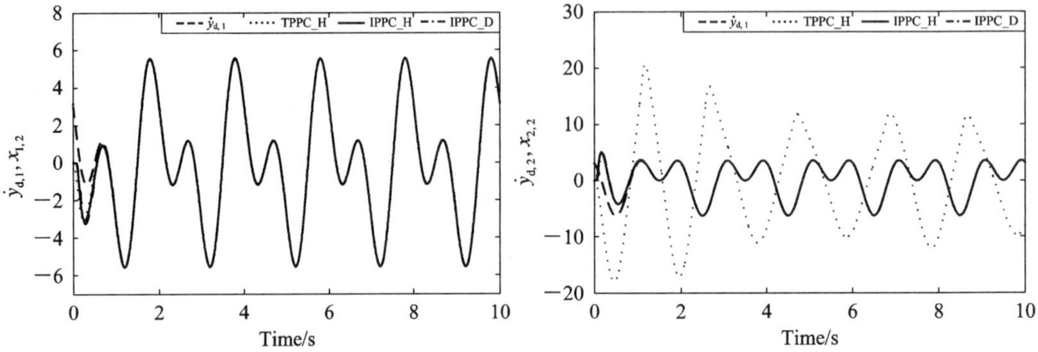


(a) 系统状态 $x_{1,2}$ 与信号 $\dot{y}_{d,1}$　　(b) 系统状态 $x_{2,2}$ 与信号 $\dot{y}_{d,2}$

图 5.6　系统状态 $x_{1,2}$，$x_{2,2}$ 与信号 $\dot{y}_{d,1}$、$\dot{y}_{d,2}$

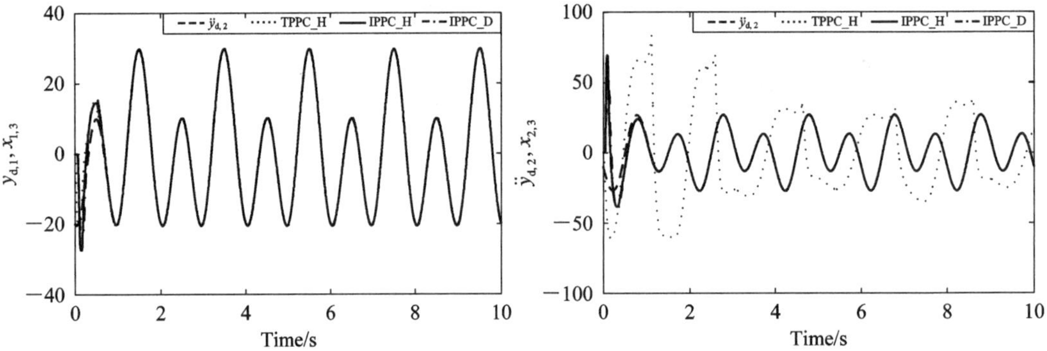


(a) 系统状态 $x_{1,3}$ 与信号 $\ddot{y}_{d,1}$　　(b) 系统状态 $x_{2,3}$ 与信号 $\ddot{y}_{d,2}$

图 5.7　系统状态 $x_{1,3}$，$x_{2,3}$ 与信号 $\ddot{y}_{d,1}$、$\ddot{y}_{d,2}$

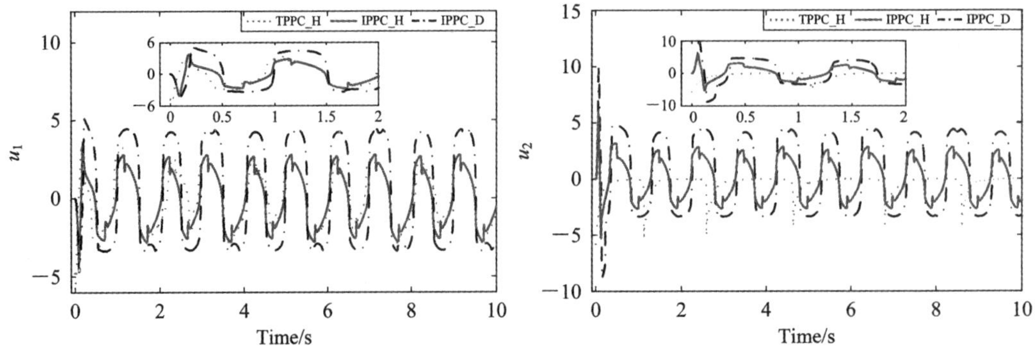


(a) 系统控制输入 $u_1$　　(b) 系统控制输入 $u_2$

图 5.8　系统控制输入

### 5.4.2 互连的倒立摆系统

考虑如下分别铰接在两个小车上且由弹簧互连的倒立摆系统。该模型作为简化的大尺度互联系统被相关文献[160-161, 163, 168-170]广泛采用。图 5.9 是双倒立摆系统示意图，其中 $\varphi_1(u_1)$和 $\varphi_2(u_2)$为施加在对应倒立摆上的转矩。两个子系统的状态分别定义为$[x_{1,1}, x_{1,2}]^{\mathrm{T}}=[\theta_1, \dot{\theta}_1]^{\mathrm{T}}$ 和$[x_{2,1}, x_{2,2}]^{\mathrm{T}}=[\theta_2, \dot{\theta}_2]^{\mathrm{T}}$，其中 $\theta_1$ 和 $\theta_2$ 分别为对应倒立摆的偏转角。上述双倒立摆的动力学方程可表述如下：

$$\begin{cases}\dot{x}_{1,1}=x_{1,2}\\ \dot{x}_{1,2}=\left(\dfrac{m_1 g r_0}{J_1}-\dfrac{Er_0^2}{4J_1}\right)\sin x_{1,1}+\dfrac{Er_0}{2J_1}(l-l_0)+\dfrac{\varphi_1(u_1)}{J_1}+\dfrac{Er_0^2}{4J_1}\sin x_{2,1}\\ \dot{x}_{2,1}=x_{2,2}\\ \dot{x}_{2,2}=\left(\dfrac{m_2 g r_0}{J_2}-\dfrac{Er_0^2}{4J_2}\right)\sin x_{2,1}+\dfrac{Er_0}{2J_2}(l-l_0)+\dfrac{\varphi_2(u_2)}{J_2}+\dfrac{Er_0^2}{4J_2}\sin x_{1,1}\end{cases}\tag{5.69}$$

其中：参数 $m_1=0.25$ kg 和 $m_2=0.2$ kg 为倒立摆末端质量；$J_1=0.5$ kg 和 $J_2=0.625$ kg 为惯性矩；$E=100$ N/m 为弹簧的倔强系数；$g=9.81\ \mathrm{m/s^2}$ 为重力加速度；$r_0=0.5$ m 为倒立摆的高度；$l=0.5$ m 为弹簧当下长度，$l_0=0.4$ m 为两摆铰接处的长度，其中 $l_0<l$。

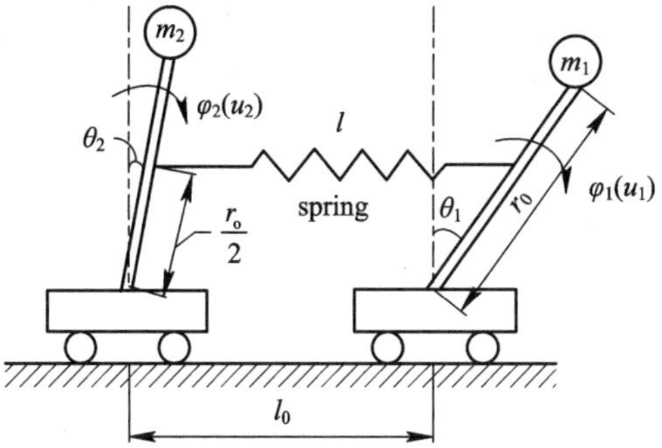


图 5.9 双倒立摆系统示意图

控制目标为：设计分散式控制器以驱使 $x_{1,1}$和 $x_{2,1}$分别跟踪参考指令 $y_{d,1}=0.5\sin 4t$ 和 $y_{d,2}=0.5\cos 3t$。系统初始状态设置为$[x_{1,1}(0), x_{1,2}(0), x_{2,1}(0), x_{2,2}(0)]^{\mathrm{T}}=[\pi/4, -1.5, -\pi/6, 1]^{\mathrm{T}}$。$\varphi_i(u_i)\overset{\mathrm{def}}{=\!=}\varphi'''_i(u_i)$，$i=1, 2$ 表示系统控制输入存在齿隙非线性，且 $\varphi'''_i(u_i)$可表述为

$$\varphi'''_i(u_i)=\begin{cases}u_i(t)-1, \dot{u}_i(t)>0, \text{且 } \varphi'''_i(u_i)=u_i(t)-1\\ u_i(t)+1, \dot{u}_i(t)<0, \text{且 } \varphi'''_i(u_i)=u_i(t)+1\\ \varphi'''_i(t_-), \quad \text{其他}\end{cases}\tag{5.70}$$

由于在上述系统中非仿射函数 $f_i[x_i, \varphi'''_i(u_i)]$，$i=1, 2$ 对于 $u_i$ 存在不连续点，因此无

法采用拉格朗日中值定理或泰勒公式进行模型变换。不等式 $\varphi'''_i(u_i) \geqslant 0.9u_i - 2$，$u_i \geqslant 0$ 和 $\varphi'''_i(u_i) \leqslant 0.9u_i + 2$，$u_i \leqslant 0$ 表明，系统(5.69)满足假设 5.4。在本小节中设置了两个对照算例：针对带齿隙的输入非线性系统(5.69)，采用自适应神经网络控制器(ANC_B)；针对带齿隙的输入非线性系统(5.69)，采用改进的预设性能控制器(IPPC_B)。其中，ANC_B 未考虑误差约束。根据定理 5.3，设计如下改进的预设性能控制器：

$$u_i = -5T_r[\zeta_i(t)],\ \zeta_i(t) = \frac{\phi(t)s_i(t)}{\lambda_i(t)},\ i = 1,\ 2 \tag{5.71}$$

其中 $s_i(t) = 4e_{i,1}(t) + 0.25e_{i,2}(t)$，$i = 1$，2，性能函数取为

$$\lambda_i(t) = (1.4 - 0.1)\exp[-2(t - 0.2)] + 0.1,\ i = 1,\ 2 \tag{5.72}$$

图 5.10～图 5.14 为对应的仿真结果。

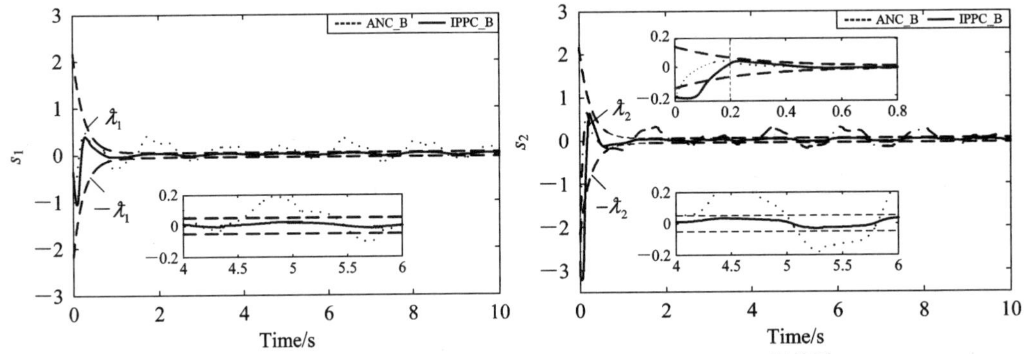


(a) 误差面 $s_1$　　(b) 误差面 $s_2$

图 5.10　误差面变化曲线

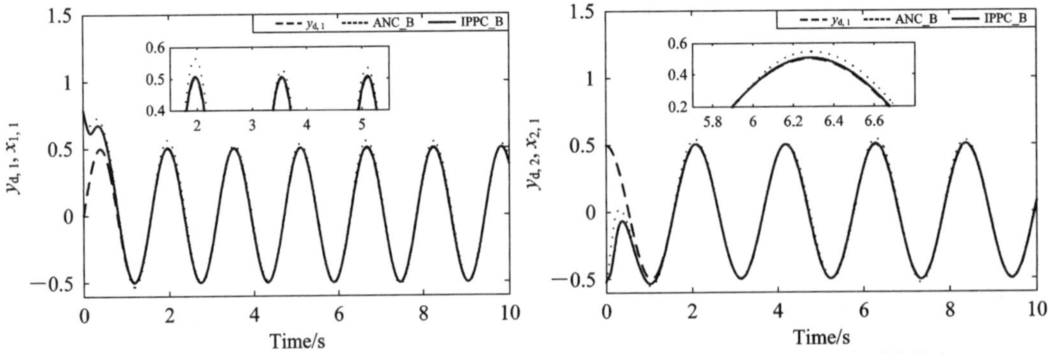


(a) 参考指令信号 $y_{d,1}$ 与系统输出 $x_{1,1}$　　(b) 参考指令信号 $y_{d,2}$ 与系统输出 $x_{2,1}$

图 5.11　参考指令信号与系统输出

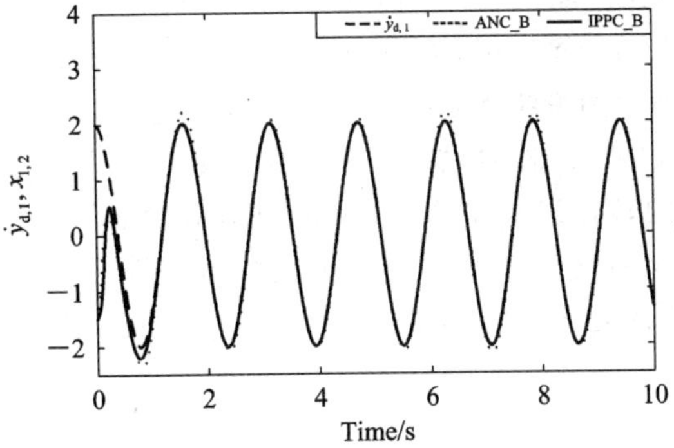


(a) 系统状态 $x_{1,2}$ 与信号 $\dot{y}_{d,1}$

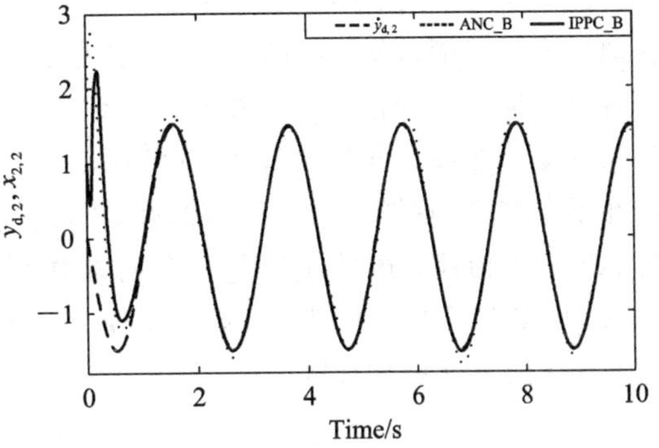


(b) 系统状态 $x_{2,2}$ 与信号 $\dot{y}_{d,2}$

图 5.12　系统状态 $x_{1,2}$、$x_{2,2}$ 与信号 $\dot{y}_{d,1}$、$\dot{y}_{d,2}$ 随时间的变化曲线

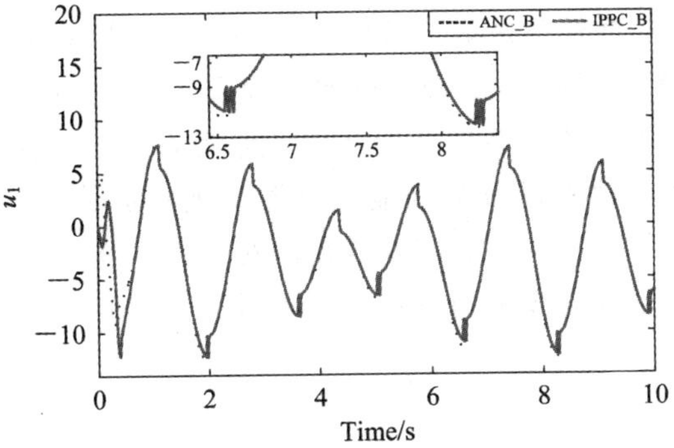


(a) 系统控制输入 $u_1$

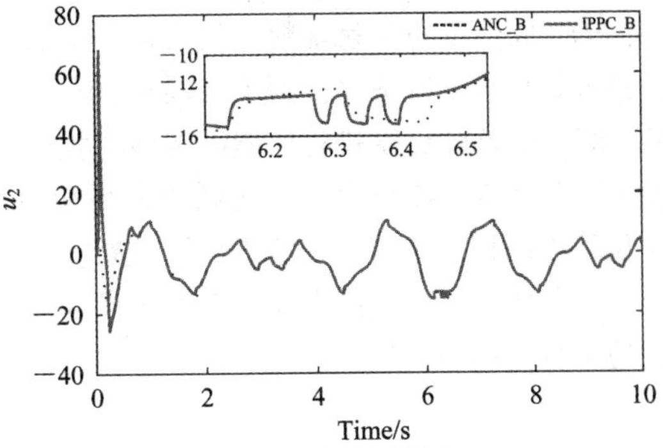


(b) 系统控制输入 $u_2$

图 5.13　系统控制输入

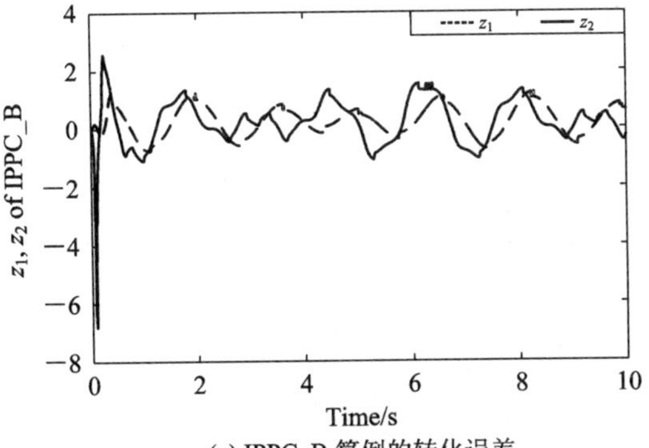


(a) IPPC_B 算例的转化误差

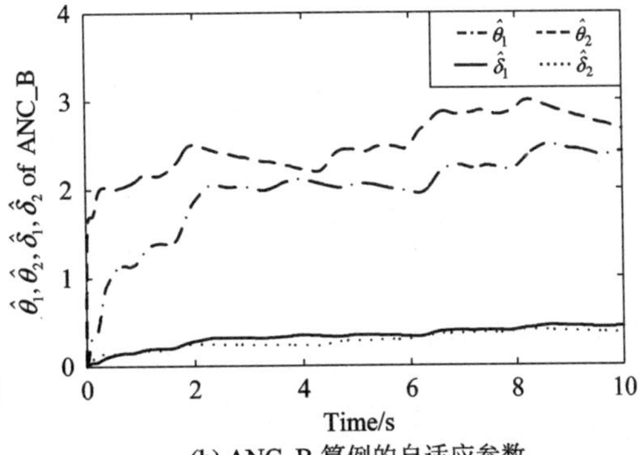


(b) ANC_B 算例的自适应参数

图 5.14　IPPC_B 算例的转化误差与 ANC_B 算例的自适应参数

图 5.10 显示虽然在仿真的初始阶段 $s_2(t)$ 在性能包络外，但在 $t=0.2$ s 时，$s_2(t)$ 已顺利地进入了性能包络。由图 5.11 可以看出，在两个算例中，状态 $x_{1,1}$ 和 $x_{2,1}$ 均能稳定地跟踪各自对应的指令信号 $y_{d,1}$ 和 $y_{d,2}$。图 5.12 所示为系统状态 $x_{1,2}$、$x_{2,2}$ 与信号 $\dot{y}_{d,1}$、$\dot{y}_{d,2}$ 随时间的变化曲线。由图 5.13 可以发现，虽然齿隙非线性对输入曲线造成了影响，但控制输入并不存在高频抖振。图 5.14 显示 IPPC_B 的转化误差和 ANC_B 的自适应参数均有界。与 ANC_B 相比，虽然 IPPC_B 针对非仿射大系统(5.69)采用了宽松的可控性假设，但 IPPC_B 实现了更好的跟踪性能。此外，IPPC_B 无须任何估计器，此举简化了控制器的结构，且降低了计算复杂度。

## 5.5 本章小结

针对一类带不确定输入非线性的非仿射大尺度系统，本章设计了一种分散式预设性能控制器：取消了非仿射函数连续可偏导的假设，针对非仿射函数采用了一种更宽松的可控性条件，并基于该条件得到了变换的伪仿射模型。因此，本章的变换模型具有很强的适用性。新型误差转化模式与性能函数使得控制器不再依赖系统初始条件，避免了奇异问题的发生，也避免了控制输入在初始阶段发生跳变。本章的预设性能控制器无须任何估计器，简化了控制器的结构，降低了计算复杂度。仿真研究验证了控制器在面对不确定输入非线性时的鲁棒性。下一步将致力于把预设性能控制方法应用到高超声速飞行器与四旋翼无人机的飞行控制中。

# 第 6 章　带死区输入非线性的高超声速飞行器预设性能控制

## 6.1 引　言

吸气式高超声速飞行器(Air-breathing Hypersonic Vehicle，AHV)在商业与军事领域的巨大价值使其成为研究热点。研究者们基于 Keshmiri[171] 和 Bolender[172-173] 所提出的 AHV 模型，提出了多种控制方案。但强耦合、模型不确定性和输入非线性使得实现闭环系统稳定跟踪控制变得十分困难。最初，文献[174－175]假设在特定的飞行条件下 AHV 模型可以表述为线性不确定系统，简化了 AHV 的控制问题并设计了相应的鲁棒控制器。为了增强模型适用性，很多研究者摒弃了上述线性化假设，转而采用了仿射的非线性 AHV 模型，并设计了以下控制方案：反馈线性化控制[176]、LQR 控制[177]、反推控制[178-180]、自适应控制[181-183]、滑模控制[184-185]和切换控制[186-187]。此外，由于存在未建模动态和外部干扰，研究者们很难获取 AHV 的精确模型。因此，神经网络[188-189]和模糊系统[190-191]等估计器被广泛应用于 AHV 控制方法中。

毫无疑问，上述成果对 AHV 的研究做出了巨大贡献，但上述研究尚未分析 AHV 模型的非仿射特性。由于气动系数、攻角、动压和舵偏角之间存在复杂的耦合关系，AHV 系统事实上为非仿射非线性系统[171-173]。在过去的十余年里，非仿射系统得到了广泛的关注并取得了丰富的研究成果。最为显著的是，很多文献假设非仿射函数连续可导，利用泰勒公式或拉格朗日中值定理成功地将非仿射系统伪仿射化，并基于变换后的模型设计了多种控制方案，如自适应控制、容错控制、滑模控制和预设性能控制。然而，在实际应用中，非仿射函数的偏导数符号和界限很难获得，甚至偏导数可能不存在。

最近研究者们提出了一些针对 AHV 的非仿射和预设性能控制方法。在非仿射控制方面：文献[192]和文献[193]分别研究了含饱和与死区输入非线性的高超声速飞行器控制问题；此外，针对 AHV 纵向短周期系统，文献[58]提出了一类自适应模糊控制器。在预设性能控制方面：文献[124，194－195]基于反推技术为 AHV 设计了一种自适应神经网络预设性能控制器，使得跟踪误差实现了预设的瞬态和稳态性能。然而，上述研究成果[124，194-195]均依赖于神经网络和模糊系统等估计器。因此，上述控制器仅在估计器有效的紧集范围内才能发挥作用。

由于严格依赖于非仿射函数必须可偏导这一假设条件，文献[58，125]中控制方法的适用性大大减弱。此外，传统性能函数在初始阶段迅速减小或参考信号在稳态时剧烈变化，均可能导致控制输入超限或产生高频抖振[124-125, 194-195]。因此，需要采用一种改进的性能函数以实时地平衡控制输入需求和性能约束。尤其是当飞行器机动时，与巡航时相比，其性能约束必须适当放宽，否则其执行器将产生有害的高频抖振。

根据上述分析，针对一类带死区输入非线性的 AHV 纵向非仿射模型，本章设计了一种改进的预设性能控制器。具体创新点主要体现在以下几方面：针对 AHV 采用了一种半解耦的非仿射模型，取消了非仿射函数必须可偏导的严格假设；与大部分 AHV 控制方法相比，针对 AHV 非仿射模型，本章仅采用局部半有界的可控性假设而无须知道精确的控制增益函数。所设计的控制器不依赖精确的 AHV 模型，因此具有很强的适用性；当飞行器在机动时，新型性能函数可以自动灵活地调整以避免控制输入超限或产生高频抖振。

## 6.2　AHV 模型

本章所采用的 AHV 纵向动力学模型主要源于文献[172]，其具体的运动方程描述如下：

$$\begin{cases}\dot{V}=\dfrac{T\cos(\theta-\gamma)-D}{m}-g\sin\gamma\\ \dot{h}=V\sin\gamma\\ \dot{\gamma}=\dfrac{L+T\sin(\theta-\gamma)}{mV}-\dfrac{g}{V}\cos\gamma\\ \dot{\theta}=Q\\ \dot{Q}=\dfrac{M+\tilde{\psi}_1\ddot{\eta}_1+\tilde{\psi}_2\ddot{\eta}_2}{I_{yy}}\\ k_1\ddot{\eta}_1=-2\zeta_1\omega_1\dot{\eta}_1-\omega_1^2\eta_1+N_1-\tilde{\psi}_1\dfrac{M}{I_{yy}}-\dfrac{\tilde{\psi}_1\tilde{\psi}_2\ddot{\eta}_2}{I_{yy}}\\ k_2\ddot{\eta}_2=-2\zeta_2\omega_2\dot{\eta}_2-\omega_2^2\eta_2+N_2-\tilde{\psi}_2\dfrac{M}{I_{yy}}-\dfrac{\tilde{\psi}_2\tilde{\psi}_1\ddot{\eta}_1}{I_{yy}}\end{cases}\tag{6.1}$$

式中：$T$，$D$，$L$，$M$ 和 $N_i(i=1, 2)$ 被定义为[173]

$$T\approx C_T^{\alpha^3}\alpha^3+C_T^{\alpha^2}\alpha^2+C_T^{\alpha}\alpha+C_T^0$$

$$D\approx \bar{q}S(C_D^{\alpha^2}\alpha^2+C_D^{\alpha}\alpha+C_D^{\delta_e^2}\delta_e^2+C_D^{\delta_e}\delta_e+C_D^0)$$

$$L\approx \bar{q}S(C_L^{\alpha}\alpha+C_L^{\delta_e}\delta_e+C_L^0)$$

$$M\approx z_T T+\bar{q}S\bar{c}(C_{M,\alpha}^{\alpha^2}\alpha^2+C_{M,\alpha}^{\alpha}\alpha+C_{M,\alpha}^0+c_e\delta_e)$$

$$N_1\approx N_1^{\alpha^2}\alpha^2+N_1^{\alpha}\alpha+N_1^0$$

$$N_2\approx N_2^{\alpha^2}\alpha^2+N_2^{\alpha}\alpha+N_2^{\delta_e}\delta_e+N_2^0$$

$$\bar{q}=\frac{1}{2}\bar{\rho}V^2,\ \bar{\rho}=\bar{\rho}_0\exp\left(\frac{h_0-h}{h_s}\right)$$

其中：

$$C_T^{\alpha^3}=\beta_1(h,\bar{q})\Phi+\beta_2(h,\bar{q})$$
$$C_T^{\alpha^2}=\beta_3(h,\bar{q})\Phi+\beta_4(h,\bar{q})$$
$$C_T^{\alpha}=\beta_5(h,\bar{q})\Phi+\beta_6(h,\bar{q})$$
$$C_T^{0}=\beta_7(h,\bar{q})\Phi+\beta_8(h,\bar{q})$$

模型中存在两个控制输入，即 $\Phi$、$\delta_e$，四个弹性状态变量，即 $\eta_1$、$\eta_2$、$\dot{\eta}_1$、$\dot{\eta}_2$，和五个刚体状态变量，即 $V$、$h$、$\gamma$、$\theta$、$Q$。$S$ 表示飞行器参考面积，$\bar{c}$ 为平均空气动力弦长，$z_T$ 为推力力臂，$C$ 为曲线拟合系数。其余参数的定义和相应数值参见文献[173]，本书不再赘述。此外，假设刚体的状态变量 $V$、$h$、$\gamma$、$\theta$、$Q$ 可测量[180-183, 186-191]。由于弹性状态难以测量，因此在控制器设计过程中将 $\eta_1$，$\eta_2$，$\dot{\eta}_1$，$\dot{\eta}_2$ 视为模型不确定性，并将由具有鲁棒性的控制器处理。

在实际控制系统中，电子线路、液压舵机和机械连杆等环节使得死区成为最常见的输入非线性。在 AHV 预设性能控制研究领域，很多文献[58, 124-125, 194]尚未考虑舵面操纵系统的动力学问题。在本章中，死区输入非线性 $\delta_e=D(\upsilon)$ 为未知非仿射 Lipschitz 连续函数。存在未知常数 $\underline{l}_1$、$\bar{l}_1$、$\underline{g}_1$ 和 $\bar{g}_1$ 满足：

$$\begin{cases}D(\upsilon)\geqslant \underline{g}_1\upsilon+\underline{l}_1,\ \upsilon\geqslant\underline{\upsilon}\\ D(\upsilon)\leqslant \bar{g}_1\upsilon+\bar{l}_1,\ \upsilon\leqslant\bar{\upsilon}\end{cases}\tag{6.2}$$

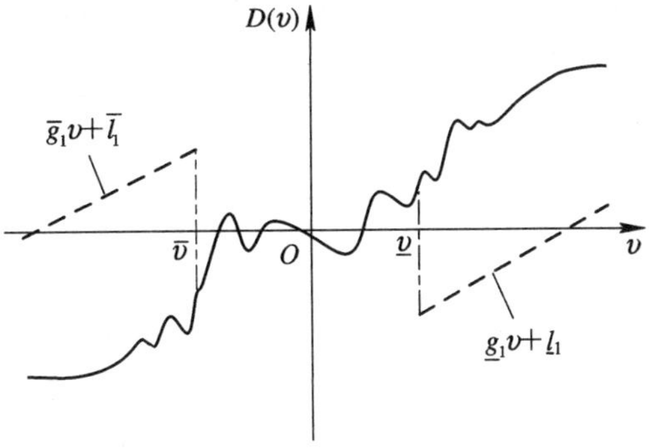


图 6.1　死区输入非线性示意图

其中 $\underline{\upsilon}\geqslant 0$ 和 $\bar{\upsilon}\leqslant 0$ 为未知常数，当 $|\upsilon|>\max\{|\bar{\upsilon}|,\underline{\upsilon}\}$ 时，存在未知正数 $g_{1,m}$ 满足 $\min\{\underline{g}_1,\bar{g}_1\}\geqslant g_{1,m}$。图 6.1 为死区输入非线性的示意图。值得注意的是，图中的虚线分别是边界函数 $\underline{g}_1\upsilon+\underline{l}_1$ 和 $\bar{g}_1\upsilon+\bar{l}_1$ 的特殊形式。

上述关于 $D(\upsilon)$ 的描述涵盖了一大类非对称的死区输入非线性。从图 6.1 中可以发现，在区间 $\bar{\upsilon}\leqslant\upsilon\leqslant\underline{\upsilon}$ 范围内，$D(\upsilon)$ 随 $\upsilon$ 变化的趋势未知。此外，死区两侧的曲线不再要求可导与严格递增。

本章的控制目标为：设计合适的控制输入 $\Phi$ 和 $\upsilon$，使得系统输出 $V$ 和 $h$ 分别能稳定跟踪各自的参考指令 $V_d$ 和 $h_d$，且跟踪误差满足预设性能。

# 6.3 控制器设计与稳定性分析

## 6.3.1 模型分析

虽然 $\Phi$ 和 $\delta_e$ 并未以显式的形式出现在模型(6.1)中，但它们通过 $T$、$D$、$L$、$M$ 和 $N_i(i=1, 2)$间接地发挥作用。因此，根据模型特性和复杂的飞行环境，AHV 的纵向模型可以改写为以下半解耦非仿射系统：

$$\begin{cases}\dot{V}=f_V(V, \Phi),\ \dot{h}=f_h(V, \gamma),\ \dot{\gamma}=f_\gamma(V, \gamma, \theta)\\ \dot{\theta}=Q,\ \dot{Q}=f_Q(V, \gamma, \theta, D(\upsilon))\end{cases}\tag{6.3}$$

其中：$f_V(V, \Phi)$、$f_h(V, \gamma)$、$f_\gamma(V, \gamma, \theta)$和 $f_Q[V, \gamma, \theta, D(\upsilon)]$为 Lipschitz 连续的未知非仿射函数。值得注意的是，上述非仿射函数不一定可导。

**假设 6.1** 参考信号 $h_d$、$V_d$ 及其一阶和二阶导数均保持连续且有界。

**假设 6.2** 存在未知常数 $\underline{g}_V$、$\bar{g}_V$、$\underline{g}_h$、$\bar{g}_h$、$\underline{g}_\gamma$、$\bar{g}_\gamma$、$\bar{g}_Q$、$\underline{g}_Q$ 和连续函数 $\underline{l}_V(V)$、$\bar{l}_V(V)$、$\underline{l}_h(V)$、$\bar{l}_h(V)$、$\underline{l}_\gamma(V, \gamma)$、$\bar{l}_\gamma(V, \gamma)$、$\bar{l}_Q(V, \gamma, \theta)$、$\underline{l}_Q(V, \gamma, \theta)$使得以下不等式成立：

$$\begin{cases}f_V(V, \Phi)\geqslant \underline{g}_V\Delta\Phi+\underline{l}_V(V),\ \Delta\Phi\geqslant\underline{\varepsilon}_\Phi\geqslant 0\\ f_V(V, \Phi)\leqslant \bar{g}_V\Delta\Phi+\bar{l}_V(V),\ \Delta\Phi\leqslant\bar{\varepsilon}_\Phi\leqslant 0\end{cases}\tag{6.4}$$

$$\begin{cases}f_h(V, \gamma)\geqslant \underline{g}_h\Delta\gamma+\underline{l}_h(V),\ \Delta\gamma\geqslant\underline{\varepsilon}_\gamma\geqslant 0\\ f_h(V, \gamma)\leqslant \bar{g}_h\Delta\gamma+\bar{l}_h(V),\ \Delta\gamma\leqslant\bar{\varepsilon}_\gamma\leqslant 0\end{cases}\tag{6.5}$$

$$\begin{cases}f_\gamma(V, \gamma, \theta)\geqslant \underline{g}_\gamma\Delta\theta+\underline{l}_\gamma(V, \gamma),\ \Delta\theta\geqslant\underline{\varepsilon}_\theta\geqslant 0\\ f_\gamma(V, \gamma, \theta)\leqslant \bar{g}_\gamma\Delta\theta+\bar{l}_\gamma(V, \gamma),\ \Delta\theta\leqslant\bar{\varepsilon}_\theta\leqslant 0\end{cases}\tag{6.6}$$

$$\begin{cases}f_Q(V, \gamma, \theta, D(\upsilon))\leqslant \bar{g}_Q\Delta\upsilon+\bar{l}_Q(V, \gamma, \theta),\ \Delta\upsilon\geqslant\underline{\varepsilon}_\upsilon\geqslant 0\\ f_Q(V, \gamma, \theta, D(\upsilon))\geqslant \underline{g}_Q\Delta\upsilon+\underline{l}_Q(V, \gamma, \theta),\ \Delta\upsilon\leqslant\bar{\varepsilon}_\upsilon\leqslant 0\end{cases}\tag{6.7}$$

其中：$\underline{\varepsilon}_\Phi$、$\bar{\varepsilon}_\Phi$、$\underline{\varepsilon}_\gamma$、$\bar{\varepsilon}_\gamma$、$\underline{\varepsilon}_\theta$、$\bar{\varepsilon}_\theta$、$\underline{\varepsilon}_\upsilon$ 和 $\bar{\varepsilon}_\upsilon$ 为未知常数。此外，当$|\Delta\Phi|\geqslant\varepsilon_\Phi>\max\{\underline{\varepsilon}_\Phi, |\bar{\varepsilon}_\Phi|\}$，$|\Delta\gamma|\geqslant\varepsilon_\gamma>\max\{\underline{\varepsilon}_\gamma, |\bar{\varepsilon}_\gamma|\}$，$|\Delta\theta|\geqslant\varepsilon_\theta>\max\{\underline{\varepsilon}_\theta, |\bar{\varepsilon}_\theta|\}$和$|\Delta\upsilon|\geqslant\varepsilon_\upsilon>\max\{\underline{\varepsilon}_\upsilon, |\bar{\varepsilon}_\upsilon|\}$时，存在未知常数 $g_{V,m}$，$g_{h,m}$，$g_{\gamma,m}>0$ 和 $g_{Q,M}<0$ 满足 $\min\{\underline{g}_V, \bar{g}_V\}\geqslant g_{V,m}$，$\min\{\underline{g}_h, \bar{g}_h\}\geqslant g_{h,m}$，$\min\{\underline{g}_\gamma, \bar{g}_\gamma\}\geqslant g_{\gamma,m}$和 $\max\{\bar{g}_Q, \underline{g}_Q\}\leqslant g_{Q,M}$，其中 $\Delta\Phi=\Phi-\Phi_0$，$\Delta\gamma=\gamma-\gamma_0$，$\Delta\theta=\theta-\theta_0$ 和 $\Delta\upsilon=\upsilon-\upsilon_0$。$\Phi_0$、$\gamma_0$、$\theta_0$、$Q_0$ 和 $\upsilon_0$ 为初始平衡条件。

为阐述假设 6.2 的合理性，根据模型特点进行了以下分析。从图 6.2 可以看出：$\Phi$ 和 $\delta_e$ 的变化都会对 $\dot{V}$ 具有明显的影响；$\dot{\gamma}$ 和 $\dot{Q}$ 主要受 $\delta_e$ 所影响；$\Phi$ 的改变对 $\dot{\gamma}$ 和 $\dot{Q}$ 影响较小。文献[58, 125]假设$\dfrac{\partial f_V(V, \Phi)}{\partial\Phi}$、$\dfrac{\partial f_h(V, \gamma)}{\partial\gamma}$、$\dfrac{\partial f_\gamma(V, \gamma, \theta)}{\partial\theta}$和$\dfrac{\partial f_Q(V, \gamma, \theta, D(\upsilon))}{\partial\upsilon}$必须严格为正

或为负。然而，如图 6.2(a)所示，当状态点 $S_1$ 和 $S_2$ 分别从 $S_3$ 转移到 $S_4$ 时，$\dot{V}$ 相应地产生了如图 6.2(b)所示的上下起伏。因此，无法采用泰勒公式或拉格朗日中值定理去变换非仿射函数 $f_V(V, \Phi)$。

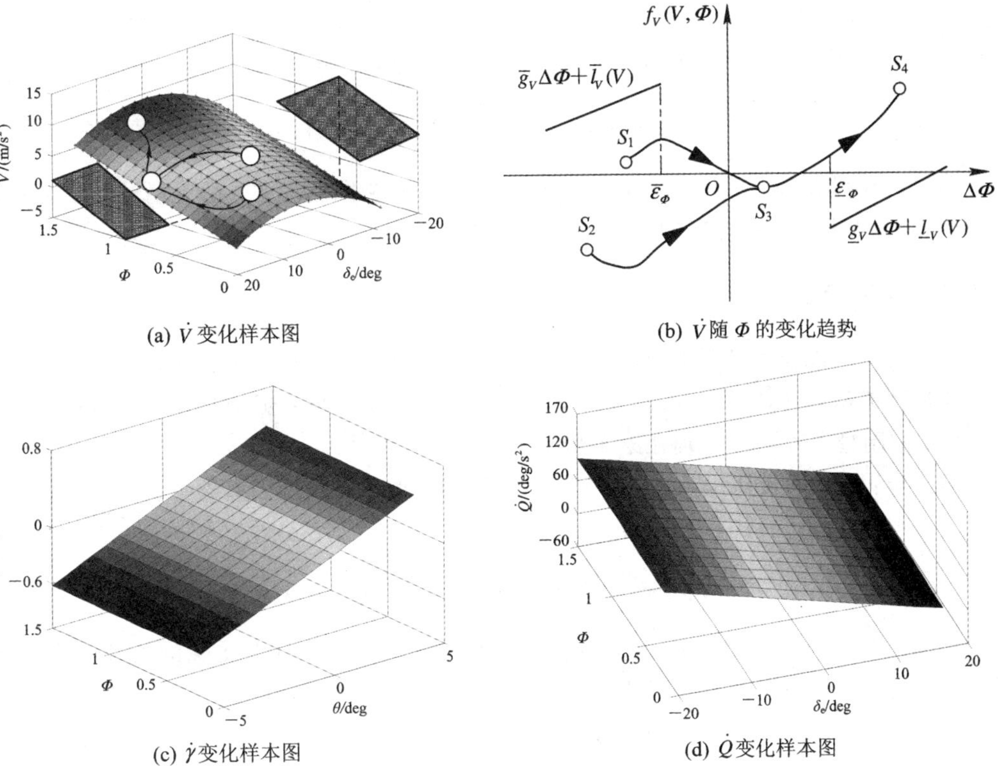


(a) $\dot{V}$ 变化样本图　　(b) $\dot{V}$ 随 $\Phi$ 的变化趋势

(c) $\dot{\gamma}$ 变化样本图　　(d) $\dot{Q}$ 变化样本图

图 6.2　曲线拟合样本图与相关分析示意图

从曲线拟合样本图可知 $\dot{V}$ 随控制输入变化的大致趋势。因此，如图 6.2(a)和图 6.2(b)所示，可以采用两个半有界的平面分别从平衡点两侧去大致地包裹上述拟合样本图。因此，结合图 6.2(a)和图 6.2(b)可知，不等式约束(6.4)是合理的。由等式(6.1)与图 6.2(c)可知不等式约束(6.5)与(6.6)是合理的。同理，根据图 6.2(d)可合理地假设存在未知常数 $\underline{g}_2$、$\bar{g}_2$ 和连续函数 $\bar{l}_2(V, \gamma, \theta)$、$\underline{l}_2(V, \gamma, \theta)$满足以下不等式约束：

$$
\begin{cases}
f_Q(V, \gamma, \theta, \delta_e) \leqslant \bar{g}_2\delta_e + \bar{l}_2(V, \gamma, \theta), \ \delta_e \geqslant \underline{\delta}_e \geqslant 0 \\
f_Q(V, \gamma, \theta, \delta_e) \geqslant \underline{g}_2\delta_e + \underline{l}_2(V, \gamma, \theta), \ \delta_e \leqslant \bar{\delta}_e \leqslant 0
\end{cases}
\tag{6.8}
$$

其中：$\underline{\delta}_e$ 和 $\bar{\delta}_e$ 为未知常数。当 $|\delta_e| > \max\{|\bar{\delta}_e|, \underline{\delta}_e\}$ 时，存在未知负数 $g_{2,M}$ 满足 $\max\{\underline{g}_2, \bar{g}_2\} \leqslant g_{2,M}$。在区间 $\bar{\delta}_e \leqslant \delta_e \leqslant \underline{\delta}_e$ 上，$f_Q(V, \gamma, \theta, \delta_e)$随 $\delta_e$ 的变化规律保持未知。结

合不等式约束(6.2)和(6.8)可得

$$
\begin{cases}
f_Q(V,\ \gamma,\ \theta,\ D(\upsilon)) \leqslant \bar{g}_2(\underline{g}_1\upsilon + \underline{l}_1) + \bar{l}_2(V,\ \gamma,\ \theta) \\
\qquad = \underline{g}_1\bar{g}_2\upsilon + \bar{g}_2\underline{l}_1 + \bar{l}_2(V,\ \gamma,\ \theta),\ \upsilon \geqslant \max\left\{\dfrac{-\underline{l}_1}{\underline{g}_1},\ \underline{\upsilon}\right\} \\
f_Q(V,\ \gamma,\ \theta,\ D(\upsilon)) \geqslant \underline{g}_2(\bar{g}_1\upsilon + \bar{l}_1) + \underline{l}_2(V,\ \gamma,\ \theta) \\
\qquad = \bar{g}_1\underline{g}_2\upsilon + \underline{g}_2\bar{l}_1 + \underline{l}_2(V,\ \gamma,\ \theta),\ \upsilon \leqslant \min\left\{\dfrac{-\bar{l}}{\bar{g}_1},\ \bar{\upsilon}\right\}
\end{cases}
\tag{6.9}
$$

通过对比可发现，不等式约束(6.7)和(6.9)具有相同的形式。综上所述，针对非仿射系统(6.3)，假设 6.2 是合理的。

### 6.3.2　控制方案

本节基于反推技术针对 AHV 半解耦非仿射模型(6.3)设计了一种预设性能控制器，预设性能控制方法参考本书 4.3.2 节。设计过程包含 5 个步骤：虚拟控制律由第 2～4 步产生，实际控制输入 $\Phi$ 和 $\upsilon$ 分别在第 1 步和第 5 步进行设计。

第 1 步：定义速度跟踪误差 $\tilde{V}=V-V_{\mathrm{d}}$。选择新型预设性能函数如下：

$$
\lambda_V(t) = \operatorname{csch}[\kappa_V(t)t + \lambda_{V,0}] + \ell_{V,1} + \ell_{V,2}\tanh(\ell_{V,3}\dot{V}_{\mathrm{d}}^2) \tag{6.10}
$$

式中：$\kappa_V(t)=\kappa_{V,\infty}\dfrac{\{\tanh[\ell_{V,0}(t-t_{V,0})]+1\}}{2}$，其中 $\kappa_{V,\infty}$、$\lambda_{V,0}$、$\ell_{V,0}$、$\ell_{V,1}$、$\ell_{V,2}$、$\ell_{V,3}$、$t_{V,0}>0$ 和 $|\tilde{V}(0)|<\lambda_V(0)$。定义转化误差 $z_V(t)=T_{\mathrm{r}}[\zeta_V(t)]$，标准化误差 $\zeta_V(t)=\tilde{V}/\lambda_V(t)$。根据上述定义，控制律 $\Phi$ 可设计为

$$
\Phi = -k_V z_V(t) + \Phi_0 \tag{6.11}
$$

其中 $k_V>0$ 为待设计参数。

控制律(6.11)中包含了初始平衡点 $\Phi_0\geqslant\Phi_{\min}>0$。否则当速度跟踪误差 $\tilde{V}\geqslant0$ 时，控制输入 $\Phi$ 可能非正，这是不符合实际条件的。换句话说，控制律 $\Phi=-k_V z_V(t)$ 永远也无法使速度跟踪误差 $\tilde{V}=0$。因此，在下文中，与第 1 步相同，坐标原点均变换到了初始平衡点。

第 2 步：定义高度跟踪误差 $\tilde{h}=h-h_{\mathrm{d}}$。选择如下预设性能函数：

$$
\lambda_h(t) = \operatorname{csch}[\kappa_h(t)t + \lambda_{h,0}] + \ell_{h,1} + \ell_{h,2}\tanh(\ell_{h,3}\dot{V}_{\mathrm{d}}^2) \tag{6.12}
$$

式中：$\kappa_h(t)=\kappa_{h,\infty}\{\tanh[\ell_{h,0}(t-t_{h,0})]+1\}/2$，其中 $\kappa_{h,\infty}$、$\lambda_{h,0}$、$\ell_{h,0}$、$\ell_{h,1}$、$\ell_{h,2}$、$\ell_{h,3}$、$t_{h,0}>0$ 且 $|\tilde{h}(0)|<\lambda_h(0)$。定义转化误差 $z_h(t)=T_{\mathrm{r}}[\zeta_h(t)]$ 与标准化误差 $\zeta_h(t)=\tilde{h}/\lambda_h(t)$。于是虚拟控制律 $\gamma_{\mathrm{d}}$ 可设计为

$$
\gamma_{\mathrm{d}} = -k_\gamma z_h(t) + \gamma_0 \tag{6.13}
$$

其中：$k_\gamma>0$ 为待设计参数。

第 3 步：定义航迹角跟踪误差 $\tilde{\gamma}=\gamma-\gamma_{\mathrm{d}}$。选择如下预设性能函数：

$$\lambda_{\gamma}(t) = \operatorname{csch}(\kappa_{\gamma,\infty} t + \lambda_{\gamma,0}) + \ell_{\gamma,1} \tag{6.14}$$

其中：$\kappa_{\gamma,\infty}$、$\lambda_{\gamma,0}$、$\ell_{\gamma,1}>0$ 且 $|\tilde{\gamma}(0)|<\lambda_{\gamma}(0)$。定义转化误差 $z_{\gamma}(t)=T_{\mathrm{r}}[\zeta_{\gamma}(t)]$ 与标准化误差 $\zeta_{\gamma}(t)=\tilde{\gamma}/\lambda_{\gamma}(t)$。于是虚拟控制律 $\theta_{\mathrm{d}}$ 可设计为

$$\theta_{\mathrm{d}} = -k_{\theta} z_{\gamma}(t) + \theta_0 \tag{6.15}$$

其中：$k_{\theta}>0$ 为待设计参数。

第 4 步：定义俯仰角跟踪误差 $\tilde{\theta}=\theta-\theta_{\mathrm{d}}$。选择如下性能函数：

$$\lambda_{\theta}(t) = \operatorname{csch}(\kappa_{\theta,\infty} t + \lambda_{\theta,0}) + \ell_{\theta,1} \tag{6.16}$$

其中：$\kappa_{\theta,\infty}$，$\lambda_{\theta,0}$，$\ell_{\theta,1}>0$，$|\tilde{\theta}(0)|<\lambda_{\theta}(0)$。定义转化误差 $z_{\theta}(t)=T_{\mathrm{r}}[\zeta_{\theta}(t)]$ 与标准化误差 $\zeta_{\theta}(t)=\tilde{\theta}/\lambda_{\theta}(t)$。于是虚拟控制律 $Q_{\mathrm{d}}$ 可设计为

$$Q_{\mathrm{d}} = -k_{Q} z_{\theta}(t) + Q_0 \tag{6.17}$$

其中：$k_{Q}>0$ 为待设计参数。

第 5 步：定义俯仰角速度跟踪误差 $\tilde{Q}=Q-Q_{\mathrm{d}}$。选择如下性能函数：

$$\lambda_{Q}(t) = \operatorname{csch}(\kappa_{Q,\infty} t + \lambda_{Q,0}) + \ell_{Q,1} \tag{6.18}$$

其中：$\kappa_{Q,\infty}$、$\lambda_{Q,0}$、$\ell_{Q,1}>0$，$|\tilde{Q}(0)|<\lambda_{Q}(0)$。定义转化误差 $z_{Q}(t)=T_{\mathrm{r}}[\zeta_{Q}(t)]$ 与标准化误差 $\zeta_{Q}(t)=\tilde{Q}/\lambda_{Q}(t)$。于是控制信号 $\upsilon$ 可设计为

$$\upsilon = k_{\upsilon} z_{Q}(t) + \upsilon_0 \tag{6.19}$$

其中：$k_{\upsilon}>0$ 为待设计参数。

一旦跟踪误差信号不合理或控制输入存在高频抖振，则要重新调整参数，直到出现理想的系统输出与控制输入为止。图 6.3 为 AHV 控制系统结构示意图，由图可知本章采用的控制器不依赖精确的 AHV 模型。与文献[180，188 - 191]针对 AHV 所设计的反推控制器相比，本章所设计的控制器无须估计器或微分器。因此，本章采用的控制器更具适用性。

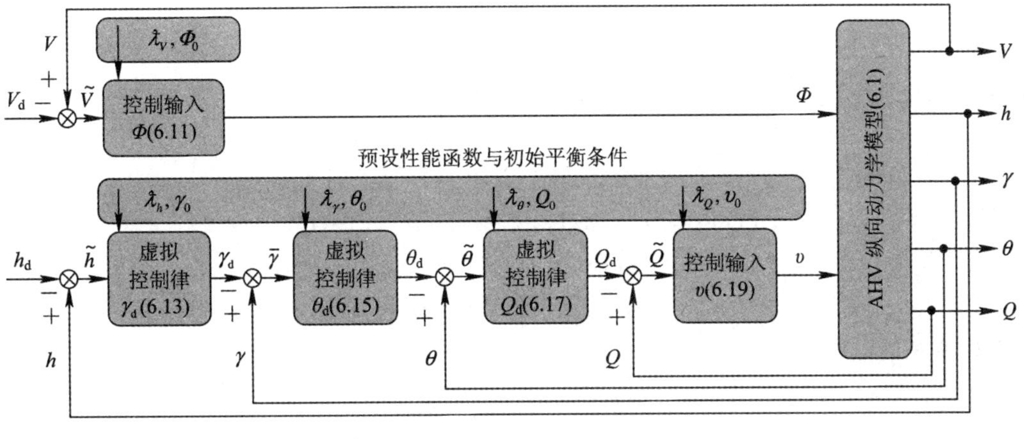


图 6.3　AHV 控制系统结构示意图

### 6.3.3 稳定性分析

**定理 2**　若半解耦的非仿系统(6.3)满足假设 6.1 和假设 6.2，则上述控制方案可使得闭环系统的所有信号有界且跟踪误差满足预设性能。

**证明**　实现预设性能控制等效于确保：对于 $\forall t\in[0,\infty)$，均有 $-1<\underline{\zeta}_i\leqslant\zeta_i(t)\leqslant\bar{\zeta}_i<1$ $(i=V,h,\gamma,\theta,Q)$ 成立。上述结论等同于选择合适的性能函数参数使得 $|e_i(0)|<\lambda_i(0)$ 成立，同时通过设计控制器保证对于 $\forall t\in[0,\infty)$，均有 $|z_i(t)|\leqslant z_{i,\mathrm{M}}$ 成立。首先，Part 1 将证明当 $t\in[0,\tau_{\max})$ 时，可正确定义误差转化函数 $T_{\mathrm{r}}[\zeta_i(t)]$，其中 $\tau_{\max}$ 为未知正数。其次，Part 2 将证明对于 $\forall t\in[0,\tau_{\max})$ 均有 $|z_i(t)|\leqslant z_{i,\mathrm{M}}$ 成立，且 $[0,\tau_{\max})$ 可被拓展到 $[0,\infty)$。

**Part 1**

对标准化误差 $\zeta_i(t)(i=V,h,\gamma,\theta,Q)$ 求时间的一阶导数可得

$$\dot{\zeta}_V(t)=\frac{1}{\lambda_V(t)}[f_V(V,\Phi)-\dot{V}_{\mathrm{d}}-\zeta_V(t)\dot{\lambda}_V]=w_1[t,\zeta_V(t)] \tag{6.20}$$

$$\dot{\zeta}_h(t)=\frac{1}{\lambda_h(t)}[f_h(V,\gamma)-\dot{h}_{\mathrm{d}}-\zeta_h(t)\dot{\lambda}_h(t)]=w_2[t,\zeta_V(t),\zeta_h(t),\zeta_\gamma(t)] \tag{6.21}$$

$$\dot{\zeta}_\gamma(t)=\frac{1}{\lambda_\gamma(t)}[f_\gamma(V,\gamma,\theta)-\dot{\gamma}_{\mathrm{d}}-\zeta_\gamma(t)\dot{\lambda}_\gamma(t)]=w_3[t,\zeta_V(t),\zeta_h(t),\zeta_\gamma(t),\zeta_\theta(t)] \tag{6.22}$$

$$\dot{\zeta}_\theta(t)=\frac{1}{\lambda_\theta(t)}[Q-\dot{\theta}_{\mathrm{d}}-\zeta_\theta(t)\dot{\lambda}_\theta(t)]=w_4[t,\zeta_V(t),\zeta_h(t),\zeta_\gamma(t),\zeta_\theta(t),\zeta_Q(t)] \tag{6.23}$$

$$\begin{aligned}\dot{\zeta}_Q(t)&=\frac{1}{\lambda_Q(t)}[f_Q(V,\gamma,\theta,D(\upsilon))-\dot{Q}_{\mathrm{d}}-\zeta_Q(t)\dot{\lambda}_Q(t)]\\&=w_5[t,\zeta_V(t),\zeta_h(t),\zeta_\gamma(t),\zeta_\theta(t),\zeta_Q(t)]\end{aligned} \tag{6.24}$$

标准化误差向量 $\boldsymbol{\zeta}(t)=[\zeta_V(t),\zeta_h(t),\zeta_\gamma(t),\zeta_\theta(t),\zeta_Q(t)]^{\mathrm{T}}$ 可被表述为

$$\dot{\boldsymbol{\zeta}}=\boldsymbol{w}[t,\boldsymbol{\zeta}(t)]=\begin{bmatrix}w_1[t,\zeta_V(t)]\\w_2[t,\zeta_V(t),\zeta_h(t),\zeta_\gamma(t)]\\w_3[t,\zeta_V(t),\zeta_h(t),\zeta_\gamma(t),\zeta_\theta(t)]\\w_4[t,\zeta_V(t),\zeta_h(t),\zeta_\gamma(t),\zeta_\theta(t),\zeta_Q(t)]\\w_5[t,\zeta_V(t),\zeta_h(t),\zeta_\gamma(t),\zeta_\theta(t),\zeta_Q(t)]\end{bmatrix} \tag{6.25}$$

定义如下开集：

$$\Omega_\zeta=\underbrace{(-1,1)\times(-1,1)\cdots\times(-1,1)}_{5}$$

通过选择合适的性能函数参数可使得 $|e_i(0)|<\lambda_i(0)(i=V,h,\gamma,\theta,Q)$ 成立。由

$|\zeta_i(0)|<1$ 可进一步得到 $\zeta(0)\in\Omega_\zeta$。此外，由性能函数的定义和假设 6.1 可知 $\lambda_i(t)$、$\dot{\lambda}_i(t)$、$V_d$、$\dot{V}_d$、$h_d$ 和 $\dot{h}_d$ 对于 $\forall t\geqslant 0$ 均连续且有界。由于系统(6.3)中的非仿射函数 Lipschitz 连续，所以 $\boldsymbol{w}[t, \boldsymbol{\zeta}(t)]$ 对于 $\boldsymbol{\zeta}(t)\in\Omega_\zeta$ 也是 Lipschitz 连续的。因此，根据文献[154](pp.476)中初值问题的最大饱和解理论可知，当 $t\in[0, \tau_{max})$ 时，微分方程(6.25)存在唯一的最大饱和解 $\boldsymbol{\zeta}(t)$ 且对于 $\forall t\in[0, \tau_{max})$ 均有 $\boldsymbol{\zeta}(t)\in\Omega_\zeta$。

由上述分析可知，对于 $\forall t\in[0, \tau_{max})$，均有 $\zeta_i(t)\in(-1, 1)$ 成立。因此，对于 $\forall t\in[0, \tau_{max})$，可正确定义转化误差 $z_i(t)=\dfrac{\zeta_i(t)}{1-\zeta_i^2(t)}(i=V, h, \gamma, \theta, Q)$。定义未知正数 $\bar{E}_i\geqslant \operatorname{csch}\lambda_{i,0}+\ell_{i,1}+\ell_{i,2}$，于是对于 $\forall t\in[0, \tau_{max})$，均有 $|e_i(t)|=|\zeta_i(t)\lambda_i(t)|<\bar{E}_i$ 成立。对 $z_i(t)$ 求时间的一阶导数可得

$$\dot{z}_i(t)=r_i[\dot{e}_i(t)+\nu_i],\ e_i(t)=\tilde{V}、\tilde{h}、\tilde{\gamma}、\tilde{\theta}、\tilde{Q} \tag{6.26}$$

其中：$r_i=\dfrac{1+\zeta_i^2(t)}{\lambda_i(t)(1-\zeta_i^2(t))^2}$ 且 $v_i=\zeta_i(t)\dot{\lambda}_i(t)$。注意到 $r_i\geqslant\dfrac{1}{\lambda_i(t)}>0$ 且 $|\nu_i|<\dot{\lambda}_i(t)$。

**Part 2**

根据定理 6.1，只要确保 $|e_i(0)|<\lambda_i(0)$ 和 $|z_i(t)|\leqslant z_{i,M}(i=V, h, \gamma, \theta, Q)$ 对于 $\forall t\in[0, \tau_{max})$ 成立，则 $|e_i(t)|<\lambda_i(t)$ 成立。下文将证明对于 $\forall t\in[0, \tau_{max})$，均有 $|z_i(t)|\leqslant z_{i,M}$ 且 $\tau_{max}=\infty$ 成立。

第 1 步：定义径向无界的正定函数 $W_V=z_V(t)^2/2$。沿等式(6.26)对 $W_V$ 求时间的一阶导数可得

$$\dot{W}_V=z_V(t)r_V[f_V(V, \Phi)-\dot{V}_d+\nu_V] \tag{6.27}$$

基于假设 6.2，作出以下推导：

(1)当 $\Delta\Phi\geqslant\varepsilon_\Phi$ 时，定义连续函数 $\bar{g}'_V(V, \Phi)$ 如下：

$$\bar{g}'_V(V, \Phi)=\frac{1}{\varepsilon_\Phi}[f_V(V, \Phi)-\underline{l}_V(V)] \tag{6.28}$$

其中：$\varepsilon_\Phi>\max\{|\bar{\varepsilon}_\Phi|, \underline{\varepsilon}_\Phi\}$。由假设 6.2 和等式(6.28)可进一步得到

$$\bar{g}'_V(V, \Phi)\Delta\Phi+\underline{l}_V(V)=\frac{\Delta\Phi}{\varepsilon_\Phi}[f_V(V, \Phi)-\underline{l}_V(V)]+\underline{l}_V(V)\geqslant f_V(V, \Phi) \tag{6.29}$$

且 $\bar{g}'_V(V, \Phi)\geqslant\underline{g}_V\geqslant g_{V,m}$。

(2)当 $\Delta\Phi\leqslant-\varepsilon_\Phi$ 时，定义连续函数 $\underline{g}'_V(V, \Phi)$ 如下：

$$\underline{g}'_V(V, \Phi)=-\frac{1}{\varepsilon_\Phi}[f_V(V, \Phi)-\underline{l}_V(V)] \tag{6.30}$$

由假设 6.2 和等式(6.30)可进一步得到

$$\underline{g}'_V(V, \Phi)\Delta\Phi+\bar{l}_V(V)=-\frac{\Delta\Phi}{\varepsilon_\Phi}[f_V(V, \Phi)-\bar{l}_V(V)]+\bar{l}_V(V)\leqslant f_V(V, \Phi) \tag{6.31}$$

且 $\underline{g}'_V(V, \Phi) \geqslant \bar{g}_V \geqslant g_{V,\mathrm{m}}$。

(3)当 $-\varepsilon_\Phi \leqslant \Delta\Phi \leqslant \varepsilon_\Phi$ 时，存在连续函数 $F_V(V)$ 满足：

$$|f_V(V, \Phi)| \leqslant F_V(V) \tag{6.32}$$

结合 $g_{V,\mathrm{m}}(\Delta\Phi - \varepsilon_\Phi) \leqslant 0$，$g_{V,\mathrm{m}}(\Delta\Phi + \varepsilon_\Phi) \geqslant 0$ 和不等式(6.32)可得

$$g_{V,\mathrm{m}}(\Delta\Phi - \varepsilon_\Phi) - F_V(V) \leqslant f_V(V, \Phi) \leqslant F_V(V) + g_{V,\mathrm{m}}(\Delta\Phi + \varepsilon_\Phi) \tag{6.33}$$

根据式(6.29)、式(6.31)、不等式(6.33)和假设 6.2 可得

$$\begin{cases} \underline{g}_V \Delta\Phi + \underline{l}_V(V) \leqslant f_V(V, \Phi) \leqslant \bar{g}'_V(V, \Phi)\Delta\Phi + \underline{l}_V(V), & \Delta\Phi \geqslant \varepsilon_\Phi \\ g_{V,\mathrm{m}}\Delta\Phi - g_{V,\mathrm{m}}\varepsilon_\Phi - F_V(V) \leqslant f_V(V, \Phi) \leqslant g_{V,\mathrm{m}}\Delta\Phi + g_{V,\mathrm{m}}\varepsilon_\Phi + F_V(V), & -\varepsilon_\Phi \leqslant \Delta\Phi \leqslant \varepsilon_\Phi \\ \underline{g}'_V(V, \Phi)\Delta\Phi + \bar{l}_V(V) \leqslant f_V(V, \Phi) \leqslant \bar{g}_V \Delta\Phi + \bar{l}_V(V), & \Delta\Phi \leqslant -\varepsilon_\Phi \end{cases} \tag{6.34}$$

因此，存在值域为[0, 1]的变量 $\vartheta_{V,1}$、$\vartheta_{V,2}$ 和 $\vartheta_{V,3}$ 满足：

$$f_V(V, \Phi) = G_V(V, \Phi)\Delta\Phi + H_V(V) \tag{6.35}$$

式中：

$$G_V(V, \Phi) = \begin{cases} \vartheta_{V,1}\underline{g}_V + (1 - \vartheta_{V,1})\bar{g}'_V(V, \Phi), & \Delta\Phi \geqslant \varepsilon_\Phi \\ g_{V,\mathrm{m}}, & -\varepsilon_\Phi \leqslant \Delta\Phi \leqslant \varepsilon_\Phi \\ \vartheta_{V,2}\underline{g}'_V(V, \Phi) + (1 - \vartheta_{V,2})\bar{g}_V, & \Delta\Phi \leqslant -\varepsilon_\Phi \end{cases} \tag{6.36}$$

且

$$H_V(V) = \begin{cases} \underline{l}_V(V), & \Delta\Phi \geqslant \varepsilon_\Phi \\ (1 - 2\vartheta_{V,3})[F_V(V) + g_{V,\mathrm{m}}\varepsilon_\Phi], & -\varepsilon_\Phi \leqslant \Delta\Phi \leqslant \varepsilon_\Phi \\ \bar{l}_V(V), & \Delta\Phi \leqslant -\varepsilon_\Phi \end{cases} \tag{6.37}$$

其中：$G_V(V, \Phi) \geqslant g_{V,\mathrm{m}}$，$|H_V(V)| \leqslant \max\{|\underline{l}_V(V)|, F_V(V) + g_{V,\mathrm{m}}\varepsilon_\Phi, |\bar{l}_V(V)|\}$。

无论非仿射函数是否可导，一旦 $f_V(V, \Phi)$ 满足假设 6.2，则可以改写为等式(6.35)的伪仿射形式。

将式(6.35)代入式(6.27)可得

$$\dot{W}_V = z_V(t) r_V[G_V(V, \Phi)\Delta\Phi + H_V(V) - \dot{V}_\mathrm{d} + \nu_V] \tag{6.38}$$

分别通过定义和假设 6.1 可保证 $\nu_V$ 和 $\dot{V}_\mathrm{d}$ 有界。对于 $V = \zeta_V(t)\lambda_V(t) + V_\mathrm{d}$，$|\underline{l}_V(V)|$、$|\bar{l}_V(V)|$ 和 $F_V(V) + g_{V,\mathrm{m}}\varepsilon_\Phi$ 均为连续函数。结合上述结论与极值定理可知，对于 $\forall t \in [0, \tau_{\max})$，存在未知正数 $\wp_V$ 满足：

$$|H_V(V) - \dot{V}_\mathrm{d} + \nu_V| \leqslant \wp_V \tag{6.39}$$

将式(6.11)和式(6.39)代入式(6.38)可得

$$\begin{aligned}\dot{W}_V &\leqslant z_V(t) r_V[-k_V G_V(V, \Phi) z_V(t) + \aleph_V] \\ &\leqslant r_V[-k_V G_V(V, \Phi) |z_V(t)|^2 + \aleph_V |z_V(t)|]\end{aligned} \tag{6.40}$$

若 $|z_V(t)| > \dfrac{\aleph_V}{k_V g_{V,\mathrm{m}}}$，则有 $\dot{W}_V < 0$ 成立，因此

$$|z_V(t)| \leqslant \bar{z}_V = \max\left\{|z_V(0)|, \frac{\aleph_V}{k_V g_{V,\mathrm{m}}}\right\}, \ \forall t \in [0, \tau_{\max})$$

于是 $z_V(t)$、$V$ 和 $\Phi$ 均有界且对于 $\forall t \in [0, \tau_{\max})$ 有 $-1 < \underline{\zeta}_V \leqslant \zeta_V(t) \leqslant \bar{\zeta}_V < 1$ 成立。

第 2 步：定义径向无界的正定函数 $W_h = \dfrac{z_h^2(t)}{2}$。沿等式(6.26)对 $W_h$ 求时间的一阶导数可得

$$\dot{W}_h = z_h(t) r_h[f_h(V, \gamma) - \dot{h}_{\mathrm{d}} + \nu_h] \tag{6.41}$$

与第 1 步类似，基于假设 6.2，非仿射函数 $f_h(V, \gamma)$ 可以变换成以下伪仿射形式：

$$f_h(V, \gamma) = G_h(V, \gamma)\Delta\gamma + H_h(V) \tag{6.42}$$

其中 $G_h(V, \gamma) \geqslant g_{h,\mathrm{m}}$，$|H_h(V)| \leqslant \max\{|\underline{l}_h(V)|, F_h(V) + g_{h,\mathrm{m}}\varepsilon_\gamma, |\bar{l}_h(V)|\}$。

将式(6.42)代入式(6.41)可得

$$\dot{W}_h = z_h(t) r_h[G_h(V, \gamma)(\gamma - \gamma_0) + H_h(\gamma) - h_{\mathrm{d}} + \nu_h] \tag{6.43}$$

分别通过定义和第 1 步可保证 $\nu_h$ 和 $V$ 有界。对于 $h = \zeta_h(t)\lambda_h(t) + h_{\mathrm{d}}$，$|\underline{l}_h(V)|$、$|\bar{l}_h(V)|$ 和 $F_h(V) + g_{h,\mathrm{m}}\varepsilon_\gamma$ 均为连续函数。结合上述结论与极值定理可知，对于 $\forall t \in [0, \tau_{\max})$ 存在未知正数 $\aleph_h$ 满足

$$|H_h(V) - h_{\mathrm{d}} + \nu_h| \leqslant \aleph_h \tag{6.44}$$

将式(6.13)和式(6.44)代入式(6.43)可得

$$\begin{aligned}\dot{W}_h &\leqslant z_h(t) r_h[G_h(V, \gamma)(\gamma_{\mathrm{d}} + \tilde{\gamma} - \gamma_0) + \aleph_h] \\ &\leqslant r_h\{-k_h G_h(V, \gamma) |z_h(t)|^2 + [G_h(V, \gamma)\bar{E}_\gamma + \aleph_h]|z_h(t)|\}\end{aligned} \tag{6.45}$$

若 $|z_h| > \dfrac{\aleph_h}{k_h g_{h,\mathrm{m}}} + \dfrac{\bar{E}_\gamma}{k_h}$，则 $\dot{W}_h < 0$ 成立。因此

$$|z_h(t)| \leqslant \bar{z}_h = \max\left\{|z_h(0)|, \frac{\aleph_h}{k_h g_{h,\mathrm{m}}} + \frac{\bar{E}_\gamma}{k_h}\right\}, \ \forall t \in [0, \tau_{\max})$$

于是 $z_h(t)$ 和 $\gamma_{\mathrm{d}}$ 均有界且对于 $\forall t \in [0, \tau_{\max})$ 有 $-1 < \underline{\zeta}_h \leqslant \zeta_h(t) \leqslant \bar{\zeta}_h < 1$ 成立。根据 $\dot{\gamma}_{\mathrm{d}} = \dfrac{-k_\gamma \dot{\zeta}_h(t)[1 + \zeta_h^2(t)]}{[1 - \zeta_h^2(t)]^2}$，可知对于 $\forall t \in [0, \tau_{\max})$，$\dot{\gamma}_{\mathrm{d}}$ 有界。

第 3 步：定义径向无界的正定函数 $W_\gamma = \dfrac{z_\gamma^2(t)}{2}$。沿等式(6.26)对 $W_\gamma$ 求时间的一阶导数

可得

$$\dot{W}_\gamma = z_\gamma(t)r_\gamma[f_\gamma(V, \gamma, \theta) - \dot{\gamma}_d + \nu_\gamma] \tag{6.46}$$

与第 1 步类似，基于假设 6.2，非仿射函数 $f_\gamma(V, \gamma, \theta)$ 可变换成以下伪仿射形式：

$$f_\gamma(V, \gamma, \theta) = G_\gamma(V, \gamma, \theta)\Delta\theta + H_\gamma(V, \gamma) \tag{6.47}$$

其中：$G_\gamma(V, \gamma, \theta) \geqslant g_{\gamma,m}$，$|H_\gamma(V, \gamma)| \leqslant \max\{|\underline{l}_\gamma(V, \gamma)|, F_\gamma(V, \gamma) + g_{\gamma,m}\varepsilon_\theta, |\bar{l}_\gamma(V, \gamma)|\}$。

将式(6.47)代入式(6.46)可得

$$\dot{W}_\gamma = z_\gamma(t)r_\gamma[G_\gamma(V, \gamma, \theta)\Delta\theta + H_\gamma(V, \gamma) - \dot{\gamma}_d + \nu_\gamma] \tag{6.48}$$

分别通过定义和上述步骤可保证 $\nu_\gamma$、$\gamma_d$ 和 $V$ 有界。对于 $\gamma = \zeta_\gamma(t)\lambda_\gamma(t) + \gamma_d$，$|\underline{l}_\gamma(V, \gamma)|$、$|\bar{l}_\gamma(V, \gamma)|$ 和 $F_\gamma(V, \gamma) + g_{\gamma,m}\varepsilon_\theta$ 均为连续函数。结合上述结论与极值定理可知，对于 $\forall t \in [0, \tau_{max})$，存在未知正数 $\aleph_\gamma$ 满足

$$|H_\gamma(V, \gamma) - \dot{\gamma}_d + \nu_\gamma| \leqslant \aleph_\gamma \tag{6.49}$$

将式(6.15)和式(6.49)代入式(6.48)可得

$$\begin{aligned}\dot{W}_\gamma &\leqslant z_\gamma(t)r_\gamma[G_\gamma(V, \gamma, \theta)(\theta_d + \tilde{\theta} - \theta_0) + \aleph_\gamma] \\ &\leqslant r_\gamma[-k_\gamma G_\gamma(V, \gamma, \theta)|z_\gamma(t)|^2 + (G_\gamma(V, \gamma, \theta)\bar{E}_\theta + \aleph_\gamma)|z_\gamma(t)|]\end{aligned} \tag{6.50}$$

若 $|z_\gamma| > \aleph_\gamma/(k_\gamma g_{\gamma,m}) + \bar{E}_\theta/k_\gamma$，则 $\dot{W}_\gamma < 0$。因此

$$|z_\gamma(t)| \leqslant \bar{z}_\gamma = \max\left\{|z_\gamma(0)|, \frac{\aleph_\gamma}{k_\gamma g_{\gamma,m}} + \frac{\bar{E}_\theta}{k_\gamma}\right\}, \ \forall t \in [0, \tau_{max})$$

于是 $z_\gamma(t)$ 和 $\theta_d$ 均有界且对于 $\forall t \in [0, \tau_{max})$，有 $-1 < \underline{\zeta}_\gamma \leqslant \zeta_\gamma(t) \leqslant \bar{\zeta}_\gamma < 1$ 成立。根据 $\dot{\theta}_d = \dfrac{-k_\theta\dot{\zeta}_\gamma(t)[1+\zeta_\gamma^2(t)]}{[1-\zeta_\gamma^2(t)]^2}$，可知对于 $\forall t \in [0, \tau_{max})$，$\dot{\theta}_d$ 有界。

第 4 步：定义径向无界的正定函数 $W_\theta = \dfrac{z_\theta^2(t)}{2}$。沿等式(6.26)对 $W_\theta$ 求时间的一阶导数可得

$$\dot{W}_\theta = z_\theta(t)r_\theta(Q - \dot{\theta}_d + \nu_\theta) \tag{6.51}$$

分别通过定义和第 3 步可保证 $\nu_\theta$ 和 $\dot{\theta}_d$ 有界。结合上述结论与极值定理可知，对于 $\forall t \in [0, \tau_{max})$ 存在未知正数 $\aleph_\theta$ 满足：

$$|Q_0 - \dot{\theta}_d + \nu_\theta| \leqslant \aleph_\theta \tag{6.52}$$

将式(6.17)和式(6.52)代入式(6.51)可得

$$\begin{aligned}\dot{W}_\theta &\leqslant z_\theta(t)r_\theta(Q_d + \tilde{Q} - Q_0 + \aleph_\theta) \\ &\leqslant r_\theta[-k_\theta|z_\theta(t)|^2 + (\bar{E}_Q + \aleph_\theta)|z_\gamma(t)|]\end{aligned} \tag{6.53}$$

若 $|z_\theta(t)| > (\aleph_\theta + \bar{E}_Q)/k_\theta$，则 $\dot{W}_\theta < 0$ 成立。因此

$$|z_\theta(t)| \leqslant \bar{z}_\theta = \max\left\{|z_\theta(0)|, \frac{\aleph_\theta + \bar{E}_Q}{k_\theta}\right\}, \forall t \in [0, \tau_{\max})$$

于是 $z_\theta(t)$ 和 $Q_d$ 均有界，且对于 $\forall t \in [0, \tau_{\max})$，有 $-1 < \underline{\zeta}_\theta \leqslant \zeta_\theta(t) \leqslant \bar{\zeta}_\theta < 1$ 成立。根据 $\dot{Q}_d = \frac{-k_Q\dot{\zeta}_\theta(t)[1+\zeta_\theta^2(t)]}{[1-\zeta_\theta^2(t)]^2}$，可知对于 $\forall t \in [0, \tau_{\max})$，$\dot{Q}_d$ 有界。

第 5 步：定义径向无界的正定函数 $W_Q = \frac{z_Q^2(t)}{2}$。沿等式(6.26)对 $W_Q$ 求时间的一阶导数可得

$$\dot{W}_Q = z_Q(t) r_Q \{f_Q[V, \gamma, \theta, D(\upsilon)] - \dot{Q}_d + \nu_Q\} \tag{6.54}$$

与第 1 步类似，基于假设 6.2，非仿射函数 $f_Q[V, \gamma, \theta, D(\upsilon)]$ 可变换成以下伪仿射形式：

$$f_Q[V, \gamma, \theta, D(\upsilon)] = G_Q(V, \gamma, \theta, \upsilon)\Delta\upsilon + H_Q(V, \gamma, \theta) \tag{6.55}$$

其中：$G_Q(V, \gamma, \theta, \upsilon) \leqslant g_{Q,M}$ 且

$$|H_Q(V, \gamma, \theta)| \leqslant \max\{|\underline{l}_Q(V, \gamma, \theta)|, F_Q(V, \gamma, \theta) - g_{Q,M}\varepsilon_\upsilon, |\bar{l}_Q(V, \gamma, \theta)|\}$$

将式(6.55)代入式(6.54)可得

$$\dot{W}_Q = z_Q(t) r_Q [G_Q(V, \gamma, \theta, \upsilon)\Delta\upsilon + H_Q(V, \gamma, \theta) - \dot{Q}_d + \nu_Q] \tag{6.56}$$

分别通过定义和上述步骤可保证 $\nu_Q$、$V$、$\gamma$、$\theta_d$ 和 $\dot{Q}_d$ 有界。对于 $\theta = \zeta_\theta(t)\lambda_\theta(t) + \theta_d$，$|\underline{l}_Q(V, \gamma, \theta)|$、$|\bar{l}_Q(V, \gamma, \theta)|$ 和 $F_Q(V, \gamma, \theta) - g_{Q,M}\varepsilon_\upsilon$ 均为连续函数。结合上述结论与极值定理可知，对于 $\forall t \in [0, \tau_{\max})$，存在未知正数 $\aleph_Q$ 满足：

$$|H_Q(V, \gamma, \theta) - \dot{Q}_d + \nu_Q| \leqslant \aleph_Q \tag{6.57}$$

将式(6.19)和式(6.57)代入式(6.56)可得

$$\begin{aligned}\dot{W}_Q &= z_Q(t) r_Q [G_Q(V, \gamma, \theta, \upsilon)\Delta\upsilon + \aleph_Q] \\ &\leqslant r_Q [k_Q G_Q(V, \gamma, \theta, \upsilon)|z_Q(t)|^2 + \aleph_Q |z_Q(t)|]\end{aligned} \tag{6.58}$$

若 $|z_Q(t)| > -\aleph_Q/(k_Q g_{Q,M})$，则 $\dot{W}_Q < 0$ 成立。因此

$$|z_Q(t)| \leqslant \bar{z}_Q = \max\left\{|z_Q(0)|, -\frac{\aleph_Q}{k_Q g_{Q,M}}\right\}, \forall t \in [0, \tau_{\max})$$

于是 $z_Q(t)$ 和 $\upsilon$ 均有界，且对于 $\forall t \in [0, \tau_{\max})$，有 $-1 < \underline{\zeta}_Q \leqslant \zeta_Q(t) \leqslant \bar{\zeta}_Q < 1$ 成立。

注意到对于 $\forall t \in [0, \tau_{\max})$ 均有 $\boldsymbol{\zeta}(t) \in \Omega'_\zeta$ 成立，其中：

$$\Omega'_\zeta = [\underline{\zeta}_V, \bar{\zeta}_V] \times [\underline{\zeta}_h, \bar{\zeta}_h] \times [\underline{\zeta}_\gamma, \bar{\zeta}_\gamma] \times [\underline{\zeta}_\theta, \bar{\zeta}_\theta] \times [\underline{\zeta}_Q, \bar{\zeta}_Q]$$

为非空紧集，且 $\Omega'_\zeta \subset \Omega_\zeta$。假设 $\tau_{\max} < \infty$。文献[154]的定理 C3.6 指出必然存在某一时刻 $t' \in [0, \tau_{\max})$ 使得 $\boldsymbol{\zeta}(t') \notin \Omega'_\zeta$ 成立，这和上述结论 $\boldsymbol{\zeta}(t) \in \Omega'_\zeta$ 矛盾。因此假设不成立，即 $\tau_{\max} = \infty$ 且闭环系统的所有信号均有界。根据定理 6.1，对于 $\forall t \geqslant 0$，有以下不等式成立：

$$-\lambda_i(t) < e_i(t) < \lambda_i(t) \tag{6.59}$$

其中：$i = V, h, \gamma, \theta, Q$，$e_i(t) = \tilde{V}, \tilde{h}, \tilde{\gamma}, \tilde{\theta}, \tilde{Q}$。综上所述，通过选取合适的参数可使得跟踪误差满足预设性能。至此，定理 6.2 得证。

# 6.4 仿真研究

为验证上述控制器的有效性，本节基于 AHV 纵向动力学模型(6.1)进行了仿真分析。所有的模型参数、气动系数和文献[173]中的设置一致。未知死区输入非线性 $\delta_e = D(\upsilon)$ 表述如下：

$$D(\upsilon) = \begin{cases} \upsilon + 0.3\sin(\upsilon - 3.5) + 0.8\sin(1.8\pi) + 0.845, & \upsilon > 3.5 \\ 0.5\upsilon^2 + \upsilon + 0.8\sin(1.8\pi) - 5.28, & 2.4 < \upsilon \leqslant 3.5 \\ 0.8\sin[\pi(\upsilon - 0.6)], & 0.6 < \upsilon \leqslant 2.4 \\ 0, & -0.2 < \upsilon \leqslant 0.6 \\ \sin[1.5\pi(\upsilon + 0.2)], & -1.4 < \upsilon \leqslant -0.2 \\ -0.5\upsilon^2 + \upsilon + \sin(1.8\pi) + 2.38, & -3.2 < \upsilon \leqslant -1.4 \\ 0.8\upsilon - 0.5\sin(\upsilon + 3.2) - \sin(1.8\pi) - 3.38, & \upsilon \leqslant -3.2 \end{cases} \tag{6.60}$$

通常很难获悉死区区间 $-3.2<\upsilon<3.5$ 上 $D(\upsilon)$ 随 $\upsilon$ 变化的具体规律。然而，易知以下不等式成立：

$$\begin{cases} \upsilon + 0.3\sin(\upsilon - 3.5) + 0.8\sin(1.8\pi) + 0.845 \geqslant 0.9\upsilon + 0.5, & \upsilon > 3.5 \\ 0.8\upsilon - 0.5\sin(\upsilon + 3.2) - \sin(1.8\pi) - 3.38 \leqslant 0.7\upsilon - 2.5, & \upsilon \leqslant -3.2 \end{cases} \tag{6.61}$$

结合式(6.2)和式(6.61)，可知仿真所采用的模型符合假设 6.2 的描述。

仿真中初始平衡条件设置为 $V_0 = 3000$ m/s、$h_0 = 27\ 000$ m、$\gamma_0 = 0$、$\theta_0 = 0.445$ deg、$Q_0 = 0$、$\Phi_0 = 0.35$、$\upsilon_0 = 9.947$ deg、$\eta_{1,0} = 0.2857$ 且 $\eta_{2,0} = 0.2350$。初始跟踪误差设置为 $\widetilde{V}(0) = 1$ m/s和 $\tilde{h}(0) = -2$ m。飞行边界条件表述如下：2286 m/s$\leqslant V \leqslant$3353 m/s，22 900 m $\leqslant h \leqslant$40 500 m，$-5$ deg$\leqslant \gamma \leqslant$5 deg，$-10$ deg$\leqslant \theta \leqslant$10 deg，$-10$ deg/s$\leqslant Q \leqslant$10 deg/s，$0.05 \leqslant \Phi \leqslant 1.5$和$-20$ deg$\leqslant \upsilon \leqslant$20 deg。

为了验证闭环系统的鲁棒性，定义 $C = C_0[1 + 0.3\sin(0.03\pi t)]$，其中 $C$ 和 $C_0$ 分别表示气动系数的实际值和标准值。在本节中，设置了两组仿真以分别验证新型误差转化形式和新型性能函数的有效性。本章所提出的预设性能控制器(PPPC)参数选取为 $k_V = 1.2$、$k_h = 0.02$、$k_\gamma = 0.75$、$k_\theta = 2.1$ 和 $k_Q = 2.8$。

## 6.4.1 不同误差转化方式对比研究

本小节将以文献[180]中提出的基于非线性干扰观测器的鲁棒控制器(NDOC)和 Rovithakis 等人[34]提出的传统预设性能控制器(RPPC)作为 PPPC 的对照算例。考虑到本章采用的非仿射模型的非线性函数存在不可导点，无法通过泰勒公式或拉格朗日中值定理进行模型变换。因此，RPPC 和 PPPC 均基于假设 6.2 和 4.3 节中的模型变换方法。假设飞行器由初始平衡条件调整到最终状态 $V=3500$ m/s 和 $h=28\ 500$ m。理想的速度和高度信号通过以下滤波器进行平滑：

$$\frac{V_{\mathrm{d}}(s)}{V_{\mathrm{c}}(s)}=\frac{0.03^2}{s^2+2\times 0.95\times 0.03\times s+0.03^2} \tag{6.62}$$

$$\frac{h_{\mathrm{d}}(s)}{h_{\mathrm{c}}(s)}=\frac{0.03^2}{s^2+2\times 0.95\times 0.03\times s+0.03^2} \tag{6.63}$$

为了体现新型误差转化方式对控制性能的影响，RPPC 和 PPPC 采用相同的性能函数：

$$\begin{cases}\rho_V(t)=(5.8-0.9)\exp(-0.2t)+0.9\\ \rho_h(t)=(5-1.8)\exp(-0.2t)+1.8\\ \rho_\gamma(t)=(0.17-0.05)\exp(-0.25t)+0.05\\ \rho_\theta(t)=(0.1-0.04)\exp(-0.3t)+0.04\\ \rho_Q(t)=(0.1-0.06)\exp(-0.4t)+0.06\end{cases} \tag{6.64}$$

与不同的误差转化方式：

$$\text{RPPC：}T_{\mathrm{r}}[\zeta(t)]=\frac{\ln\dfrac{\zeta(t)+1}{1-\zeta(t)}}{2} \tag{6.65}$$

$$\text{PPPC：}T'_{\mathrm{r}}[\zeta(t)]=\frac{\zeta(t)}{1-\zeta^2(t)} \tag{6.66}$$

图 6.4～图 6.11 为相应的仿真结果。从图 6.4 和图 6.5 可以看出，和 NDOC 相比，RPPC 与 PPPC 具有更小的超调量与更短的调节时间。图 6.8 和图 6.10 显示 NDOC 的俯仰角速率 $Q$ 和执行器偏角 $\upsilon$ 超出了飞行边界。此外，从图 6.5～图 6.10 可以看出，和 RPPC 相比，PPPC 的飞行状态变量和执行器偏角 $\upsilon$ 更加光滑。图 6.11 显示 RPPC 和 PPPC 算例中的转化误差均有界。综上所述，和传统的误差转化方式相比，新型的误差转化方式可以实现相似的控制效果且减少了控制输入抖振。

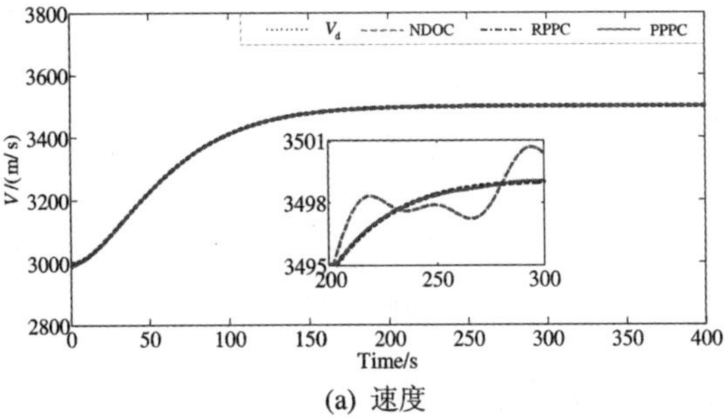


(a) 速度

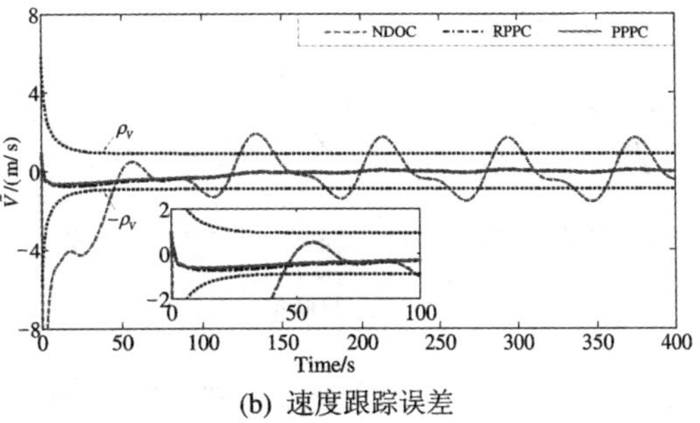


(b) 速度跟踪误差

图 6.4 速度跟踪性能

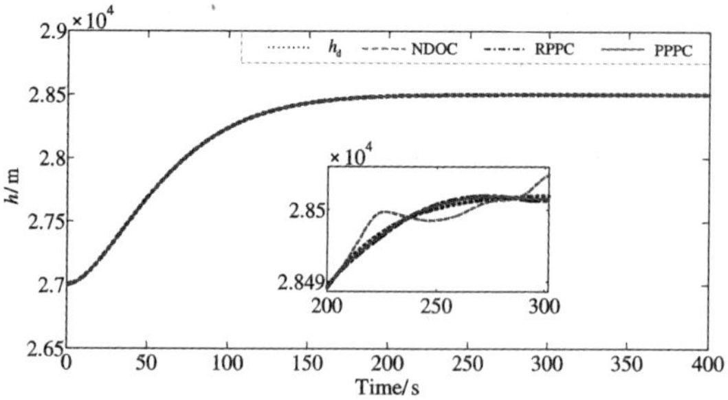

(a) 高度

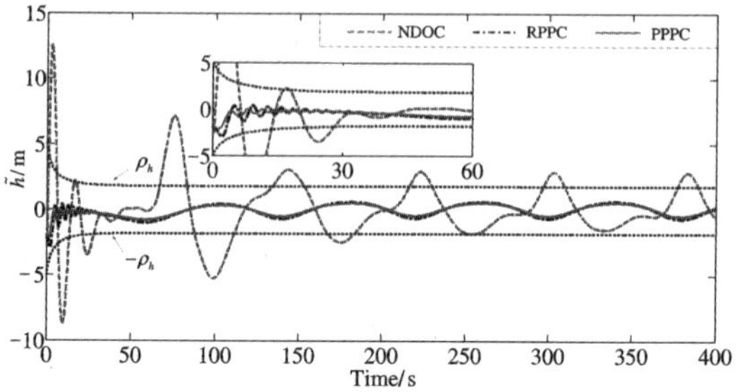

(b) 高度跟踪误差

图 6.5　高度跟踪性能

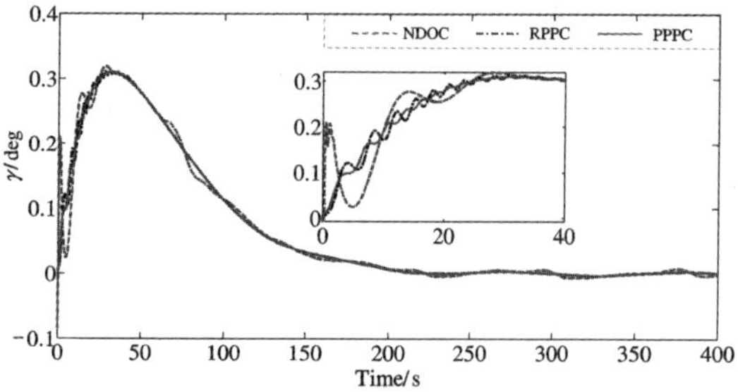

(a) 航迹角

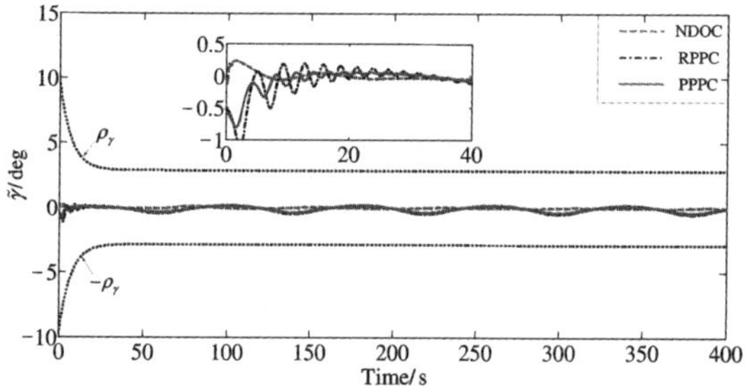

(b) 航迹角跟踪误差

图 6.6　航迹角 $\gamma$ 与航迹角跟踪误差 $\tilde{\gamma}$

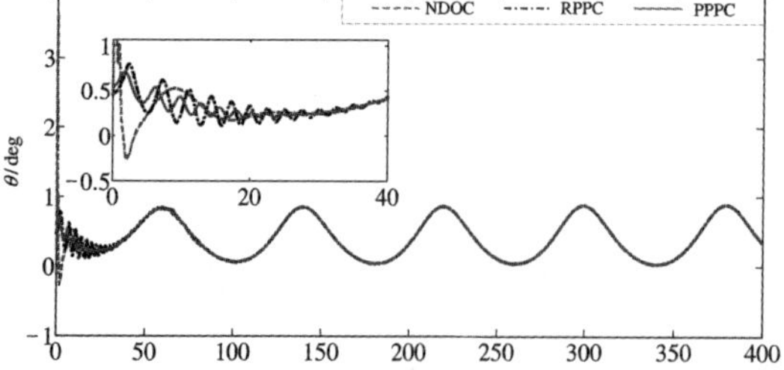

(a) 俯仰角

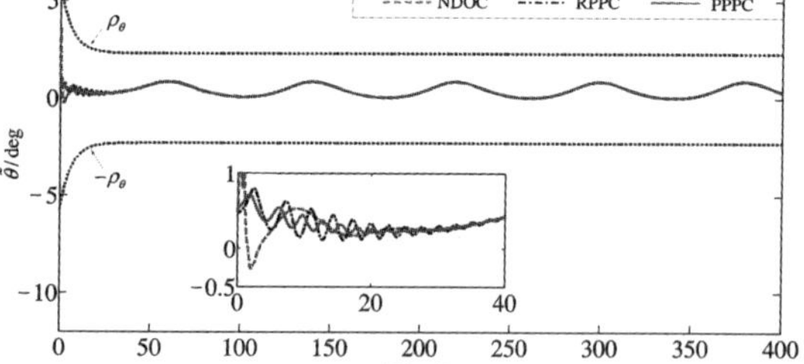

(b) 俯仰角跟踪误差

图 6.7　俯仰角 $\theta$ 与俯仰角跟踪误差 $\tilde{\theta}$

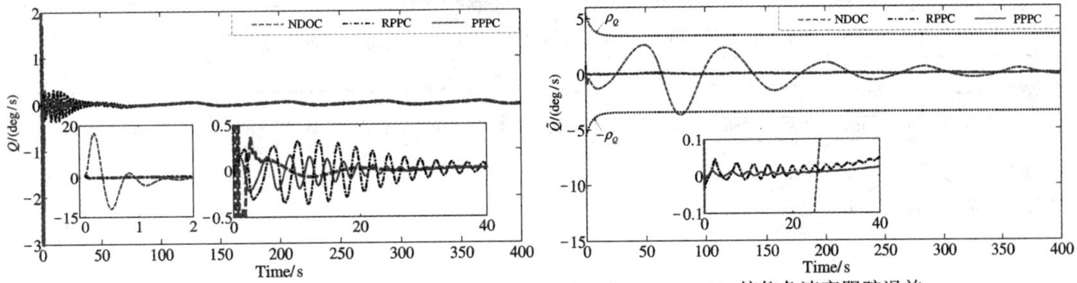


(a) 俯仰角速率　　(b) 俯仰角速率跟踪误差

图 6.8　俯仰角速率 $Q$ 与俯仰角速率跟踪误差 $\tilde{Q}$

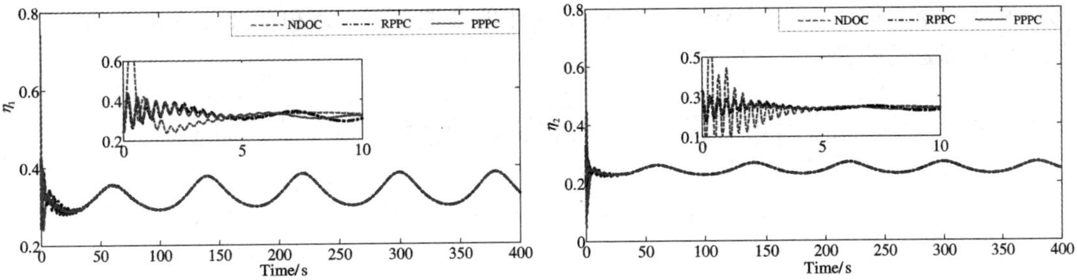


(a) 弹性状态变量　　(b) 弹性状态变量

图 6.9　弹性状态变量 $\eta_1$ 与 $\eta_2$

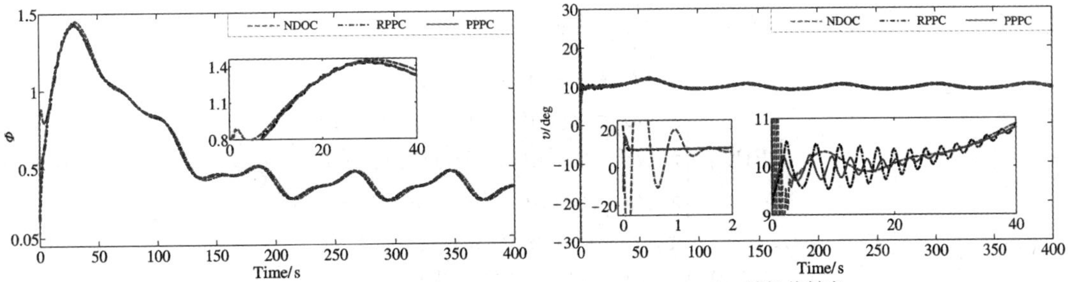


(a) 燃油当量比　　(b) 舵机偏转角

图 6.10　燃油当量比 $\Phi$ 与舵机偏转角 $\upsilon$

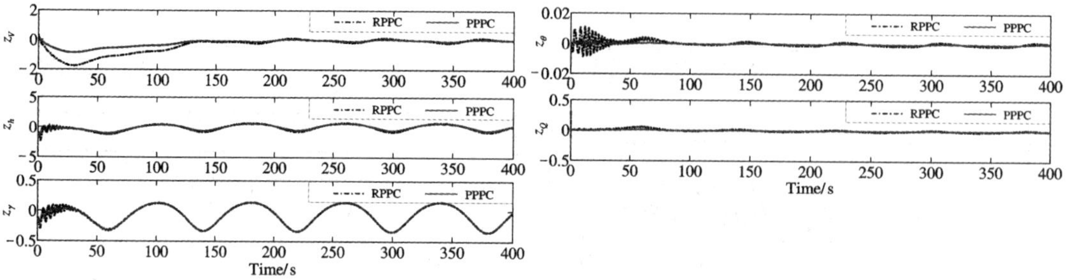


图 6.11　转化误差 $z_V$、$z_h$、$z_\gamma$、$z_\theta$ 与 $z_Q$

### 6.4.2　不同预设性能函数对比研究

假设飞行器进行了多次机动，其中高度指令为每 200 s 以 $|\Delta h|=100$ m 变化的方波信号，速度指令为每 200 s 以 $|\Delta V|=100$ m/s 变化的方波信号。理想的速度和高度信号通过以下滤波器进行平滑：

$$\frac{V_\mathrm{d}(s)}{V_\mathrm{c}(s)}=\begin{cases}\dfrac{0.15^2}{s^2+2\times 0.9\times 0.15\times s+0.15^2}, & \begin{matrix}0\leqslant t<200\text{ s}\\ 600\leqslant t\leqslant 800\text{ s}\end{matrix}\\ \dfrac{0.05^2}{s^2+2\times 0.9\times 0.05\times s+0.05^2}, & \begin{matrix}200\leqslant t<400\text{ s}\\ 400\leqslant t<600\text{ s}\end{matrix}\end{cases} \tag{6.67}$$

$$\frac{h_\mathrm{d}(s)}{h_\mathrm{c}(s)}=\begin{cases}\dfrac{0.1^2}{s^2+2\times 0.9\times 0.1\times s+0.05^2}, & \begin{matrix}0\leqslant t<200\text{ s}\\ 600\leqslant t\leqslant 800\text{ s}\end{matrix}\\ \dfrac{0.05^2}{s^2+2\times 0.9\times 0.05\times s+0.05^2}, & \begin{matrix}200\leqslant t<400\text{ s}\\ 400\leqslant t<600\text{ s}\end{matrix}\end{cases} \tag{6.68}$$

在本小节中，为了体现新型性能函数的有效性，RPPC 和 PPPC 采用相同的控制参数、相同的误差转化函数 $T_\mathrm{r}[\zeta(t)]=\dfrac{\zeta(t)}{1-\zeta^2(t)}$与不同的性能函数：

$$\text{RPPC：}\begin{cases}\lambda_V(t)=\operatorname{csch}(0.1t+0.2)+0.9\\ \lambda_h(t)=\operatorname{csch}(0.1t+0.3)+1.8\\ \lambda_\gamma(t)=\operatorname{csch}(0.15t+2.8)+0.05\\ \lambda_\theta(t)=\operatorname{csch}(0.16t+3.5)+0.04\\ \lambda_Q(t)=\operatorname{csch}(0.3t+4)+0.06\end{cases} \tag{6.69}$$

$$\text{PPPC：}\begin{cases}\lambda'_V(t)=\operatorname{csch}\left\{\dfrac{0.1[\tanh 0.1(t-40)+1]}{2}t+0.3\right\}+0.6+0.7\tanh(\dot{V}_\mathrm{d}^2)\\ \lambda'_h(t)=\operatorname{csch}\left\{\dfrac{0.1[\tanh 0.1(t-40)+1]}{2}t+0.4\right\}+1.4+0.8\tanh(\dot{h}_\mathrm{d}^2)\\ \lambda'_\gamma(t)=\lambda_\gamma(t),\ \lambda'_\theta(t)=\lambda_\theta(t),\ \lambda'_Q(t)=\lambda_Q(t)\end{cases} \tag{6.70}$$

图 6.12～图 6.19 为仿真结果。从图 6.12 和图 6.13 可以看出，在控制初始阶段，PPPC 的性能包络比 RPPC 的性能包络更宽松。在稳态阶段，当 $V_{\mathrm{d}}$ 与 $h_{\mathrm{d}}$ 不存在剧烈变化时，和 RPPC 相比，PPPC 的性能包络更紧密，因此实现了更好的控制性能。图 6.12、图 6.13 和图 6.18 显示，在稳态阶段，当 $V_{\mathrm{d}}$ 与 $h_{\mathrm{d}}$ 存在剧烈变化时，PPPC 的性能包络可以自动变得宽松以避免控制输入超限或产生高频抖振。

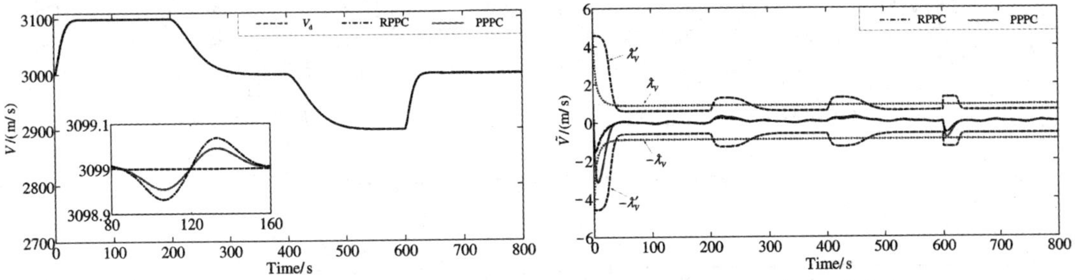


(a) 速度　　(b) 速度跟踪误差

图 6.12　速度跟踪性能

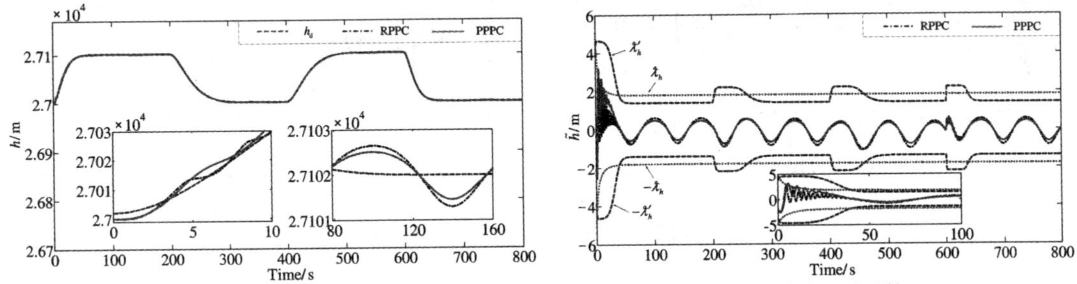


(a) 高度　　(b) 高度跟踪误差

图 6.13　高度跟踪性能

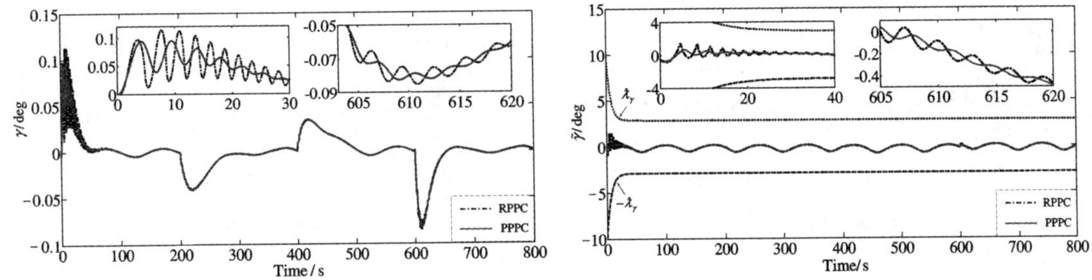


(a) 航迹角　　(b) 航迹角跟踪误差

图 6.14　航迹角 $\gamma$ 与航迹角跟踪误差 $\tilde{\gamma}$

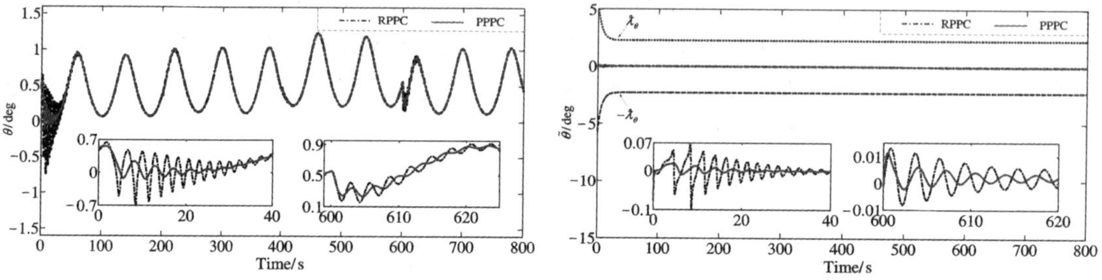


(a) 俯仰角　　(b) 俯仰角跟踪误差

图 6.15　俯仰角 $\theta$ 与俯仰角跟踪误差 $\tilde{\theta}$

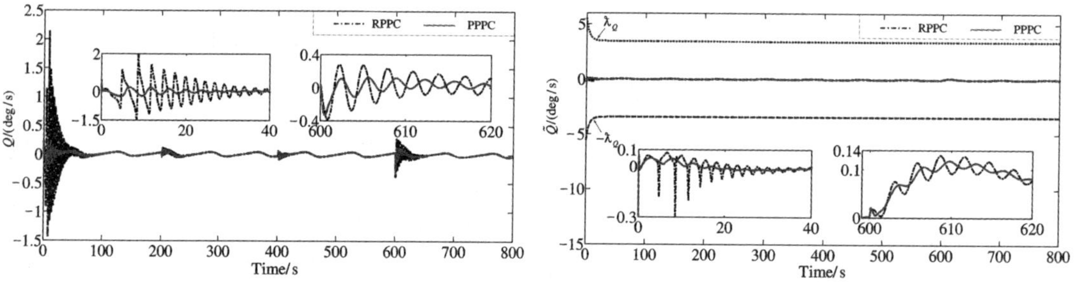


(a) 俯仰角速率　　(b) 俯仰角速率跟踪误差

图 6.16　俯仰角速率 $Q$ 与俯仰角速率跟踪误差 $\tilde{Q}$

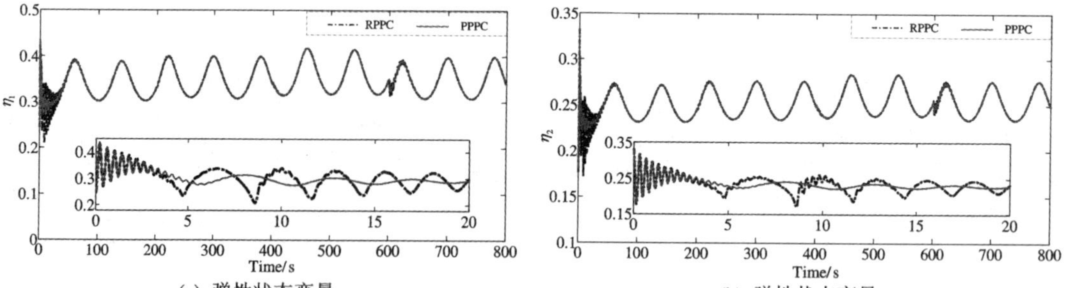


(a) 弹性状态变量　　(b) 弹性状态变量

图 6.17　弹性状态变量 $\eta_1$ 与 $\eta_2$

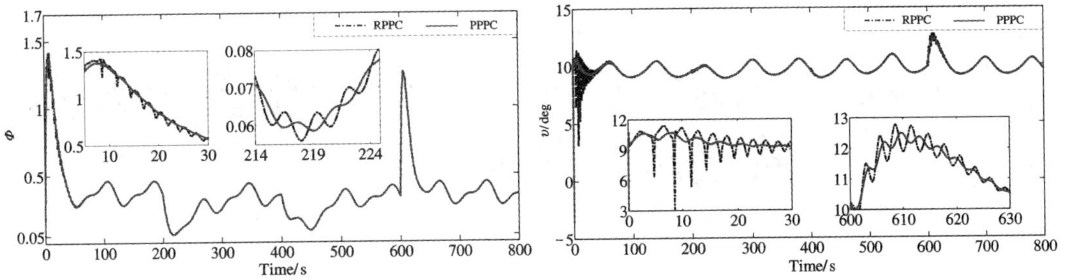


(a) 燃油当量比　　(b) 舵机偏转角

图 6.18　燃油当量比 $\Phi$ 与舵机偏转角 $\upsilon$

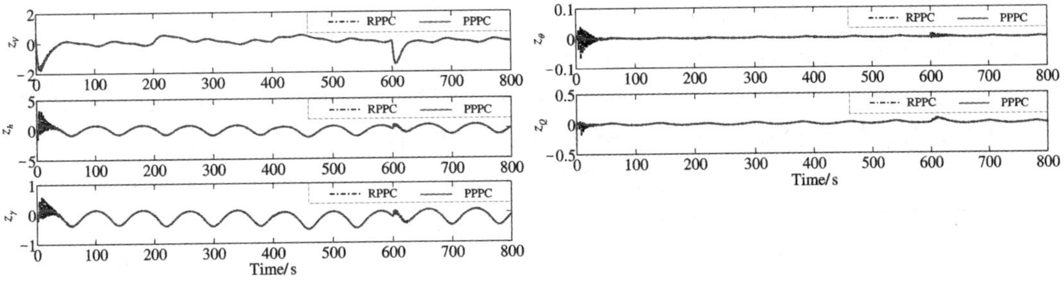


图 6.19　转化误差 $z_V$、$z_h$、$z_\gamma$、$z_\theta$ 与 $z_Q$

从图 6.14～图 6.16 可以看出，RPPC 和 PPPC 的所有状态均在飞行边界以内。同时，在上述两个算例中，跟踪误差 $\tilde{\gamma}$、$\tilde{\theta}$ 和 $\tilde{Q}$ 满足预设性能包络。图 6.14～图 6.18 显示，和 RPPC 相比，PPPC 的控制输入曲线和系统状态曲线更加光滑。图 6.19 显示 RPPC 和 PPPC 中的所有转化误差均有界。综上所述，针对 AHV 非仿射系统，虽然 PPPC 采用了宽松的假设条件，但是依然实现了高精度的跟踪控制。与传统性能函数相比，新型性能函数使得闭环系统的性能更合理。

## 6.5　本章小结

针对带死区输入非线性的 AHV 纵向动态系统，本章设计了一种改进的预设性能控制器。通过分析系统的特点，提出了一种半解耦的非仿射模型。与已有的文献相比，本章取消了非仿射函数必须可偏导的假设，并针对非仿射系统采用了一种宽松的可控性条件。因此，本章的变换模型具有更好的适用性。此外，新型性能函数可以随着指令信号的变化而自动调整，以避免控制输入发生超限或高频抖振。本章所采用的控制方案不依赖任何估计器，简化了控制器的结构，降低了计算复杂度。

# 第7章 带模型不确定性的四旋翼无人机轨迹跟踪控制

## 7.1 引言

四旋翼无人机具有重要的军用和民用价值，因而它一直是飞控领域的研究热点[196-208]。近年来，四旋翼无人机被广泛地用于军事巡逻、包裹运输和航拍等方面。但四旋翼无人机是典型的多变量、非线性、欠驱动与强耦合系统，使得识别其精确的气动参数与模型参数相当困难，因此有必要采用一种具有很强适用性的面向控制器设计的模型。四旋翼无人机凭借结构简单、可垂直起降和迅速机动等特点广泛地应用于复杂的飞行环境中，因此四旋翼无人机需要能实现高精度的飞行控制。然而，为四旋翼无人机设计带预设性能的控制器依然鲜有研究。考虑到四旋翼无人机的广泛应用，为降低成本并提高可靠性，其控制器必须具有较低的结构复杂度和计算复杂度。此外，四旋翼无人机的控制系统还需要对外部干扰具有鲁棒性，以抵抗恶劣天气和地面复杂环境的影响。

由于四旋翼无人机的欠驱动动力学特性，通常需要将其分为平动和转动两个子系统并分别设计控制器。鉴于此，充分考虑模型非线性与飞行状态边界，可将滑模控制[199-202]、有限时间收敛控制[203-204]和自适应控制[205-208]等控制方案应用于四旋翼无人机轨迹跟踪控制中。然而，由于上述控制方案均依赖于四旋翼无人机仿射模型，因此鲜有对其非仿射特性进行分析。事实上，由于强耦合与非线性，四旋翼无人机的姿态角角速度子系统为典型的非仿射系统。近十年来，非仿射控制方法得到了大量的研究。通过假设非仿射函数连续可导并基于泰勒公式或拉格朗日中值定理将非仿射函数伪仿射化，可得到便于设计各种控制器的变换系统。然而，在实际应用中，难以保证非仿射函数存在且有界。因此，针对四旋翼无人机，有必要采用一种宽松的可控性条件以保留系统非仿射特性且设计出能保证跟踪精度的控制器。

目前针对含输出约束的控制器问题，预设性能控制是行之有效的解决方法。然而，传统的预设性能控制器要求性能函数必须包络初始误差，否则会导致控制奇异。在实际应用中，系统初始误差往往不同。因此，可以考虑将初始误差纳入性能函数中以避免发生控制奇异问题。

除上述问题以外，四旋翼无人机控制过程中还存在内外环耦合问题。目前，针对该问题有以下几种典型的处理方式：文献[209－210]通过假设滚转角与俯仰角仅在小范围内变化，使得内外环分离开来；文献[211]假设内外环之间的耦合项有界，并采用自适应律对其进行估计。但上述方法均依赖过于保守和严格的假设条件。文献[212－215]首先通过设计自适应律，保证内外环系统分别渐进稳定，然后通过数学推导证明闭环系统稳定。由于预设性能控制器无法确保系统渐进稳定，本章将通过设计内环子系统的预设性能函数保证外环系统的可控性，以此确保闭环系统的稳定。

本章将针对带模型不确定性的四旋翼无人机系统设计一种能实现小超调的预设性能轨迹跟踪控制器。具体的创新点有以下三方面：在控制器设计过程中，首先针对姿态角角速率子系统建立了非仿射模型，然后基于宽松的可控性条件设计了预设性能控制器；通过将系统初始误差纳入到性能函数中，避免了控制奇异问题的发生，非对称性能函数可实现具有小超调快速收敛的跟踪性能；通过将四旋翼无人机的姿态角跟踪误差限制在预设的性能包络内保证了外环系统的可控性，避免了为解决内外环耦合问题而采用额外的假设条件。本章所设计的控制方法不依赖任何精确的模型参数，因此闭环系统针对模型不确定性具有很强的鲁棒性。此外，本章所设计的控制器无须任何估计器，简化了控制器的结构，降低了计算复杂度。

## 7.2　四旋翼无人机模型

图 7.1 为四旋翼无人机模型示意图。$E=\{x, y, z\}$为地面坐标系，符合右手准则，且 $z$ 轴垂直向上。$B=\{x_B, y_B, z_B\}$为无人机体坐标系，坐标原点设置在无人机质心。$\boldsymbol{\xi}=[x, y, z]^{\mathrm{T}}$ 和 $\boldsymbol{\eta}=[\phi, \theta, \psi]^{\mathrm{T}}$ 分别表示四旋翼无人机在地面坐标系$\{E\}$的空间位置和欧拉角。

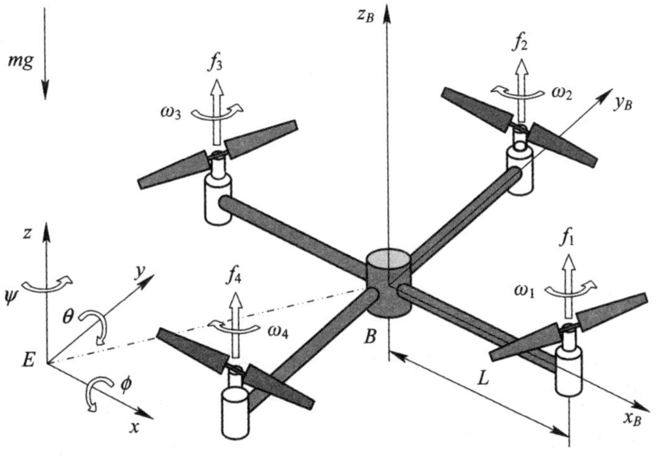


图 7.1　四旋翼无人机模型示意图

如图 7.1 所示，四旋翼无人机一共包含四个发动机。其中 1 号和 3 号旋翼逆时针旋转，2 号和 4 号旋翼顺时针旋转。各旋翼所产生的力可表述为 $\boldsymbol{f}_\tau=[f_1, f_2, f_3, f_4]^{\mathrm{T}}$，作用在无人机上的转矩为 $\boldsymbol{\tau}_w=[\tau_p, \tau_q, \tau_r]^{\mathrm{T}}$，所有旋翼产生的合升力为 $U_1$，根据上述定义有以下等式成立：

$$\begin{cases} f_i = b\omega_i^2, \ (i=1, 2, 3, 4), \ \tau_p = (f_2 - f_4)L, \ \tau_q = (f_3 - f_1)L \\ \tau_r = a(-\omega_1^2 + \omega_2^2 - \omega_3^2 + \omega_4^2), \ U_1 = \sum\limits_{i=1}^{4} f_i \end{cases} \tag{7.1}$$

其中：$\omega_i$ 为发动机转速，$L$ 为臂长，$a$ 和 $b$ 为气动参数。等式(7.1)表明若已知 $f_i$ 值，即可求得 $\omega_i(i=1, 2, 3, 4)$的值，而 $f_i$ 的值可以通过 $\tau_p$、$\tau_q$、$\tau_r$ 和 $U_1$ 的值求得。

四旋翼无人机的数学模型可以分为平动和转动两部分，其中平动方程基于地面坐标系建立，转动方程基于体坐标系建立。具体的数学模型如下所示[216-217]：

$$\begin{cases} \dot{\boldsymbol{\xi}} = \boldsymbol{v} \\ m\dot{\boldsymbol{v}} = U_1 \boldsymbol{R}_{B\to E}(\boldsymbol{\eta})\boldsymbol{e}_3 - mg\boldsymbol{e}_3 + \boldsymbol{d}_\xi \\ \dot{\boldsymbol{\eta}} = \boldsymbol{W}(\boldsymbol{\eta})\boldsymbol{w} \\ \boldsymbol{J}\dot{\boldsymbol{w}} = -\boldsymbol{w} \times \boldsymbol{J}\boldsymbol{w} + \boldsymbol{\tau}_w + \boldsymbol{d}_w \end{cases} \tag{7.2}$$

其中：$\boldsymbol{v}=\dot{\boldsymbol{\xi}}=[\dot{x}, \dot{y}, \dot{z}]^{\mathrm{T}}$ 为四旋翼无人机在地面坐标系$\{E\}$下的速度向量，$\boldsymbol{w}=[p, q, r]^{\mathrm{T}}$ 为四旋翼无人机在体坐标系$\{B\}$下的角速度向量，$m$ 为四旋翼无人机的总质量，$g$ 表示重力加速度，$\boldsymbol{e}_3=[0, 0, 1]^{\mathrm{T}}$ 为地面坐标系$\{E\}$中沿 $z$ 轴方向的单位向量，$\boldsymbol{d}_\xi=[d_x, d_y, d_z]^{\mathrm{T}}$ 和 $\boldsymbol{d}_w=[d_p, d_q, d_r]^{\mathrm{T}}$ 为有界的外部干扰信号。$\boldsymbol{J}=\mathrm{diag}(J_x, J_y, J_z)$为机体坐标系$\{B\}$下的惯性矩阵；$\boldsymbol{R}_{B\to E}(\boldsymbol{\eta})$是由体坐标系$\{B\}$向地面坐标系$\{E\}$变换的旋转矩阵，其具体形式如下：

$$\boldsymbol{R}_{B\to E}(\boldsymbol{\eta}) = \begin{bmatrix} C_\theta C_\psi & S_\theta S_\phi S_\psi - C_\phi S_\psi & C_\phi S_\theta C_\psi + S_\phi S_\psi \\ C_\theta S_\psi & S_\phi S_\theta S_\psi + C_\phi C_\psi & C_\phi S_\theta S_\psi - S_\phi C_\psi \\ -S_\theta & S_\phi C_\theta & C_\phi C_\theta \end{bmatrix} \tag{7.3}$$

其中：$S.=\sin(\cdot)$，$C.=\cos(\cdot)$。$W(\boldsymbol{\eta})$定义为

$$W(\boldsymbol{\eta}) = \begin{bmatrix} 1 & S_\phi T_\theta & C_\phi T_\theta \\ 0 & C_\phi & -S_\phi \\ 0 & \dfrac{S_\phi}{C_\theta} & \dfrac{C_\phi}{C_\theta} \end{bmatrix} \tag{7.4}$$

其中：$T.=\tan(\cdot)$。

系统(7.2)具有欠驱动特性，很难通过设计控制器独立地控制所有状态。本章的控制目标为：通过设计控制律 $U_1$ 和 $\boldsymbol{\tau}_w$ 使得 $\boldsymbol{\xi}$ 和 $\psi$ 能稳定地跟踪各自的参考指令信号 $\boldsymbol{\xi}_{\mathrm{d}}$ 和 $\psi_{\mathrm{d}}$，且跟踪误差满足预设性能。为了实现上述目标，本章针对系统(7.2)采用以下合理的假设。

**假设 7.1**　参考指令信号 $\boldsymbol{\xi}_{\mathrm{d}}$、$\psi_{\mathrm{d}}$ 及其一阶和二阶时间的导数连续且有界，系统(7.2)的

状态 $\boldsymbol{\xi}$、$\boldsymbol{v}$、$\boldsymbol{\eta}$ 和 $\boldsymbol{w}$ 均可测。

**假设 7.2**　$d_i(t)$对于时间 $t$ 而言为有界的 Lipschitz 连续函数；存在未知正数 $\underline{m}$、$\overline{m}$ 和 $d_i^*$ 使得 $\underline{m}\leqslant m\leqslant\overline{m}$ 和 $|d_i(t)|\leqslant d_i^*$ $(i=x, y, z, p, q, r)$成立。

# 7.3　控制器设计与稳定性分析

## 7.3.1　具有小超调的预设性能

预设性能是指设计控制律使得跟踪误差 $e(t)$以预设的收敛速率和超调量收敛至一个可调的残差集合中[3, 34]。本小节将针对二阶系统设计一种能实现小超调的预设性能方法。首先定义如下误差面：

$$s(t)=ce(t)+\dot{e}(t),\ t\geqslant 0 \tag{7.5}$$

其中：$c>0$ 为待设计参数。为了实现具有小超调的预设性能控制，假设 $s(t)$满足以下不等式约束：

$$\underline{\lambda}(t)<s(t)<\overline{\lambda}(t),\ t\geqslant 0 \tag{7.6}$$

$\underline{\lambda}(t)$和 $\overline{\lambda}(t)$为非对称性能函数，具体形式为

$$\begin{cases}\overline{\lambda}(t)=[s(0)+\delta-\lambda_\infty]\exp(-lt)+\lambda_\infty\\ \underline{\lambda}(t)=[s(0)-\delta+\lambda_\infty]\exp(-lt)-\lambda_\infty\end{cases} \tag{7.7}$$

其中：$c>l\geqslant 0$，$\delta>0$ 和 $\lambda_\infty>0$ 为待设计参数，exp( · )表示指数函数。上述预设性能可通过图 7.2 进行阐释。

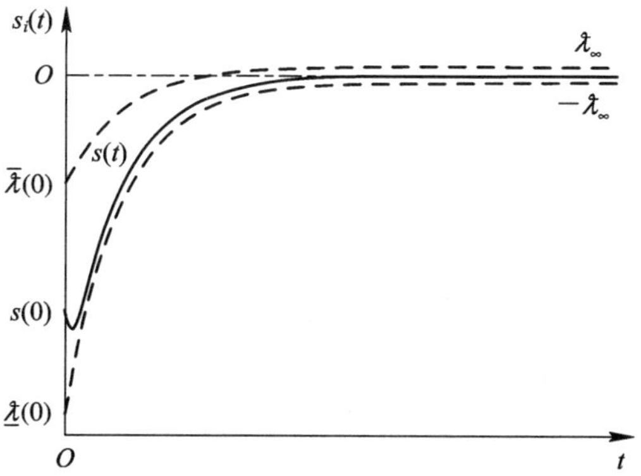


图 7.2　能实现小超调的预设性能示意图

等式(7.7)表明 $\underline{\lambda}(t)$、$\overline{\lambda}(t)$、$\dot{\underline{\lambda}}(t)$和$\dot{\overline{\lambda}}(t)$均有界。$(s(0)+\delta, s(0)-\delta)$限制了误差面 $s(t)$在瞬态时的超调量。区间$(-\lambda_\infty, \lambda_\infty)$表示误差面 $s(t)$在稳态时允许的变化范围。

**定理 7.1**　若条件(7.6)满足，则跟踪误差 $e(t)$ 有界，且对于 $\forall t \geqslant 0$，$e(t)$ 满足指数收敛约束。

**证明**　求解微分方程(7.5)可得

$$e(t) = e(0)\exp(-ct) + \exp(-ct)\int_0^t s(\tau)\exp(c\tau)\mathrm{d}\tau,\ t \geqslant 0 \tag{7.8}$$

根据 $c > l \geqslant 0$ 和不等式约束(7.6)可得

$$\begin{aligned} e(t) &\leqslant e(0)\exp(-ct) + \exp(-ct)\int_0^t [(s(0)+\delta-\lambda_\infty)\exp(-l\tau)+\lambda_\infty]\exp(c\tau)\mathrm{d}\tau \\ &\leqslant e(0)\exp(-ct) + \frac{s(0)+\delta-\lambda_\infty}{c-l}\exp(-lt) + \frac{\lambda_\infty}{c} - \frac{s(0)+\delta-\lambda_\infty}{c-l}\exp(-ct) - \\ &\quad \frac{\lambda_\infty}{c}\exp(-ct) \\ &< \left[e(0) - \frac{s(0)+\delta-\lambda_\infty}{c-l}\right]\exp(-ct) + \frac{s(0)+\delta-\lambda_\infty}{c-l}\exp(-lt) + \frac{\lambda_\infty}{c} \end{aligned} \tag{7.9}$$

且

$$\begin{aligned} e(t) &\geqslant e(0)\exp(-ct) + \exp(-ct)\int_0^t [(s(0)-\delta+\lambda_\infty)\exp(-l\tau)-\lambda_\infty]\exp(c\tau)\mathrm{d}\tau \\ &\geqslant e(0)\exp(-ct) + \frac{s(0)-\delta+\lambda_\infty}{c-l}\exp(-lt) - \frac{\lambda_\infty}{c} - \frac{s(0)-\delta+\lambda_\infty}{c-l}\exp(-ct) + \\ &\quad \frac{\lambda_\infty}{c}\exp(-ct) \\ &> \left[e(0) - \frac{s(0)-\delta+\lambda_\infty}{c-l}\right]\exp(-ct) + \frac{s(0)-\delta+\lambda_\infty}{c-l}\exp(-lt) - \frac{\lambda_\infty}{c} \end{aligned} \tag{7.10}$$

根据式(7.9)、式(7.10)可知定理 7.1 得证。参考 2.3.2 节，可证明若条件(7.6)满足，则 $\dot{e}(t)$ 有界。具体证明过程本章不再赘述。

为实现预设性能式(7.6)，参考 3.3.1 节可定义转化误差 $z(t)$ 为

$$z(t) = \frac{\zeta(t)}{1-\zeta^2(t)} \tag{7.11}$$

其中：标准化误差 $\zeta(t) = \dfrac{2s(t)-(\bar{\lambda}(t)+\underline{\lambda}(t))}{\bar{\lambda}(t)-\underline{\lambda}(t)}$。为了简化表述，将转化函数 $T_r[\zeta(t)] = \dfrac{\zeta(t)}{1-\zeta^2(t)}$ 定义为 $T_r(\cdot)$：$(-1, 1) \to \mathbf{R}$。对 $z(t)$ 求时间的一阶导数可得

$$\dot{z}(t) = r[\dot{e}(t) + \sigma] \tag{7.12}$$

其中：

$$r = \frac{2[1+\zeta^2(t)]}{[1-\zeta^2(t)]^2[\bar{\lambda}(t)-\underline{\lambda}(t)]} \tag{7.13}$$

且

$$\sigma=\frac{\zeta(t)[\dot{\bar{\lambda}}(t)-\dot{\underline{\lambda}}(t)]-[\dot{\bar{\lambda}}(t)+\dot{\underline{\lambda}}(t)]}{2} \tag{7.14}$$

**定理 7.2**　对于 $\forall t\geqslant 0$，若存在未知正数 $z_M$ 使得 $|z(t)|\leqslant z_M$ 成立，则对于 $\forall t\geqslant 0$ 均有 $|\zeta(t)|<1$ 成立。

**证明**　根据 $\underline{\lambda}(0)=s(0)-\delta$ 和 $\bar{\lambda}(t)=s(0)+\delta$，可得 $|\zeta(0)|<1$。其余证明过程与 3.3.1 节中定理 3.1 的证明过程相同。本章不再赘述。

结合定理 7.1 和定理 7.2，若能通过设计控制律确保对于 $\forall t\geqslant 0$，均有 $|z(t)|\leqslant z_M$ 成立，则跟踪误差 $e(t)$ 有界且满足指数收敛约束(7.9)、(7.10)。

非对称性能函数(7.7)包含了系统初始误差。此举不仅避免了潜在的奇异问题，也实现了具有小超调的预设性能。与第 5 章不依赖初始误差的性能函数相比，本章的性能函数严格依赖初始误差。在实际应用中，可根据获取初始误差的难易程度与对超调量的需求对两种方法进行选取。

### 7.3.2　平动子系统控制器设计

定义位置跟踪误差 $\tilde{\boldsymbol{\xi}}=\boldsymbol{\xi}-\boldsymbol{\xi}_d=[\tilde{x},\ \tilde{y},\ \tilde{z}]^T$。对 $\tilde{\boldsymbol{\xi}}$ 求时间的一阶导数并结合模型(7.2)可得以下平动子系统的误差动力学方程：

$$\begin{cases}\dot{\tilde{\boldsymbol{\xi}}}=\dot{\boldsymbol{\xi}}-\dot{\boldsymbol{\xi}}_d\\ \ddot{\tilde{\boldsymbol{\xi}}}=\dfrac{U_1\boldsymbol{R}_{B\to E}\boldsymbol{e}_3}{m}-g\boldsymbol{e}_3+\dfrac{\boldsymbol{d}_\xi}{m}-\ddot{\boldsymbol{\xi}}_d\end{cases} \tag{7.15}$$

其中：$U_1\boldsymbol{R}_{B\to E}\boldsymbol{e}_3$ 可改写为以下等效形式：

$$U_1\boldsymbol{R}_{B\to E}\boldsymbol{e}_3=U_1\begin{bmatrix}C_\phi S_\theta C_\psi+S_\phi S_\psi\\ C_\phi S_\theta S_\psi-S_\phi C_\psi\\ C_\phi C_\theta\end{bmatrix}=U_1\begin{bmatrix}C_\psi & -S_\psi & 0\\ S_\psi & C_\psi & 0\\ 0 & 0 & 1\end{bmatrix}\begin{bmatrix}C_\phi S_\theta\\ -S_\phi\\ C_\phi C_\theta\end{bmatrix} \tag{7.16}$$

为了分析姿态角跟踪误差 $\tilde{\boldsymbol{\eta}}=\boldsymbol{\eta}-\boldsymbol{\eta}_d=[\tilde{\phi},\ \tilde{\theta},\ \tilde{\psi}]^T$ 对速度子系统控制增益的影响，采用如下代数变换：

$$\begin{bmatrix}C_\phi S_\theta\\ -S_\phi\\ C_\phi C_\theta\end{bmatrix}=\begin{bmatrix}C_{\tilde{\phi}}C_{\tilde{\theta}} & S_\theta S_{\tilde{\phi}} & C_{\tilde{\phi}}S_{\tilde{\theta}}\\ -S_{\theta_d}S_{\tilde{\phi}} & C_{\tilde{\phi}} & -C_{\theta_d}S_{\tilde{\phi}}\\ -C_{\tilde{\phi}}S_{\tilde{\theta}} & C_\theta S_{\tilde{\phi}} & C_{\tilde{\phi}}C_{\tilde{\theta}}\end{bmatrix}\begin{bmatrix}C_{\phi_d}S_{\theta_d}\\ -S_{\phi_d}\\ C_{\phi_d}C_{\theta_d}\end{bmatrix} \tag{7.17}$$

其中：$\tilde{\phi}=\phi-\phi_d$，$\tilde{\theta}=\theta-\theta_d$，$\tilde{\psi}=\psi-\psi_d$。为了简化表述，定义：

$$\boldsymbol{R}_z(\psi)=\begin{bmatrix}C_\psi & -S_\psi & 0\\ S_\psi & C_\psi & 0\\ 0 & 0 & 1\end{bmatrix} \tag{7.18}$$

$$\boldsymbol{M}(\tilde{\phi},\tilde{\theta},\theta)=\begin{bmatrix} C_{\tilde{\phi}}C_{\tilde{\theta}} & S_{\theta}S_{\tilde{\phi}} & C_{\tilde{\phi}}S_{\tilde{\theta}} \\ -S_{\theta_d}S_{\tilde{\phi}} & C_{\tilde{\phi}} & -C_{\theta_d}S_{\tilde{\phi}} \\ -C_{\tilde{\phi}}S_{\tilde{\theta}} & C_{\theta}S_{\tilde{\phi}} & C_{\tilde{\phi}}C_{\tilde{\theta}} \end{bmatrix} \tag{7.19}$$

通过分析矩阵 $\boldsymbol{M}_s(\tilde{\phi},\tilde{\theta},\theta)\overset{\mathrm{def}}{=\!=}\dfrac{\boldsymbol{M}(\tilde{\phi},\tilde{\theta},\theta)+\boldsymbol{M}^{\mathrm{T}}(\tilde{\phi},\tilde{\theta},\theta)}{2}$ 的各阶顺序主子式 $D_1$、$D_2$ 和 $D_3$ 可得

$$\begin{aligned}
D_3&=\begin{vmatrix} C_{\tilde{\phi}}C_{\tilde{\theta}} & \dfrac{S_{\theta}S_{\tilde{\phi}}-S_{\theta_d}S_{\tilde{\phi}}}{2} & 0 \\ \dfrac{S_{\theta}S_{\tilde{\phi}}-S_{\theta_d}S_{\tilde{\phi}}}{2} & C_{\tilde{\phi}} & \dfrac{C_{\theta}S_{\tilde{\phi}}-C_{\theta_d}S_{\tilde{\phi}}}{2} \\ 0 & \dfrac{C_{\theta}S_{\tilde{\phi}}-C_{\theta_d}S_{\tilde{\phi}}}{2} & C_{\tilde{\phi}}C_{\tilde{\theta}} \end{vmatrix}\\
&=C_{\tilde{\phi}}C_{\tilde{\theta}}\left[C_{\tilde{\phi}}^2C_{\tilde{\theta}}-\frac{S_{\tilde{\phi}}^2}{4}(C_{\theta}-C_{\theta_d})^2\right]-C_{\tilde{\phi}}C_{\tilde{\theta}}\left(\frac{S_{\theta}S_{\tilde{\phi}}-S_{\theta_d}S_{\tilde{\phi}}}{2}\right)^2\\
&=C_{\tilde{\phi}}C_{\tilde{\theta}}\left\{C_{\tilde{\phi}}^2C_{\tilde{\theta}}-\frac{S_{\tilde{\phi}}^2}{4}\left[(C_{\theta}-C_{\theta_d})^2+(S_{\theta}-S_{\theta_d})^2\right]\right\}\\
&=C_{\tilde{\phi}}C_{\tilde{\theta}}\left[C_{\tilde{\phi}}^2C_{\tilde{\theta}}-\frac{1-C_{\tilde{\phi}}^2}{2}(1-C_{\tilde{\theta}})\right]\\
&=\frac{C_{\tilde{\phi}}C_{\tilde{\theta}}}{2}\left[(C_{\tilde{\phi}}^2+1)(C_{\tilde{\theta}}+1)-2\right]
\end{aligned} \tag{7.20}$$

$$\begin{aligned}
D_2&=\begin{vmatrix} C_{\tilde{\phi}}C_{\tilde{\theta}} & \dfrac{S_{\theta}S_{\tilde{\phi}}-S_{\theta_d}S_{\tilde{\phi}}}{2} \\ \dfrac{S_{\theta}S_{\tilde{\phi}}-S_{\theta_d}S_{\tilde{\phi}}}{2} & C_{\tilde{\phi}} \end{vmatrix}\\
&=(C_{\tilde{\phi}})^2C_{\tilde{\theta}}-\frac{S_{\tilde{\phi}}^2}{4}(S_{\theta}-S_{\theta_d})^2\\
&=C_{\tilde{\phi}}^2C_{\tilde{\theta}}-S_{\tilde{\phi}}^2\left[C_{(\theta+\theta_d)/2}S_{(\theta-\theta_d)/2}\right]^2\\
&\geqslant C_{\tilde{\phi}}^2C_{\tilde{\theta}}-S_{\tilde{\phi}}^2S_{\tilde{\theta}/2}^2\\
&\geqslant C_{\tilde{\phi}}^2C_{\tilde{\theta}}-(1-C_{\tilde{\phi}}^2)\frac{1-C_{\tilde{\theta}}}{2}\\
&\geqslant \frac{1}{2}\left[(C_{\tilde{\phi}}^2+1)(C_{\tilde{\theta}}+1)-2\right]
\end{aligned} \tag{7.21}$$

$$D_1=C_{\tilde{\phi}}C_{\tilde{\theta}} \tag{7.22}$$

因此在集合 $\boldsymbol{\Omega}_s=\{(\tilde{\phi},\tilde{\theta})^{\mathrm{T}}\,|\,(C_{\tilde{\phi}}^2+1)(C_{\tilde{\theta}}+1)>2\}$ 范围内，$\boldsymbol{M}_s(\tilde{\phi},\tilde{\theta},\theta)$ 为正定的对称矩阵。在本章中，具体选择以下紧集 $\Omega_0\subseteq\Omega_s$ 确保 $\boldsymbol{M}_s(\tilde{\phi},\tilde{\theta},\theta)$ 的正定性：

$$\Omega_0=\{(\tilde{\phi},\tilde{\theta})^{\mathrm{T}}\,|\,|\tilde{\phi}|\leqslant 0.995\ \mathrm{rad},\ |\tilde{\theta}|\leqslant 0.995\ \mathrm{rad}\}$$

**假设 7.3**　四旋翼无人机的姿态角初始条件满足 $|\phi(0)|=\phi_0<\pi/2$，$|\theta(0)|=\theta_0<\pi/2$，$|\tilde{\phi}(0)|\leqslant\bar{\phi}=0.995$ rad 且 $|\tilde{\theta}(0)|\leqslant\bar{\theta}=0.995$ rad，其中 $\tilde{\phi}(0)=\phi(0)-\phi_{\rm d}(0)$，$\tilde{\theta}(0)=\theta(0)-\theta_{\rm d}(0)$。$\theta_{\rm d}$ 和 $\phi_{\rm d}$ 由平动子系统控制器产生。

假设 7.3 保证了在控制初始阶段 $\boldsymbol{M}_{\rm s}(\tilde{\phi},\tilde{\theta},\theta)$的正定性。在实际应用中，可通过将四旋翼无人机放置于大致指向跟踪轨迹的方向，以满足假设 7.3 的要求；在转动子系统控制器设计过程中，将通过设计性能函数使姿态角跟踪误差 $\tilde{\phi}$ 和 $\tilde{\theta}$ 时刻处于集合 $\Omega_{\rm s}$ 中。上述设置可使得 $\boldsymbol{M}_{\rm s}(\tilde{\phi},\tilde{\theta},\theta)$时刻正定，于是平动子系统(7.15)的可控性得到了保证。

针对平动子系统(7.15)，定义虚拟控制律 $\boldsymbol{u}_\xi=[u_x, u_y, u_z]^{\rm T}$ 如下：

$$\boldsymbol{u}_\xi=\begin{bmatrix}u_x\\u_y\\u_z\end{bmatrix}=\begin{bmatrix}C_{\phi_{\rm d}}S_{\theta_{\rm d}}U_1\\-S_{\phi_{\rm d}}U_1\\C_{\phi_{\rm d}}C_{\theta_{\rm d}}U_1\end{bmatrix}\tag{7.23}$$

定义虚拟控制律 $\Delta\boldsymbol{u}_\xi=\boldsymbol{u}_\xi-m_0g\boldsymbol{e}_3$，其中 $m_0$ 为四旋翼无人机在实际中的大致质量。将式(7.18)、式(7.19)和 $\Delta\boldsymbol{u}_\xi$ 代入式(7.2)中得

$$\begin{cases}\dot{\tilde{\boldsymbol{\xi}}}=\boldsymbol{\xi}-\boldsymbol{\xi}_{\rm d}\\ \ddot{\tilde{\boldsymbol{\xi}}}=\dfrac{\boldsymbol{R}_z(\psi)}{m}\boldsymbol{M}(\tilde{\phi},\tilde{\theta},\theta)\Delta\boldsymbol{u}_\xi+\boldsymbol{\zeta}-g\boldsymbol{e}_3+\dfrac{\boldsymbol{d}_\xi}{m}-\ddot{\boldsymbol{\xi}}_{\rm d}\end{cases}\tag{7.24}$$

其中：

$$\boldsymbol{\zeta}=\frac{\boldsymbol{R}_z(\psi)}{m}\boldsymbol{M}(\tilde{\phi},\tilde{\theta},\theta)m_0g\boldsymbol{e}_3=\frac{m_0g}{m}\begin{bmatrix}C_\psi C_{\tilde{\phi}}S_{\tilde{\theta}}+S_\psi C_{\theta_{\rm d}}S_{\tilde{\phi}}\\S_\psi C_{\tilde{\phi}}S_{\tilde{\theta}}-C_\psi C_{\theta_{\rm d}}S_{\tilde{\phi}}\\C_{\tilde{\phi}}C_{\tilde{\theta}}\end{bmatrix}\tag{7.25}$$

为了处理二阶动态系统(7.24)，定义时变误差面 $\boldsymbol{s}_\xi=[s_x, s_y, s_z]^{\rm T}$ 如下：

$$\boldsymbol{s}_\xi=\dot{\tilde{\boldsymbol{\xi}}}+\boldsymbol{c}_\xi\tilde{\boldsymbol{\xi}}\tag{7.26}$$

其中：$\boldsymbol{c}_\xi={\rm diag}(c_x, c_y, c_z)$为正定对称矩阵且 $c_i>l_i$，$i=x, y, z$。根据 7.3.1 节，设计性能函数 $\bar{\lambda}_i(t)$和 $\underline{\lambda}_i(t)$如下：

$$\begin{cases}\bar{\lambda}_i(t)=(\bar{\lambda}_{i,0}-\lambda_{i,\infty})\exp(-l_it)+\lambda_{i,\infty}\\ \underline{\lambda}_i(t)=(\underline{\lambda}_{i,0}+\lambda_{i,\infty})\exp(-l_it)-\lambda_{i,\infty}\end{cases}\tag{7.27}$$

其中：$c_i>l_i\geqslant0$，$\delta_i>0$，$\lambda_{i,\infty}>0$，$\bar{\lambda}_{i,0}=s_i(0)+\delta_i$ 且 $\underline{\lambda}_{i,0}=s_i(0)-\delta_i$，$i=x, y, z$。

定义标准化误差 $\zeta_i(t)=\dfrac{2s_i(t)-[\bar{\lambda}_i(t)+\underline{\lambda}_i(t)]}{\bar{\lambda}_i(t)-\underline{\lambda}_i(t)}$，$i=x, y, z$ 与虚拟控制律 $\Delta\boldsymbol{u}_\xi$ 如下：

$$\Delta \boldsymbol{u}_{\xi} = -\boldsymbol{R}_z^{\mathrm{T}}(\psi)\boldsymbol{r}_{\xi}\boldsymbol{\Gamma}_{\xi}\boldsymbol{z}_{\xi} = -\boldsymbol{R}_z^{\mathrm{T}}(\psi)\boldsymbol{r}_{\xi}\boldsymbol{\Gamma}_{\xi}\begin{bmatrix} T_{\mathrm{r}}(\zeta_x(t)) \\ T_{\mathrm{r}}(\zeta_y(t)) \\ T_{\mathrm{r}}(\zeta_z(t)) \end{bmatrix} \tag{7.28}$$

其中：$\boldsymbol{\Gamma}_{\xi}=\mathrm{diag}(\Gamma_x, \Gamma_y, \Gamma_z)$为正定对角阵，$\boldsymbol{r}_{\xi}=\mathrm{diag}(r_x, r_y, r_z)$，$r_i=\dfrac{2[1+\zeta_i^2(t)]}{[1-\zeta_i^2(t)]^2[\bar{\lambda}_i(t)-\underline{\lambda}_i(t)]}$，$i=x, y, z$。根据等式(7.23)可求得理想的欧拉角指令为

$$U_1 = \| \boldsymbol{u}_{\xi} \|, \ \phi_{\mathrm{d}} = \frac{-\sin^{-1}(u_y)}{\| \boldsymbol{u}_{\xi} \|}, \ \theta_{\mathrm{d}} = \tan^{-1}\left(\frac{u_x}{u_z}\right) \tag{7.29}$$

与待设计的参考指令 $\psi_{\mathrm{d}}$ 一起，$\theta_{\mathrm{d}}$ 和 $\phi_{\mathrm{d}}$ 将作为转动子系统的指令信号。

在本小节中并未直接设计虚拟控制律 $\boldsymbol{u}_{\xi}$，而是先通过设计虚拟控制律 $\Delta\boldsymbol{u}_{\xi}$，再通过变换得到 $\boldsymbol{u}_{\xi}$；否则，当 $\zeta_x(t)=\zeta_y(t)=\zeta_z(t)=0$ 时，$\| \boldsymbol{u}_{\xi} \| =0$ 会导致等式(7.29)出现奇异问题。

### 7.3.3 转动子系统控制器设计

为了使控制器具有更好的适用性，将系统(7.2)中的转动子系统表述为以下非仿射模型：

$$\dot{w}_k = f_k(\boldsymbol{w}, \tau_k) + d'_k, \ k = p, q, r \tag{7.30}$$

其中：$f_k(\boldsymbol{w}, \tau_k)$为 Lipschitz 连续的未知非仿射函数，$d'_k$为有界的外部干扰。

**假设 7.4**　存在连续函数 $\underline{g}_k(\boldsymbol{w}, \tau_k)$、$\bar{g}_k(\boldsymbol{w}, \tau_k)$、$\underline{h}_k(\boldsymbol{w})$和 $\bar{h}_k(\boldsymbol{w})$满足：

$$\begin{cases} f_k(\boldsymbol{w}, \tau_k) \geqslant \underline{g}_k(\boldsymbol{w}, \tau_k)\tau_k + \underline{h}_k(\boldsymbol{w}), \ \tau_k \geqslant \underline{\varepsilon}_k \geqslant 0 \\ f_k(\boldsymbol{w}, \tau_k) \leqslant \bar{g}_k(\boldsymbol{w}, \tau_k)\tau_k + \bar{h}_k(\boldsymbol{w}), \ \tau_k \leqslant \bar{\varepsilon}_k \leqslant 0 \end{cases} \tag{7.31}$$

其中：$\underline{\varepsilon}_k$、$\bar{\varepsilon}_k$ 与 $k(=p, q, r)$为未知常数。对于$|\tau_k| \geqslant \varepsilon_k > \max\{\underline{\varepsilon}_k, |\bar{\varepsilon}_k|\}$，存在未知正数 $g_{k,\mathrm{m}}$满足 $\min\{\underline{g}_k(\boldsymbol{w}, \tau_k), \bar{g}_k(\boldsymbol{w}, \tau_k)\} \geqslant g_{k,\mathrm{m}}$。

图 7.3 为假设 7.4 的示意图。图中的虚线分别是边界函数 $\underline{g}_k(\boldsymbol{w}, \tau_k)\tau_k + \underline{h}_k(\boldsymbol{w})$和$\bar{g}_k(\boldsymbol{w}, \tau_k)\tau_k + \bar{h}_k(\boldsymbol{w})$的特殊形式。

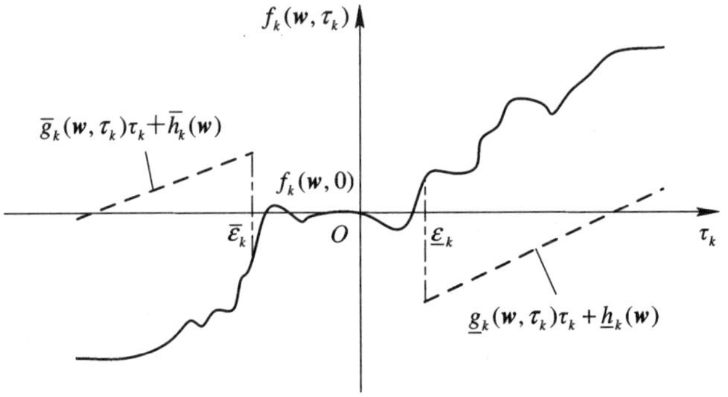


图 7.3　假设 7.4 示意图

由于四旋翼无人机惯性矩阵 $\boldsymbol{J}$ 为未知正定矩阵。结合微分方程 $\dot{\boldsymbol{w}}=-\boldsymbol{J}^{-1}(\boldsymbol{w}\times\boldsymbol{J}\boldsymbol{w}+\boldsymbol{\tau}_w+\boldsymbol{d}_w)$ 的形式，易知假设 7.4 合理。同时，假设 7.4 保证了角速度子系统的可控性。在区间 $\bar{\varepsilon}_k\leqslant\tau_k\leqslant\underline{\varepsilon}_k$ 上，$f_k(\boldsymbol{w},\tau_k)$ 随 $\tau_k$ 的变化规律保持未知。非仿射函数在区间 $\tau_k\geqslant\underline{\varepsilon}_k$ 的上界和区间 $\tau_k\leqslant\bar{\varepsilon}_k$ 的下界均被取消。和文献[5]～文献[13]所采用的假设“非仿射函数必须可偏导”相比，假设 7.4 的条件更宽松。

定义角速度跟踪误差 $\tilde{\boldsymbol{w}}=\boldsymbol{w}-\boldsymbol{w}_{\mathrm{d}}$。对 $\tilde{\boldsymbol{w}}$ 求时间的一阶导数并结合等式(7.30)可得

$$\dot{\tilde{w}}_k=f_k(\boldsymbol{w},\tau_k)+d'_k-w_{\mathrm{d},k},\ k=p,q,r \tag{7.32}$$

下文将基于反推控制技术，针对转动子系统设计一种能实现小超调的预设性能控制器。设计过程分为以下两个步骤。

第 1 步：根据假设 7.3，选择性能函数：

$$\begin{cases}\bar{\lambda}_j(t)=\lambda_j(t)=(\lambda_{j,0}-\lambda_{j,\infty})\exp(-l_jt)+\lambda_{j,\infty}\\ \underline{\lambda}_j(t)=-\lambda_j(t),\ j=\phi,\theta,\psi\end{cases} \tag{7.33}$$

其中：$\lambda_{\phi,0}=\lambda_{\theta,0}=0.995$，$\lambda_{\psi,0}=\dfrac{\pi}{2}$，设计如下虚拟角速度向量 $\boldsymbol{w}_{\mathrm{d}}$：

$$\boldsymbol{w}_{\mathrm{d}}=\begin{bmatrix}p_{\mathrm{d}}\\ q_{\mathrm{d}}\\ r_{\mathrm{d}}\end{bmatrix}=-\boldsymbol{W}(\boldsymbol{\eta})^{-1}\boldsymbol{\Gamma}_\eta\boldsymbol{z}_\eta=-\boldsymbol{W}(\boldsymbol{\eta})^{-1}\boldsymbol{\Gamma}_\eta\begin{bmatrix}T_{\mathrm{r}}(\zeta_\phi(t))\\ T_{\mathrm{r}}(\zeta_\theta(t))\\ T_{\mathrm{r}}(\zeta_\psi(t))\end{bmatrix} \tag{7.34}$$

其中：$\zeta_j(t)=\dfrac{\tilde{\eta}_j(t)}{\lambda_j(t)}$，$\tilde{\eta}_j(t)=\tilde{\phi},\tilde{\theta},\tilde{\psi}$ 且 $\boldsymbol{\Gamma}_\eta=\mathrm{diag}(\Gamma_\phi,\Gamma_\theta,\Gamma_\psi)$为正定的对角矩阵。

第 2 步：与上述步骤类似，选择性能函数：

$$\begin{cases}\bar{\lambda}_k(t)=\lambda_k(t)=(\lambda_{k,0}-\lambda_{k,\infty})\exp(-l_kt)+\lambda_{k,\infty}\\ \underline{\lambda}_k(t)=-\lambda_k(t),\ k=p,q,r\end{cases} \tag{7.35}$$

其中通过选择合适的参数可以保证$|\tilde{w}_k(0)|<\lambda_k(0)$成立。设计如下控制律：

$$\boldsymbol{\tau}_w=\begin{bmatrix}\tau_p\\ \tau_q\\ \tau_r\end{bmatrix}=-\boldsymbol{\Gamma}_w\boldsymbol{z}_w=-\boldsymbol{\Gamma}_w\begin{bmatrix}T_r(\zeta_p(t))\\ T_r(\zeta_q(t))\\ T_r(\zeta_r(t))\end{bmatrix} \tag{7.36}$$

其中 $\zeta_k(t)=\dfrac{\tilde{w}_k(t)}{\lambda_k(t)}$，$\tilde{w}_k(t)=\tilde{p},\tilde{q},\tilde{r}$，$\boldsymbol{\Gamma}_w=\mathrm{diag}(\Gamma_p,\Gamma_q,\Gamma_r)$为正定的对角矩阵。

图 7.4 为四旋翼无人机闭环系统结构示意图。由图可知控制器不依赖精确的模型参数。此外，与文献[205]至文献[208]中针对四旋翼无人机所采用的自适应控制器相比，本章所采用的控制器无须任何估计器，因此具有更低的计算复杂度。

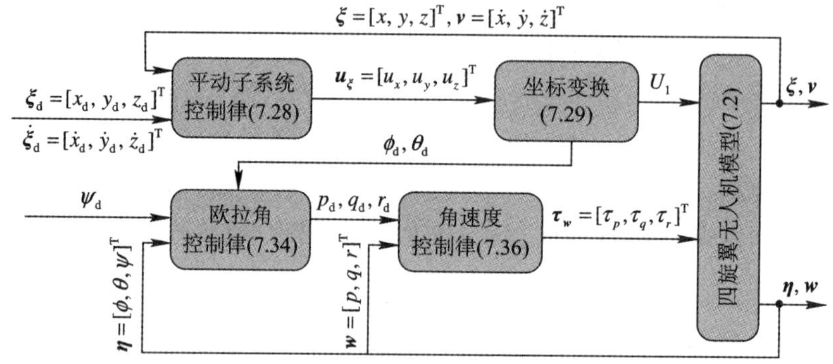


图 7.4　四旋翼无人机闭环系统结构示意图

### 7.3.4　稳定性分析

**定理 7.3**　若系统(7.2)满足假设 7.1～假设 7.4，则上述控制方案可使得闭环系统的所有信号有界且跟踪误差满足预设性能。

**证明**　首先，在 Part 1 中，基于假设 7.4 将非仿射函数 $f_k(\boldsymbol{w}, \tau_k)$变换为伪仿射形式。其次，Part 2 将证明当 $t\in[0, \tau_{\max})$时，$|z_l(t)|\leqslant z_{l,\mathrm{M}}(l=x, y, z, \phi, \theta, \psi, p, q, r)$且 $\tau_{\max}=\infty$成立。

**Part 1**

基于假设 7.4，将不确定非仿射函数 $f_k(\boldsymbol{w}, \tau_k)$变换为伪仿射形式。

(1) 当 $0\leqslant\tau_k\leqslant\varepsilon_k$ 时，根据极值定理可知存在连续函数 $\underline{K}_k(\boldsymbol{w})$满足：

$$|f_k(\boldsymbol{w}, \tau_k)|\leqslant \underline{K}_k(\boldsymbol{w})$$

进一步可得

$$f_k(\boldsymbol{w}, \tau_k)\geqslant -\underline{K}_k(\boldsymbol{w}) \tag{7.37}$$

(2) 当 $-\varepsilon_k\leqslant\tau_k\leqslant 0$ 时，根据极值定理可知存在连续函数 $\overline{K}_k(\boldsymbol{w})$满足：

$$|f_k(\boldsymbol{w}, \tau_k)|\leqslant \overline{K}_k(\boldsymbol{w})$$

进一步可得

$$f_k(\boldsymbol{w}, \tau_k)\leqslant \overline{K}_k(\boldsymbol{w}) \tag{7.38}$$

根据式(7.37)、式(7.38)和假设 7.4，可得

$$\begin{cases} f_k(\boldsymbol{w}, \tau_k)\geqslant \underline{g}_k(\boldsymbol{w}, \tau_k)\tau_k+\underline{h}_k(\boldsymbol{w}), & \tau_k\geqslant\varepsilon_k \\ f_k(\boldsymbol{w}, \tau_k)\geqslant -\underline{K}_k(\boldsymbol{w})+g_{k,\mathrm{m}}(\tau_k-\varepsilon_k), & 0\leqslant\tau_k\leqslant\varepsilon_k \\ f_k(\boldsymbol{w}, \tau_k)\leqslant \overline{K}_k(\boldsymbol{w})+g_{k,\mathrm{m}}(\tau_k+\varepsilon_k), & -\varepsilon_k\leqslant\tau_k\leqslant 0 \\ f_k(\boldsymbol{w}, \tau_k)\leqslant \overline{g}_k(\boldsymbol{w}, \tau_k)\tau_k+\overline{h}_k(\boldsymbol{w}), & \tau_k\leqslant-\varepsilon_k \end{cases} \tag{7.39}$$

存在取值范围为$[1, +\infty)$的变量 $\vartheta_{k,1}$、$\vartheta_{k,2}$、$\vartheta_{k,3}$和 $\vartheta_{k,4}$满足：

$$\begin{cases} f_k(\boldsymbol{w},\tau_k)=\vartheta_{k,1}\underline{g}_k(\boldsymbol{w},\tau_k)\tau_k+\underline{h}_k(\boldsymbol{w}), & \tau_k\geqslant\varepsilon_k \\ f_k(\boldsymbol{w},\tau_k)=\vartheta_{k,2}g_{k,\mathrm{m}}\tau_k-g_{k,\mathrm{m}}\varepsilon_k-\underline{K}_k(\boldsymbol{w}), & 0\leqslant\tau_k\leqslant\varepsilon_k \\ f_k(\boldsymbol{w},\tau_k)=\vartheta_{k,3}g_{k,\mathrm{m}}\tau_k+g_{k,\mathrm{m}}\varepsilon_k+\overline{K}_k(\boldsymbol{w}), & -\varepsilon_k\leqslant\tau_k\leqslant 0 \\ f_k(\boldsymbol{w},\tau_k)=\vartheta_{k,4}\overline{g}_k(\boldsymbol{w},\tau_k)\tau_k+\overline{h}_k(\boldsymbol{w}), & \tau_k\leqslant-\varepsilon_k \end{cases} \tag{7.40}$$

因此，非仿射函数 $f_k(\boldsymbol{w},\tau_k)$ 可被表述为

$$f_k(\boldsymbol{w},\tau_k)=G_k(\boldsymbol{w},\tau_k)\tau_k+H_k(\boldsymbol{w}) \tag{7.41}$$

式中：

$$G_k(\boldsymbol{w},\tau_k)=\begin{cases} \vartheta_{k,1}\underline{g}_k(\boldsymbol{w},\tau_k), & \tau_k\geqslant\varepsilon_k \\ \vartheta_{k,2}g_{k,\mathrm{m}}, & 0\leqslant\tau_k\leqslant\varepsilon_k \\ \vartheta_{k,3}g_{k,\mathrm{m}}, & -\varepsilon_k\leqslant\tau_k\leqslant 0 \\ \vartheta_{k,4}\overline{g}_k(\boldsymbol{w},\tau_k), & \tau_k\leqslant-\varepsilon_k \end{cases} \tag{7.42}$$

$$H_k(\boldsymbol{w})=\begin{cases} \underline{h}_k(\boldsymbol{w}), & \tau_k\geqslant\varepsilon_k \\ -g_{k,\mathrm{m}}\varepsilon_k-\underline{K}_k(\boldsymbol{w}), & 0\leqslant\tau_k\leqslant\varepsilon_k \\ g_{k,\mathrm{m}}\varepsilon_k+\overline{K}_k(\boldsymbol{w}), & -\varepsilon_k\leqslant\tau_k\leqslant 0 \\ \overline{h}_k(\boldsymbol{w}), & \tau_k\leqslant-\varepsilon_k \end{cases} \tag{7.43}$$

其中：$G_k(\boldsymbol{w},\tau_k)\geqslant g_{k,\mathrm{m}}$ 且

$$|H_k(\boldsymbol{w})|\leqslant\max\{|\underline{h}_k(\boldsymbol{w})|,\ |-g_{k,\mathrm{m}}\varepsilon_k-\underline{K}_k(\boldsymbol{w})|,\ |g_{k,\mathrm{m}}\varepsilon_k+\overline{K}_k(\boldsymbol{w})|,\ |\overline{h}_k(\boldsymbol{w})|\},\ k=p,q,r$$

**Part 2**

定义标准化误差向量 $\boldsymbol{\zeta}(t)=[\zeta_x,\zeta_y,\zeta_z,\zeta_\phi,\zeta_\theta,\zeta_\psi,\zeta_p,\zeta_q,\zeta_r]^{\mathrm{T}}$。对 $\boldsymbol{\zeta}(t)$ 求时间的一阶导数可得

$$\dot{\boldsymbol{\zeta}}(t)=\hbar[t,\boldsymbol{\zeta}(t)] \tag{7.44}$$

其中：$\hbar[t,\zeta(t)]$ 包含了对 $\boldsymbol{\zeta}(t)$ 求时间的一阶导数后等式右边项。定义开集

$$\Omega_\zeta=\underbrace{(-1,1)\times(-1,1)\times\cdots\times(-1,1)}_{9}$$

通过设置合适的四旋翼无人机初始条件和恰当的预设性能函数可使得 $\zeta(0)\in\Omega_\zeta$ 成立。由假设 7.1 可知 $\boldsymbol{\xi}_{\mathrm{d}}$、$\psi_{\mathrm{d}}$ 及其一阶与二阶时间的导数连续且有界；由假设 7.2 可知，$d_i(t)$ 有界且 Lipschitz 连续；通过定义可知 $\underline{\lambda}(t)$、$\overline{\lambda}(t)$、$\dot{\underline{\lambda}}(t)$ 和 $\dot{\overline{\lambda}}(t)$ 均有界；此外，由于系统(7.2)中的非线性函数均 Lipschitz 连续，对于 $\boldsymbol{\zeta}(t)\in\Omega_\zeta$，虚拟控制律 $\boldsymbol{u}_\xi$、$\boldsymbol{w}_{\mathrm{d}}$ 与控制律 $\boldsymbol{\tau}_w$ 也 Lipschitz 连续。根据上述结论，易证 $\hbar[t,\boldsymbol{\zeta}(t)]$ 对于特定的 $\boldsymbol{\zeta}(t)\in\Omega_\zeta$ 是局部 Lipschitz 连续的。因此，由文献[154]中初值问题的最大饱和解理论可得，对于 $\forall t\in[0,\tau_{\max})$，微分方程(7.42)存在唯一的最大饱和解 $\boldsymbol{\zeta}(t)\in\Omega_\zeta$。

由上述分析可知，对于 $\forall t\in[0,\tau_{\max})$，均有 $\zeta_l(t)\in(-1,1)(l=x,y,z,\phi,\theta,\psi)$ 成

立。因此，对于 $\forall t\in[0, \tau_{\max})$，可正确定义转化误差 $z_l(t)=\dfrac{\zeta_l(t)}{1-\zeta_l^2(t)}$。定义正数 $\bar{E}_l\geqslant\max\{\underline{\lambda}_l(0), \bar{\lambda}_l(0)\}$，则对于 $\forall t\in[0, \tau_{\max})$ 均有

$$|e_l(t)|<\bar{E}_l,\ e_l(t)=s_x,\ s_y,\ s_z,\ \tilde{\phi},\ \tilde{\theta},\ \tilde{\psi},\ \tilde{p},\ \tilde{q},\ \tilde{r}$$

定义(7.11)和不等式 $|e_l(t)|<\bar{E}_l$ 仅在条件 $t\in[0, \tau_{\max})$ 与条件 $\underline{\lambda}_l(0)<e_l(0)<\bar{\lambda}_l(0)$ 下成立。

以下推导过程旨在证明对于 $\forall t\in[0, \tau_{\max})$，均有 $|z_l(t)|\leqslant z_{l,\mathrm{M}}$ 且 $\tau_{\max}=\infty$ 成立。

第 1 步：对 $\dot{\boldsymbol{s}}_\xi$ 求时间的一阶导数可得

$$\dot{\boldsymbol{s}}_\xi=\frac{\boldsymbol{R}_z(\psi)}{m}\boldsymbol{M}(\tilde{\phi}, \tilde{\theta}, \theta)\Delta\boldsymbol{u}_\xi+\boldsymbol{\Lambda}_\xi \tag{7.45}$$

其中：$\boldsymbol{\Lambda}_\xi=[\Lambda_x, \Lambda_y, \Lambda_z]^{\mathrm{T}}=\boldsymbol{\zeta}-g\boldsymbol{e}_3+\dfrac{\boldsymbol{d}_\xi}{m}-\ddot{\boldsymbol{\xi}}_{\mathrm{d}}+\boldsymbol{c}_\xi\dot{\boldsymbol{\xi}}-\boldsymbol{c}_\xi\dot{\boldsymbol{\xi}}_{\mathrm{d}}$。定义 Lyapunov 候选函数 $\boldsymbol{V}_\xi=\boldsymbol{z}_\xi^{\mathrm{T}}\boldsymbol{P}_\xi\boldsymbol{z}_\xi$，其中 $\boldsymbol{z}_\xi=[z_x, z_y, z_z]^{\mathrm{T}}$，$\boldsymbol{P}_\xi$ 为正定的对角矩阵。对 $\boldsymbol{V}_\xi$ 求时间的一阶导数可得

$$\begin{aligned}\dot{\boldsymbol{V}}_\xi&=\boldsymbol{z}_\xi^{\mathrm{T}}\boldsymbol{P}_\xi\dot{\boldsymbol{z}}_\xi+\dot{\boldsymbol{z}}_\xi^{\mathrm{T}}\boldsymbol{P}_\xi\boldsymbol{z}_\xi\\&=\boldsymbol{z}_\xi^{\mathrm{T}}\boldsymbol{P}_\xi\boldsymbol{r}_\xi\left[\frac{\boldsymbol{R}_z(\psi)}{m}\boldsymbol{M}(\tilde{\phi}, \tilde{\theta}, \theta)\Delta\boldsymbol{u}_\xi+\boldsymbol{\Lambda}_\xi+\boldsymbol{\sigma}_\xi\right]+\\&\quad\left[\Delta\boldsymbol{u}_\xi^{\mathrm{T}}\boldsymbol{M}^{\mathrm{T}}(\tilde{\phi}, \tilde{\theta}, \theta)\frac{\boldsymbol{R}_z^{\mathrm{T}}(\psi)}{m}+\boldsymbol{\Lambda}_\xi^{\mathrm{T}}+\boldsymbol{\sigma}^{\mathrm{T}}\right]\boldsymbol{r}_\xi\boldsymbol{P}_\xi\boldsymbol{z}_\xi\end{aligned} \tag{7.46}$$

其中：$\boldsymbol{r}_\xi=\mathrm{diag}(r_x, r_y, r_z)$ 且 $\boldsymbol{\sigma}_\xi=[\sigma_x, \sigma_y, \sigma_z]^{\mathrm{T}}$。选择 $\boldsymbol{P}_\xi=\boldsymbol{\Gamma}_\xi$ 且将式(7.28)代入式(7.46)可得

$$\begin{aligned}\dot{\boldsymbol{V}}_\xi&=\boldsymbol{z}_\xi^{\mathrm{T}}\boldsymbol{\Gamma}_\xi\boldsymbol{r}_\xi\left[-\frac{\boldsymbol{R}_z(\psi)}{m}\boldsymbol{M}(\tilde{\phi}, \tilde{\theta}, \theta)\boldsymbol{R}_z^{\mathrm{T}}(\psi)\boldsymbol{r}_\xi\boldsymbol{\Gamma}_\xi\boldsymbol{z}_\xi+\boldsymbol{\Lambda}_\xi+\boldsymbol{\sigma}_\xi\right]+\\&\quad\left[-\boldsymbol{z}_\xi^{\mathrm{T}}\boldsymbol{\Gamma}_\xi\boldsymbol{r}_\xi\boldsymbol{R}_z(\psi)\boldsymbol{M}^{\mathrm{T}}(\tilde{\phi}, \tilde{\theta}, \theta)\frac{\boldsymbol{R}_z^{\mathrm{T}}(\psi)}{m}+\boldsymbol{\Lambda}_\xi^{\mathrm{T}}+\boldsymbol{\sigma}_\xi^{\mathrm{T}}\right]\boldsymbol{r}_\xi\boldsymbol{\Gamma}_\xi\boldsymbol{z}_\xi\\&=-\frac{2}{m}\boldsymbol{z}_\xi^{\mathrm{T}}\boldsymbol{\Gamma}_\xi\boldsymbol{r}_\xi\boldsymbol{R}_z(\psi)\boldsymbol{M}_{\mathrm{s}}(\tilde{\phi}, \tilde{\theta}, \theta)\boldsymbol{R}_z^{\mathrm{T}}(\psi)\boldsymbol{r}_\xi\boldsymbol{\Gamma}_\xi\boldsymbol{z}_\xi+\\&\quad\boldsymbol{z}_\xi^{\mathrm{T}}\boldsymbol{\Gamma}_\xi\boldsymbol{r}_\xi(\boldsymbol{\Lambda}_\xi+\boldsymbol{\sigma}_\xi)+(\boldsymbol{\Lambda}_\xi^{\mathrm{T}}+\boldsymbol{\sigma}_\xi^{\mathrm{T}})\boldsymbol{r}_\xi\boldsymbol{\Gamma}_\xi\boldsymbol{z}_\xi\end{aligned} \tag{7.47}$$

通过定义可保证 $\bar{\lambda}_i(t)$、$\underline{\lambda}_i(t)$、$\dot{\bar{\lambda}}_i(t)$ 和 $\dot{\underline{\lambda}}_i(t)$，$i=x, y, z$ 有界；由假设 7.1 和假设 7.2 可知 $\boldsymbol{\xi}_{\mathrm{d}}$、$\dot{\boldsymbol{\xi}}_{\mathrm{d}}$、$\ddot{\boldsymbol{\xi}}_{\mathrm{d}}$ 和 $\boldsymbol{d}_\xi$ 有界；对于 $\forall t\in[0, \tau_{\max})$，$\Lambda_i$ 和 $\sigma_i$ 为连续函数：根据上述结论与极值定理可知，对于 $\forall t\in[0, \tau_{\max})$，存在不依赖 $\tau_{\max}$ 的正数 $\aleph_\xi$ 使得 $\|\boldsymbol{\Lambda}_\xi+\boldsymbol{\sigma}_\xi\|\leqslant\aleph_\xi$ 成立。由 $\boldsymbol{R}_z(\psi)\boldsymbol{R}_z^{\mathrm{T}}(\psi)=\boldsymbol{I}$ 和 Young 不等式可得以下不等式成立：

$$\boldsymbol{z}_\xi^{\mathrm{T}}\boldsymbol{\Gamma}_\xi\boldsymbol{r}_\xi(\boldsymbol{\Lambda}_\xi+\boldsymbol{\sigma}_\xi)\leqslant\frac{m\aleph_\xi^2}{8\mu\lambda_{\min}(M_{\mathrm{s}})}+\frac{2\mu\boldsymbol{z}_\xi^{\mathrm{T}}\boldsymbol{\Gamma}_\xi\boldsymbol{r}_\xi\boldsymbol{R}_z(\psi)\lambda_{\min}(M_{\mathrm{s}})\boldsymbol{R}_z^{\mathrm{T}}(\psi)\boldsymbol{r}_\xi\boldsymbol{\Gamma}_\xi\boldsymbol{z}_\xi}{m} \tag{7.48}$$

其中：$0<\mu<1$，$\lambda_{\min}(\boldsymbol{M}_s)$表示矩阵$\boldsymbol{M}_s(\tilde{\phi}, \tilde{\theta}, \theta)$的最小特征值。由于$\boldsymbol{M}_s(\tilde{\phi}, \tilde{\theta}, \theta)$为正定对称矩阵，因此可得以下结论：

$$\frac{2}{m}\mu \boldsymbol{z}_\xi^{\mathrm{T}}\boldsymbol{\Gamma}_\xi \boldsymbol{r}_\xi \boldsymbol{R}_z(\psi)[\lambda_{\min}(M_s)\boldsymbol{I}-\boldsymbol{M}_s(\tilde{\phi}, \tilde{\theta}, \theta)]\boldsymbol{R}_z^{\mathrm{T}}(\psi)\boldsymbol{r}_\xi\boldsymbol{\Gamma}_\xi\boldsymbol{z}_\xi \leqslant 0 \tag{7.49}$$

为了简化表述，定义$\boldsymbol{Q}_\xi=2\boldsymbol{\Gamma}_\xi\boldsymbol{r}_\xi\boldsymbol{R}_z(\psi)\boldsymbol{M}_s(\tilde{\phi}, \tilde{\theta}, \theta)\boldsymbol{R}_z^{\mathrm{T}}(\psi)\boldsymbol{r}_\xi\boldsymbol{\Gamma}_\xi$。将式(7.48)和式(7.49)代入式(7.47)可得

$$\dot{\boldsymbol{V}}_\xi \leqslant -\frac{1}{m}(1-\mu)\boldsymbol{z}_\xi^{\mathrm{T}}\boldsymbol{Q}_\xi\boldsymbol{z}_\xi+\frac{m\aleph_\xi^2}{4\mu\lambda_{\min}(M_s)} \tag{7.50}$$

由于$\boldsymbol{M}_s(\tilde{\phi}, \tilde{\theta}, \theta)$为正定对称阵，可知$\boldsymbol{Q}_\xi$正定。根据文献[218]定理 5.1，可得以下结论：对于$\forall t\in[0, \tau_{\max})$均有$\|\boldsymbol{z}_\xi\|\leqslant\bar{z}_\xi\overset{\text{def}}{=}\max\{\|\boldsymbol{z}_\xi(0)\|, \bar{F}_\xi\}$成立，其中：

$$\bar{F}_\xi \leqslant \aleph_\xi\sqrt{\frac{\lambda_{\max}(\boldsymbol{\Gamma}_\xi)m}{2\mu\lambda_{\min}(M_s)\lambda_{\min}(\boldsymbol{Q}_\xi)\lambda_{\min}(\boldsymbol{\Gamma}_\xi)}} \tag{7.51}$$

于是$z_i$和$u_i(i=x, y, z)$均有界，且对于$\forall t\in[0, \tau_{\max})$，有$-1<\underline{\zeta}_i\leqslant\zeta_i(t)\leqslant\bar{\zeta}_i<1$成立。由定理 7.1 可知，存在正数$\bar{v}$满足$\|\boldsymbol{v}\|\leqslant\bar{v}$。进一步，由等式(7.23)与等式(7.29)可推导出$\theta_d$、$\dot{\theta}_d$、$\phi_d$与$\dot{\phi}_d$有界。

第 2 步：对$\dot{\tilde{\boldsymbol{\eta}}}$求时间的一阶导数可得

$$\dot{\tilde{\boldsymbol{\eta}}}=\boldsymbol{W}(\boldsymbol{\eta})(w_d+\tilde{\boldsymbol{w}})-\dot{\tilde{\boldsymbol{\eta}}}_d=\boldsymbol{W}(\boldsymbol{\eta})w_d+\boldsymbol{\Lambda}_\eta \tag{7.52}$$

其中：$\boldsymbol{\Lambda}_\eta=\boldsymbol{W}(\boldsymbol{\eta})\tilde{\boldsymbol{w}}-\dot{\boldsymbol{\eta}}_d$。定义 Lyapunov 候选函数$\boldsymbol{V}_\eta=\boldsymbol{z}_\eta^{\mathrm{T}}\boldsymbol{P}_\eta\boldsymbol{z}_\eta=[V_\phi, V_\theta, V_\psi, ]^{\mathrm{T}}$，其中$\boldsymbol{z}_\eta=[z_\phi, z_\theta, z_\psi]^{\mathrm{T}}$，$\boldsymbol{P}_\eta$为正定的对角矩阵。对$\boldsymbol{V}_\eta$求时间的一阶导数可得

$$\begin{aligned}\dot{\boldsymbol{V}}_\eta&=\boldsymbol{z}_\eta^{\mathrm{T}}\boldsymbol{P}_\eta\dot{\boldsymbol{z}}_\eta+\dot{\boldsymbol{z}}_\eta^{\mathrm{T}}\boldsymbol{P}_\eta\boldsymbol{z}_\eta\\&=\boldsymbol{z}_\eta^{\mathrm{T}}\boldsymbol{P}_\eta\boldsymbol{r}_\eta[\boldsymbol{W}(\boldsymbol{\eta})w_d+\boldsymbol{\Lambda}_\eta+\boldsymbol{\sigma}_\eta]+[w_d^{\mathrm{T}}\boldsymbol{W}^{\mathrm{T}}(\boldsymbol{\eta})+\boldsymbol{\Lambda}_\eta^{\mathrm{T}}+\boldsymbol{\sigma}_\eta^{\mathrm{T}}]\boldsymbol{r}_\eta\boldsymbol{P}_\eta\boldsymbol{z}_\eta\end{aligned} \tag{7.53}$$

其中：$\boldsymbol{r}_\eta=\mathrm{diag}(r_\phi, r_\theta, r_\psi)$，$\boldsymbol{\sigma}_\eta=[\sigma_\phi, \sigma_\theta, \sigma_\psi]^{\mathrm{T}}$。令$\boldsymbol{P}_\eta=\boldsymbol{\Gamma}_\eta$且将式(7.34)代入式(7.53)可得

$$\dot{\boldsymbol{V}}_\eta=-2\boldsymbol{z}_\eta^{\mathrm{T}}\boldsymbol{\Gamma}_\eta\boldsymbol{r}_\eta\boldsymbol{\Gamma}_\eta\boldsymbol{z}_\eta+\boldsymbol{z}_\eta^{\mathrm{T}}\boldsymbol{\Gamma}_\eta\boldsymbol{r}_\eta(\boldsymbol{\Lambda}_\eta+\boldsymbol{\sigma}_\eta)+(\boldsymbol{\Lambda}_\eta^{\mathrm{T}}+\boldsymbol{\sigma}_\eta^{\mathrm{T}})\boldsymbol{r}_\eta\boldsymbol{\Gamma}_\eta\boldsymbol{z}_\eta \tag{7.54}$$

通过定义可保证$\lambda_j(t)$和$\dot{\lambda}_j(t)$，$j=\phi, \theta, \psi$有界；由假设 7.1 和第 1 步可知$\boldsymbol{\eta}_d$和$\dot{\boldsymbol{\eta}}_d$有界；对于$\forall t\in[0, \tau_{\max})$，$\Lambda_j$和$\sigma_j$为连续函数：根据上述结论与极值定理可知，对于$\forall t\in[0, \tau_{\max})$，存在不依赖$\tau_{\max}$的正数$\aleph_j$使得$|\Lambda_j+\sigma_j|\leqslant\aleph_j$成立。由于$\boldsymbol{\Gamma}_\eta$和$\boldsymbol{r}_\eta$均为正定对角阵，可得

$$\dot{V}_j\leqslant-2r_j\Gamma_j^2z_j^2+2\aleph_jr_j\Gamma_j|z_j| \tag{7.55}$$

根据式(7.55)，对于$\forall t\in[0, \tau_{\max})$，有$|z_j|\leqslant\bar{z}_j\overset{\text{def}}{=}\max\{|z_j(0)|, \bar{F}_j\}$，其中$\bar{F}_j\leqslant\aleph_j/\Gamma_j$。因此，对于$\forall t\in[0, \tau_{\max})$，$z_j$和$w_{d,k}$均有界且$-1<\underline{\zeta}_j\leqslant\zeta_j(t)\leqslant\bar{\zeta}_j<1$，其中$j=\phi, \theta, \psi$，$k=p, q, r$。

第 3 步：对$\dot{\tilde{w}}_k$，$k=p, q, r$求时间的一阶导数并结合式(7.41)可得

$$\dot{\tilde{w}}_k = f_k(\boldsymbol{w}, \tau_k) + d'_k - \dot{w}_{d,k} = G_k(\boldsymbol{w}, \tau_k)\tau_k + \Lambda_k \tag{7.56}$$

其中：$\Lambda_k = H_k(\boldsymbol{w}) + d'_k - \dot{w}_{d,k}$。定义 Lyapunov 候选函数 $V_k = z_k^2/2$，$k=p, q, r$。对 $V_k$ 求时间的一阶导数可得

$$\dot{V}_k = z_k \dot{z}_k = z_k r_k [G_k(\boldsymbol{w}, \tau_k)\tau_k + \Lambda_k + \sigma_k] \tag{7.57}$$

将式(7.36)代入式(7.57)可得

$$\dot{V}_k = z_k r_k [-G_k(\boldsymbol{w}, \tau_k)\Gamma_k z_k + \Lambda_k + \sigma_k] \tag{7.58}$$

通过定义可保证 $\lambda_k(t)$ 和 $\dot{\lambda}_k(t)$，$k=p, q, r$ 有界；由假设 7.1 和第 2 步可知 $d'_k(t)$、$w_{d,k}$ 和 $\dot{w}_{d,k}$ 有界；对于 $\forall t \in [0, \tau_{\max})$，$\Lambda_k$ 和 $\sigma_k$ 为连续函数：根据上述结论与极值定理可知，对于 $\forall t \in [0, \tau_{\max})$，存在不依赖 $\tau_{\max}$ 的正数 $\aleph_k$ 使得 $|\Lambda_k + \sigma_k| \leqslant \aleph_k$ 成立。因此，由式(7.58)可得

$$\dot{V}_k \leqslant -G_k(\boldsymbol{w}, \tau_k) r_k \Gamma_k z_k^2 + r_k \aleph_k |z_k| \tag{7.59}$$

由式(7.59)可得对于 $\forall t \in [0, \tau_{\max})$ 有 $|z_k| \leqslant \bar{z}_k \overset{\text{def}}{=} \max\{|z_k(0)|, \bar{F}_k\}$ 成立，其中 $\bar{F}_k \leqslant \dfrac{\aleph_k}{(g_{k,m}\Gamma_k)}$。于是 $z_k$ 和 $\tau_k$，$k=p, q, r$ 均有界，且对于 $\forall t \in [0, \tau_{\max})$，有 $-1 < \underline{\zeta}_k \leqslant \zeta_k(t) \leqslant \bar{\zeta}_k < 1$ 成立。

根据上述分析可知，对于 $\forall t \in [0, \tau_{\max})$，$\boldsymbol{\zeta}(t) \in \Omega'_\zeta$ 成立，其中：

$$\Omega'_\zeta = \prod_{i \in \{x, y, z\}} [\underline{\zeta}_i, \bar{\zeta}_i] \times \prod_{j \in \{\phi, \theta, \psi\}} [\underline{\zeta}_j, \bar{\zeta}_j] \times \prod_{k \in \{p, q, r\}} [\underline{\zeta}_k, \bar{\zeta}_k]$$

为非空紧集。根据 $\Omega'_\zeta$ 的定义易知 $\Omega'_\zeta \subset \Omega_\zeta$。因此，假设 $\tau_{\max} < \infty$。文献[154]中的定理 C3.6 表明存在某一时间点 $t' \in [0, \tau_{\max})$ 使得 $\boldsymbol{\zeta}(t') \notin \Omega'_\zeta$。显然，这和结论 $\boldsymbol{\zeta}(t) \in \Omega'_\zeta$ 矛盾。因此，假设不成立，即 $\tau_{\max} = \infty$ 且闭环系统的所有信号有界。根据定理 7.2 可知，对于 $\forall t \geqslant 0$，有以下不等式成立：

$$-\underline{\lambda}_l(t) < e_l(t) < \bar{\lambda}_l(t) \tag{7.60}$$

其中 $l = x, y, z, \phi, \theta, \psi, p, q, r$ 且 $e_l(t) = s_x, s_y, s_z, \tilde{\phi}, \tilde{\theta}, \tilde{\psi}, \tilde{p}, \tilde{q}, \tilde{r}$。综上所述。通过选择合适的控制参数，可实现四旋翼无人机的预设性能控制。至此，定理 7.3 得证。

## 7.4 仿真研究

本节采用两组仿真研究以验证上述控制方法的有效性。四旋翼无人机的模型参数[214]为：$L=0.5$ m，$m_0=2$ kg，$g=9.81$ m/s$^2$，$J_x=J_y=0.004$ kg·m$^2$，$J_z=0.0084$ kg·m$^2$。为验证控制器的鲁棒性，定义 $C=C_0[1+0.3\sin(0.1t)]$，其中 $C$ 和 $C_0$ 分别表示转动惯量的实际值和理想值。外部干扰信号取为

$$\begin{cases} \boldsymbol{d}_\xi = [0.1\sin(0.1\pi t), 0.1\cos(0.1\pi t), 0.1\cos(0.2\pi t)]^{\mathrm{T}} \\ \boldsymbol{d}_w = [0.3\sin(0.1\pi t)+0.1, 0.4\sin(0.1\pi t)+0.1, 0.5\sin(0.1\pi t)+0.2]^{\mathrm{T}} \end{cases}$$

预设性能控制器的控制参数选为：$\boldsymbol{c}_\xi=\mathrm{diag}(3, 3, 3)$，$\boldsymbol{\Gamma}_\xi=\mathrm{diag}(0.2, 0.2, 0.2)$，$\boldsymbol{\Gamma}_\eta=\mathrm{diag}(2, 2, 2)$和$\boldsymbol{\Gamma}_w=\mathrm{diag}(4, 4, 4)$。所有预设性能控制器均采用相同的误差转化模式$T_r[\zeta(t)]=\zeta(t)/[1-\zeta^2(t)]$与不同的性能函数边界：

$$\begin{cases}\bar{\lambda}_i(t)=[s_i(0)+0.5-0.05]\exp(-1.2t)+0.05\\ \underline{\lambda}_i(t)=[s_i(0)+0.5+0.05]\exp(-1.2t)-0.05,\ i=x, y, z\\ \bar{\lambda}_j(t)=-\underline{\lambda}_j(t)=(0.995-0.08)\exp(-1.5t)+0.08,\ j=\phi, \theta\\ \bar{\lambda}_\psi(t)=-\underline{\lambda}_\psi(t)=(1.57-0.08)\exp(-1.5t)+0.08\\ \bar{\lambda}_k(t)=-\underline{\lambda}_k(t)=(2.5-0.8)\exp(-2t)+0.8,\ k=p, q, r\end{cases}\tag{7.61}$$

在下文的两组仿真中，都将以文献[210]中所提出的滑模控制器(SMC)作为对照算例。

### 7.4.1　存在轨迹突变的四旋翼无人机跟踪控制

假设四旋翼无人机从初始状态点$\boldsymbol{\xi}(0)=[2, 4, 0]^{\mathrm{T}}$，$\dot{\boldsymbol{\xi}}(0)=[0, 0, 0]^{\mathrm{T}}$以$\|\boldsymbol{v}\|=0.55$ m/s的速度沿轨迹$\boldsymbol{\xi}_d$飞行。如图 7.5(a)所示，为了确保目标轨迹光滑，矩形转角均用半径为 0.5 m 的四分之一圆弧替代。

图 7.5～图 7.9 为仿真结果。从图 7.5 和图 7.6 可以看出，与 SMC 相比，本章提出的预设性能控制器(PPC)的位置跟踪具有更小的超调量与更短的响应时间。图 7.7 和图 7.8 显示 PPC 和 SMC 的姿态角和控制输入均有界，且 PPC 的姿态角跟踪误差$\tilde{\boldsymbol{\eta}}$满足预设性能，因此$\boldsymbol{M}_s(\tilde{\phi}, \tilde{\theta}, \theta)$将时刻保持正定，即速度子系统的可控性可得到保证。图 7.9 显示，PPC 的角速度跟踪误差$\tilde{\boldsymbol{w}}$满足预设性能包络。综上所述，和 SMC 相比，本章所提出的 PPC 无须精确的模型参数且可以实现更高的控制精度。

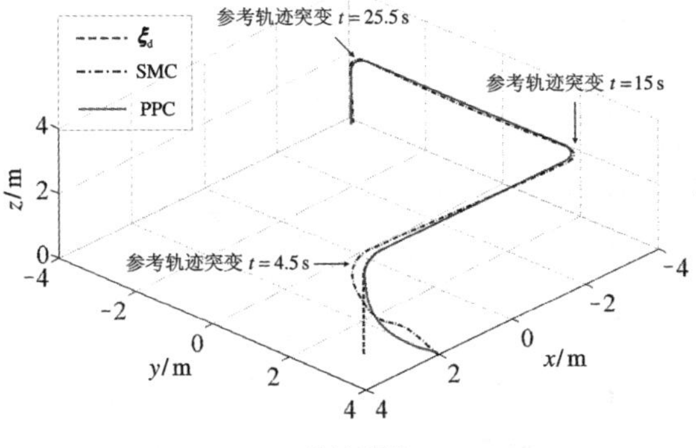

(a) 轨迹跟踪

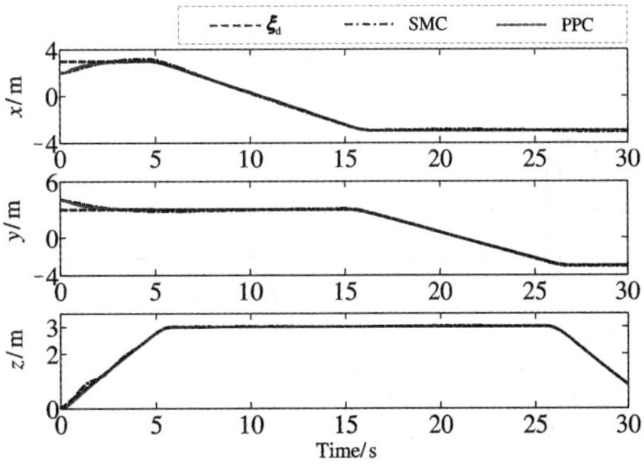

(b) 轨迹跟踪误差

图 7.5　四旋翼无人机轨迹跟踪性能

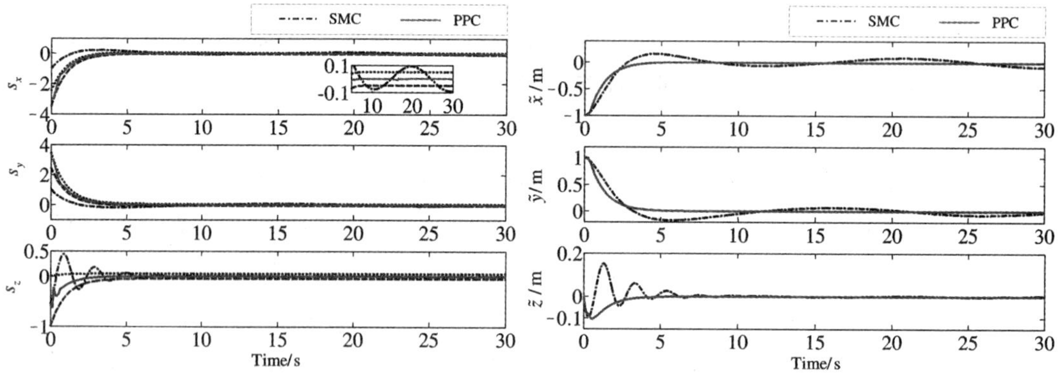


(a) 平动子系统误差面　　　　(b) 位置跟踪误差

图 7.6　四旋翼无人机平动子系统误差面与位置跟踪误差

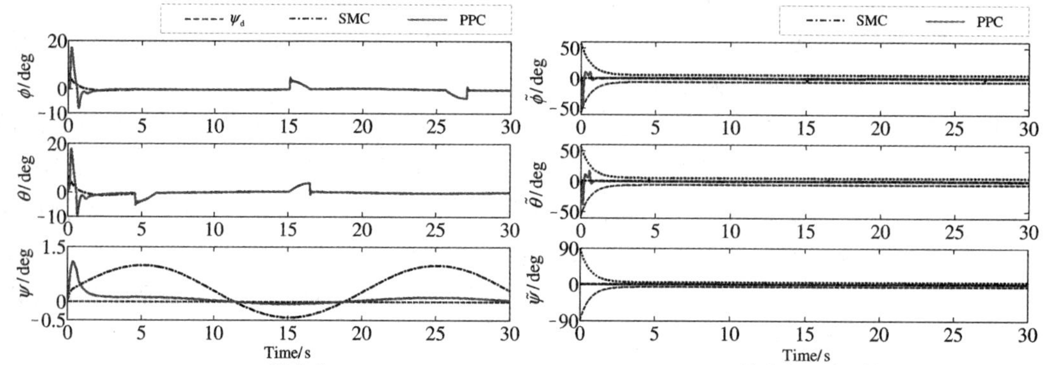


(a) 姿态角　　　　(b) 姿态角跟踪误差

图 7.7　四旋翼无人机姿态角及其跟踪误差

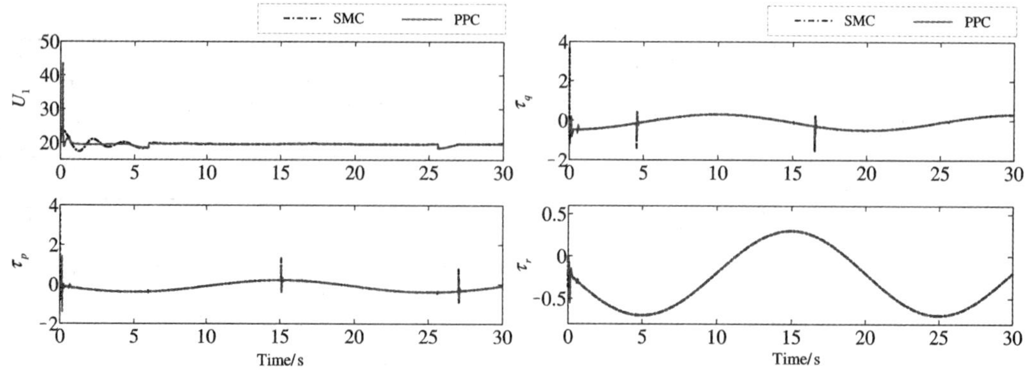


图 7.8　四旋翼无人机控制输入

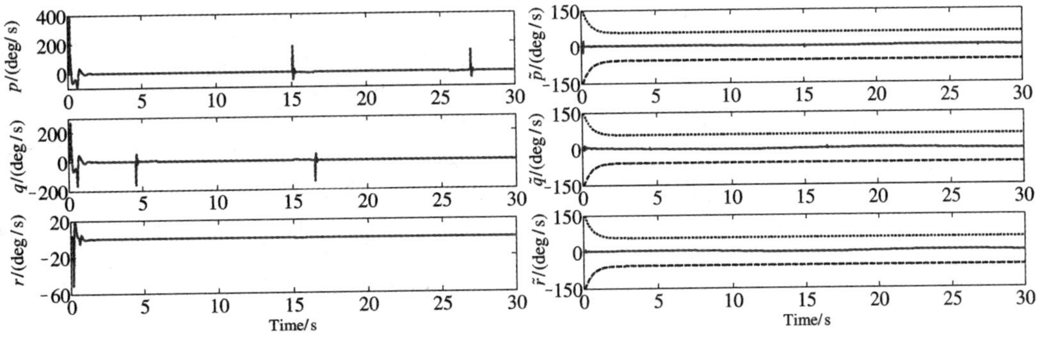

(a) 姿态角角速度　(b) 姿态角角速度跟踪误差

图 7.9　PPC 算例中的姿态角角速度及其跟踪误差

### 7.4.2　存在质量突变的四旋翼无人机跟踪控制

为了验证控制器处理带模型不确定性的四旋翼无人机轨迹跟踪问题的能力，假设四旋翼无人机以初始状态 $\boldsymbol{\xi}_{\mathrm{d}}(0)=[0,0,0]^{\mathrm{T}}$，$\dot{\boldsymbol{\xi}}_{\mathrm{d}}(0)=[0,0,0]^{\mathrm{T}}$ 沿参考轨迹 $\boldsymbol{\xi}_{\mathrm{d}}=[x_{\mathrm{d}}, y_{\mathrm{d}}, z_{\mathrm{d}}]^{\mathrm{T}}$ 飞行，其中：

$$\begin{cases} x_{\mathrm{d}}=\dfrac{1}{2}\cos\left(\dfrac{t}{2}\right) \\ y_{\mathrm{d}}=\dfrac{1}{2}\sin\left(\dfrac{t}{2}\right) \\ z_{\mathrm{d}}=1+\dfrac{t}{10} \end{cases} \tag{7.62}$$

四旋翼无人机在执行包裹运输任务时，可能存在包裹释放或抓取过程。因此，假设无人机飞行过程中存在以下质量突变：

$$m=\begin{cases} 3\ \mathrm{kg}, & 0\leqslant t<10\ \mathrm{s} \\ 1\ \mathrm{kg}, & 10\leqslant t<20\ \mathrm{s} \\ 3\ \mathrm{kg}, & 20\leqslant t<30\ \mathrm{s} \end{cases} \tag{7.63}$$

图 7.10～图 7.14 为仿真结果。由图 7.10 和图 7.11 可知，与 SMC 相比，PPC 能实现更好的瞬态与稳态性能，且平动子系统的误差面满足预设性能包络。虽然四旋翼无人机出现了质量突变，但 PPC 依然能实现高精度的跟踪控制。图 7.12 和图 7.14 显示：在 PPC 算例中，误差 $\tilde{\boldsymbol{\eta}}$ 和 $\tilde{\boldsymbol{w}}$ 均满足预设性能。此外，图 7.13 显示，在 SMC 与 PPC 算例中，控制输入曲线均不存在高频抖振。

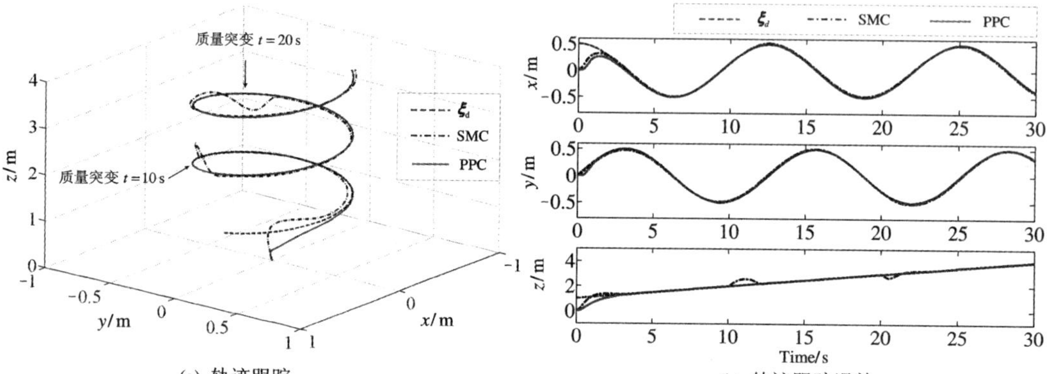


(a) 轨迹跟踪　　(b) 轨迹跟踪误差

图 7.10　四旋翼无人机轨迹跟踪性能

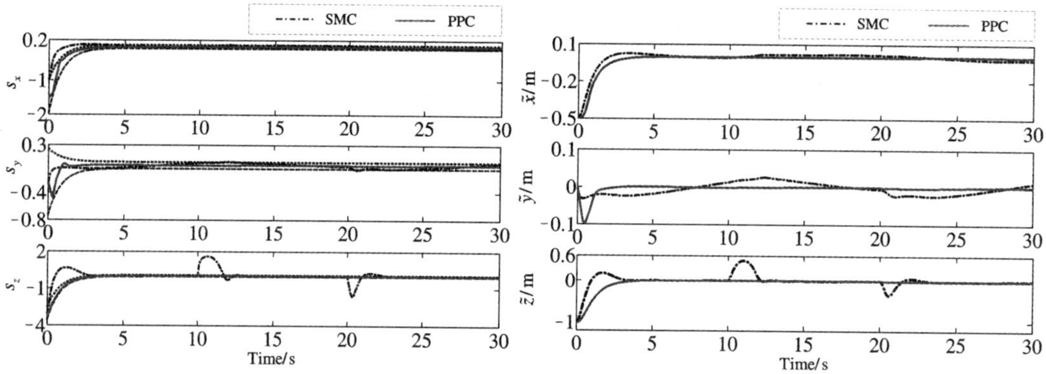


(a) 平动子系统误差面　　(b) 位置跟踪误差

图 7.11　四旋翼无人机平动子系统误差面与位置跟踪误差

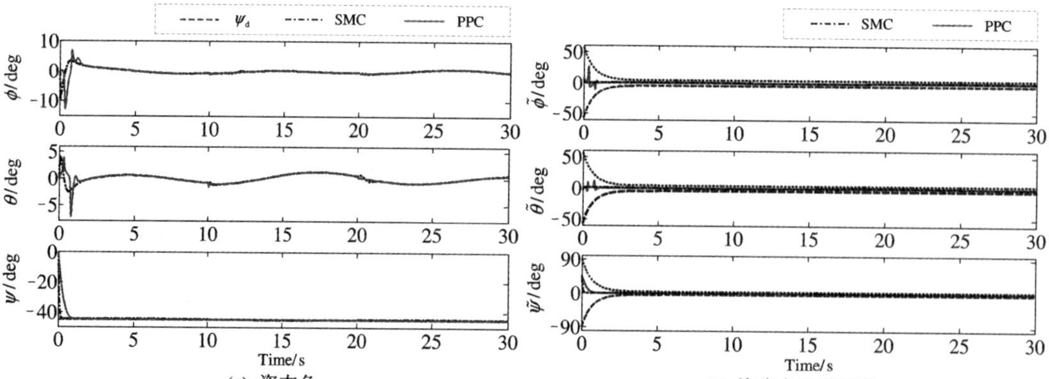


(a) 姿态角　　(b) 姿态角跟踪误差

图 7.12　四旋翼无人机姿态角及其跟踪误差

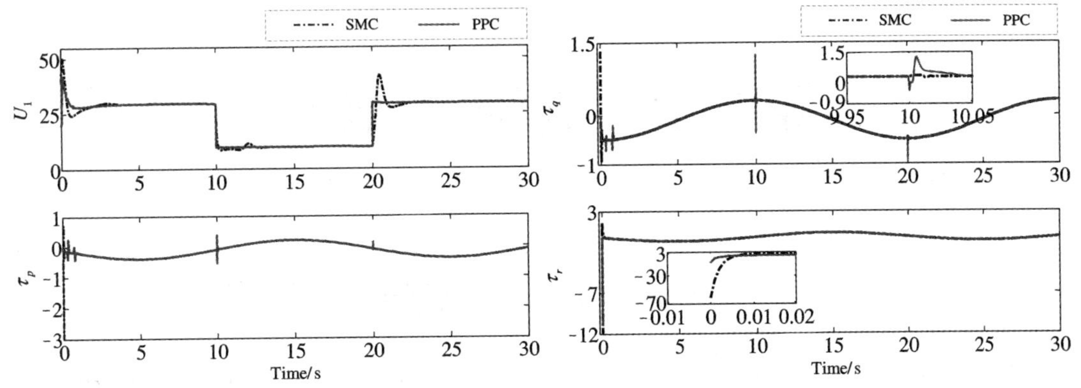


图 7.13　四旋翼无人机控制输入

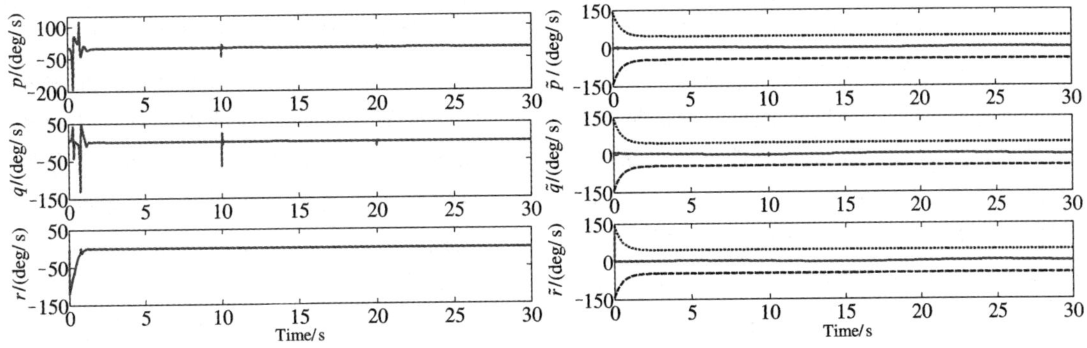


(a) 姿态角角速度　　(b) 姿态角角速度跟踪误差

图 7.14　PPC 算例中的姿态角角速度及其跟踪误差

## 7.5 本章小结

针对带模型不确定性的四旋翼无人机，本章设计了一种能实现小超调的预设性能轨迹跟踪控制器。与现有的研究结果相比，本章所提出的控制器不依赖精确的模型参数。为了增强控制器的适用性，针对角速度子系统建立了非仿射模型，并采用了相应的可控性假设。此外，采用非对称性能函数，实现了小超调的跟踪控制。本章所采用的控制方法无须任何估计器，大大简化了控制器的结构，降低了计算复杂度。最后，两组仿真研究验证了控制方案的有效性。

# 第8章 结论与展望

## 8.1 本书工作总结

针对非仿射系统的预设性能控制问题，本书分别从非仿射系统模型拓展、预设性能控制方法改进与非仿射系统预设性能控制方法应用三个方面开展研究。在非仿射系统模型拓展方面，非仿射函数的特性从连续可导、连续不可导拓展到了不连续，用于模型变换的假设条件逐渐放宽，所设计的控制器的适用性不断加强。在预设性能控制方法改进方面，提出了新的误差转化方式，设计出了不对称的性能函数、能随控制指令灵活变化的性能函数和不依赖初始条件的性能函数，灵活地采用了基于误差面的快速预设性能控制和基于反推技术的逐步预设性能控制两种设计方法。在非仿射系统预设性能控制方法应用方面，研究了以平衡车、Brusselator 化学反应系统和三阶单连杆机械臂为例的非仿射纯反馈系统的控制问题，以双倒立摆系统为例的互联大系统的分散式控制问题，以及高超声速飞行器和四旋翼无人机的飞行控制问题。本书所做的具体工作有以下几方面：

(1) 综述了非仿射系统控制方法的研究现状与存在的问题，阐述了预设性能控制的基本概念、研究现状与不足，分析了研究非仿射系统预设性能控制方法的必要性。

(2) 针对一类非仿射函数连续可导的纯反馈非线性系统控制问题，基于有限时间收敛的高阶微分器与自适应神经网络，设计了无须虚拟控制律的预设性能控制器。控制器只需要一个神经网络对未知非线性函数进行估计，降低了计算复杂度。

(3) 针对一类非仿射函数连续不可导的纯反馈非线性系统的控制问题，采用了非仿射函数局部半有界的假设条件，并推导出与原系统等效的伪仿射系统。基于上述伪仿射系统设计了自适应神经网络预设性能控制器。设计过程中，只在反推过程的第一步采用了性能约束，减小了传统的基于反推法逐步设计预设性能控制器过程中出现奇异问题的风险。

(4) 针对一类非仿射函数连续不可导的带输入受限的纯反馈非线性系统的控制问题，提出了一种不依赖任何估计器的预设性能控制器。基于双曲余割函数设计了可随指令信号变化而灵活调整的性能函数，避免了在稳态阶段由于指令信号剧烈变化而导致控制输入产生高频抖振。

(5) 针对一类非仿射函数不连续且带不确定执行器非线性的大尺度互联系统的控制问题，设计了一种不依赖初始误差的预设性能分散式控制器。采用了非仿射函数半有界的假设条件，保证了系统可控性的同时保留了系统可能存在的死区、磁滞与齿隙等输入非仿射特性。因此，所设计的控制器可处理一类不确定输入非线性问题。在标准化误差中加入调节函数，从本质上避免了性能函数对初始误差的依赖，同时也避免了在控制初始阶段控制输入发生跳变。

(6) 针对带死区输入非线性的 AHV 控制问题，结合动力学方程与曲线拟合样本图对 AHV 纵向模型进行了分析，提出了半解耦非仿射模型与合理的可控性假设，并据此设计了预设性能控制器。此外，针对带模型不确定性的四旋翼无人机轨迹跟踪控制问题，通过将初始误差纳入到性能函数设计过程中，实现了具有小超调的预设性能控制。

## 8.2　下一步研究方向

本书虽然针对非仿射系统预设性能控制进行了较深入的研究，但由于非仿射系统涉及的方面非常广泛且目前预设性能控制理论尚不完备，本书的研究工作仍有很多地方需要进一步完善，具体有以下几个方面：

(1) 除传统的可偏导假设和本书所采用的不等式约束外，系统非仿射特性是否还存在更为一般的刻画方式，使得它不仅能保证系统可控性且尽可能少地依赖具体的模型信息。

(2) 对具体系统而言，在性能函数与执行器控制能力(幅值和带宽)之间能否建立起一种明确的对应关系，以避免实际应用过程中性能包络设置得过于紧密而导致控制输入产生超限或高频抖振。

(3) 将预设性能控制与其他传统控制方法组合形成切换控制器。譬如：当初始误差在性能包络以外时采用 PID 控制方法，当误差变量进入到性能包络一定范围以后再切换为预设性能控制。

(4) 在实际应用中输出反馈比状态反馈更为方便。是否能在保证对非仿射函数宽松的假设条件下，基于非线性状态观测器设计输出反馈预设性能控制器。此外，在对系统跟踪误差进行约束时，如何避免状态观测误差的影响仍有待研究。

(5) 急需将预设性能控制方法应用于实际系统中以验证其效果，同时根据实验中出现的问题对控制理论进行改进。

(6) 当非仿射函数随控制输入增大而整体“增大”或“减小”的趋势不确定时，探究能否通过引入 Nussbaum 函数进行控制器设计。

# 附录　初始值问题最大饱和解的存在性与唯一性

考虑如下初始值问题[154]

$$\dot{\boldsymbol{\zeta}}(t) = w[t, \boldsymbol{\zeta}(t)], \boldsymbol{\zeta}(0) \in \Omega_{\zeta} \tag{A1}$$

其中：$w[t, \boldsymbol{\zeta}(t)]$：$\mathbf{R}^{+} \times \Omega_{\zeta} \to \mathbf{R}^{n}$，$\Omega_{\zeta} \subset \mathbf{R}^{n}$ 为非空开集。

**定义 1**　对于状态方程(A1)的一个解，如果找不到该解合适的延拓向量使之也是状态方程(A1)的一个解，则该解为状态方程(A1)的最大饱和解。

**定理 1**　若(1) $w[t, \boldsymbol{\zeta}(t)]$对于$\boldsymbol{\zeta}(t)$局部 Lipschitz 连续；

(2) 对于每一个确定的$\boldsymbol{\zeta}(t) \in \Omega_{\zeta}$，$w[t, \boldsymbol{\zeta}(t)]$在 $t$ 上连续；

(3) 对于每一个确定的$\boldsymbol{\zeta}(t) \in \Omega_{\zeta}$，$w[t, \boldsymbol{\zeta}(t)]$在 $t$ 上局部可积：则在 $t \in [0, \tau_{\max})$时，状态方程(A1)存在唯一的最大饱和解 $\boldsymbol{\zeta}(t)$：$[0, \tau_{\max}) \to \Omega_{\zeta}$ 使得$\boldsymbol{\zeta}(t) \in \Omega_{\zeta}$，$t \in [0, \tau_{\max})$，其中 $\tau_{\max} \in \{\mathbf{R}^{+}, +\infty\}$。

# 参考文献

[1] 诺伯特·维纳. 控制论(或关于在动物和机器中控制和通讯的科学)[M]. 罗劲柏，侯德彭，陈步，等译. 北京：北京大学出版社，2007.

[2] 宋永端，宋琦. 非仿射系统的控制器设计方法综述[C]. 中国自动化学会控制理论专业委员会A卷，2011(7)：785－790.

[3] BECHLIOULIS C P, ROVITHAKIS G A. Prescribed performance adaptive control of SISO feedback linearizable systems with disturbances[C]. Control and Automation, Mediterranean Conference on. IEEE, 2008: 1035－1040.

[4] 胡云安，张雷，耿宝亮. 预设性能控制研究进展[J]. 海军航空工程学院学报，2016，31(1)：1－6.

[5] LABIOD S, GUERRA T M. Indirect adaptive fuzzy control for a class of nonaffine nonlinear systems with unknown control directions[J]. International Journal of Control, Automation, and Systems, 2010, 8(4): 903－907.

[6] BOULKROUNE A, M'SAAD M, Farza M. Adaptive fuzzy tracking control for a class of MIMO nonaffine uncertain system[J]. Neurocomputing, 2012, 93(2): 48－55.

[7] 张强，袁铸钢，许德智. 一类输入受限的不确定非仿射非线性系统二阶动态terminal滑模控制[J]. 控制与决策，2016，31(9)：1537－1545.

[8] KUMAR P, KUMAR N, PANWAR V. RBF neural control design for SISO nonaffine nonlinear systems[J]. Procedia Computer Science, 2018, 125: 25－33.

[9] WANG M, GE S S. Approximation-based adaptive tracking control of pure-feedback nonlinear systems with multiple unknown time-varying delays[J]. IEEE Transactions on Neural Networks, 2010, 21(11): 1804－1814.

[10] YU Z, LUO J, LIU J. Adaptive neural control for pure-feedback nonlinear time-delay systems with unknown dead-zone: A Lyapunov-Razumikhin method[J]. Journal of Control Theory and Applications, 2013, 11(1): 18－26.

[11] YU Z X, YU Z S. Adaptive neural dynamic surface control for nonlinear pure-feedback systems with multiple time-varying delays: a l yapunov-razumikhin method[J]. Asian Journal of Control, 2013, 15(4): 1124－1138.

[12] WANG M, WANG C. Neural learning control of pure-feedback nonlinear systems[J].

Nonlinear Dynamics，2014，79(4)：2589 - 2608.

[13] JIANG B，SHEN Q，SHI P. Neural-networked adaptive tracking control for switched nonlinear pure-feedback systems under arbitrary switching[J]. Automatica，2015，61：119 - 125.

[14] SHIRIAEV A S，FRADKOV A L. Stablelization of invariant sets for non-affine systems[J]. Automatica，2000，11(36)：1709 - 1715.

[15] ZHAO Q，YAN L. Adaptive dynamic surface control for pure-feedback systems[J]. International Journal of Robust and Nonlinear Control，2012，22(14)：1647 - 1660.

[16] TONG S，LI Y. Adaptive fuzzy output feedback backstepping control of pure-feedback nonlinear systems via dynamic surface control technique[J]. International Journal of Adaptive Control and Signal Processing，2013，27(7)：541 - 561.

[17] 胡云安，程春华，邹强. 非仿射纯反馈系统的间接自适应神经网络控制[J]. 控制理论与应用，2014，31(4)：467 - 478.

[18] 程春华，胡云安，吴进华. 非仿射纯反馈非线性系统的自抗扰控制[J]. 自动化学报，2014，40(7)：1528 - 1536.

[19] 张涛，保宏，杜敬利. 非仿射非线性系统的自主构架模糊控制器[J]. 控制与决策，2014，29(8)：1532 - 1536.

[20] LIU Z，DONG X，XUE J，et al. Adaptive neural control for a class of pure-feedback nonlinear systems via dynamic surface technique[J]. IEEE Transactions on Neural Networks and Learning Systems，2016，27(9)：1969 - 1975.

[21] ZHANG T，SHI X，ZHU Q，et al. Adaptive neural tracking control of pure-feedback nonlinear systems with unknown gain signs and unmodeled dynamics [J]. Neurocomputing，2013，121(18)：290 - 297.

[22] AREFI M M，ZAREI J，KARIMI H R. Adaptive output feedback neural network control of uncertain non-affine systems with unknown control direction[J]. Journal of the franklin institute，2014，351(8)：4302 - 4316.

[23] AREFI M M，RAMEZANI Z，JAHED-MOTLAGH M R. Observer-based adaptive robust control of nonlinear nonaffine systems with unknown gain sign[J]. Nonlinear dynamics，2014，78(3)：2185 - 2194.

[24] 陈龙胜，王琦. 一类非仿射非线性不确定系统自适应鲁棒控制[J]. 控制理论与应用，2015，32(2)：256 - 261.

[25] 周卫东，廖成毅. 控制方向未知的 SISO 非仿射系统间接自适应模糊输出反馈控制[J]. 控制理论与应用，2016，30(9)：1131 - 1137.

[26] LI X Q. Adaptive NN dynamic surface control for a class of uncertain non-affine pure-

feedback systems with unknown time-delay[J]. International journal of automation and computing, 2016, 13(3): 268 - 276.

[27] ZHANG J, ZHU Q, WU X, et al. A generalized indirect adaptive neural networks backstepping control procedure for a class of non-affine nonlinear systems with pure-feedback prototype[J]. Neurocomputing, 2013, 121(C): 131 - 139.

[28] WANG H, LIU X, LIU K, et al. Adaptive neural control for a general class of pure-feedback stochastic nonlinear systems[J]. Neurocomputing, 2014, 135: 348 - 356.

[29] YANG X, LIU D, WEI Q, et al. Direct adaptive control for a class of discrete-time unknown nonaffine nonlinear systems using neural networks[J]. International journal of robust and nonlinear control, 2015, 25(12): 1844 - 1861.

[30] ZOU A M, HOU Z G, TAN M. Adaptive control of a class of nonlinear pure-feedback systems using fuzzy backstepping approach[J]. IEEE transactions on fuzzy systems, 2008, 16(4): 886 - 897.

[31] WU L B, YANG G H. Adaptive fault-tolerant control of a class of nonaffine nonlinear systems with mismatched parameter uncertainties and disturbances[J]. Nonlinear dynamics, 2015, 82(3): 1281 - 1291.

[32] HOU M, DENG Z, DUAN G. Adaptive control of uncertain pure-feedback nonlinear systems[J]. International journal of solids and structures, 2015, 48(6).

[33] LIU Y H. Adaptive tracking control for a class of uncertain pure-feedback systems [J]. International journal of robust and nonlinear control, 2016, 26(5): 1143 - 1154.

[34] BECHLIOULIS C P, ROVITHAKIS G A. A low-complexity global approximation-free control scheme with prescribed performance for unknown pure feedback systems [J]. Automatica, 2014, 50(4): 1217 - 1226.

[35] WU L B, YANG G H, WANG H, et al. Adaptive fuzzy asymptotic tracking control of uncertain nonaffine nonlinear systems with non-symmetric dead-zone nonlinearities [J]. Information sciences, 2016, 348(C): 1 - 14.

[36] 周卫东，廖成毅，郑兰. 具有未知死区的 SISO 非仿射非线性系统间接自适应模糊控制[J]. 哈尔滨工业大学学报，2014，46(10)：110 - 116.

[37] ZHOU W D, LIAO C Y, ZHENG L, et al. Adaptive fuzzy output feedback control for a class of nonaffine nonlinear systems with unknown dead-zone input [J]. Nonlinear dynamics, 2014, 79(4): 1 - 13.

[38] HOU M, ZHANG Z, DENG Z, et al. Global robust finite-time stabilisation of unknown pure-feedback systems with input dead-zone non-linearity[J]. IET control theory and applications, 2016, 10(2): 234 - 243.

[39] ESFANDIARI K, ABDOLLAHI F, TALEBI H A. Adaptive control of uncertain nonaffine nonlinear systems with input saturation using neural networks[J]. IEEE transactions on neural networks and learning systems, 2014: 2311－2322.

[40] MOLAVI A, JALALI A, GHASEMIN M. Adaptive fuzzy control of a class of nonaffine nonlinear system with input saturation based on passivity theorem[J]. ISA transactions, 2017, doi: 10.1016/j.isatra.2017.03.020.

[41] 陈龙胜，王琦. 输入受限的非仿射纯反馈不确定系统自适应动态面容错控制[J]. 控制理论与应用，2016，33(2)：221－227.

[42] 程春华，吴进华，胡云安，等. 受限的非仿射非线性系统的自适应控制[J]. 控制理论与应用，2014，31(8)：1000－1008.

[43] YU Z, LI S. Adaptive neural control for a class of pure-feedback nonlinear time-delay systems with asymmetric saturation actuators[J]. Neurocomputing, 2016, 173: 1461－1470.

[44] LIU Y H, HUANG L, XIAO D, et al. Global adaptive control for uncertain nonaffine nonlinear hysteretic systems[J]. ISA Transactions, 2015, 58: 255－261.

[45] PARK J H, MOON C J, KIM S H, et al. Adaptive neural control for pure-feedback nonlinear systems[C] IEEE international conference on industrial technology. 2006: 1132－1136.

[46] NA J, REN X, ZHENG D. Adaptive control for nonlinear pure-feedback systems with high-order sliding mode observer[J]. IEEE transactions on neural networks and learning systems, 2013, 24(3): 370－382.

[47] SUN G, WANG D, PENG Z. Adaptive control based on single neural network approximation for non-linear pure-feedback systems[J]. IET control theory and applications, 2012, 6(15): 2387－2396.

[48] CHEN Z F, ZHANG Y. Robust control of a class of non-affine nonlinear systems by state and output feedback[J]. Journal of central south university, 2014, 21(4): 1322－1328.

[49] LI Y, TONG S, LI T. Adaptive fuzzy output feedback dynamic surface control of interconnected nonlinear pure-feedback systems[J]. IEEE transactions on cybernetics, 2015, 45(1): 138－149.

[50] LIU Y J, TONG S. Barrier Lyapunov Functions-based adaptive control for a class of nonlinear pure-feedback systems with full state constraints[J]. Automatica, 2016, 64(C): 70－75.

[51] KIM B S, YOO S J. Adaptive control of nonlinear pure-feedback systems with output

constraints: Integral barrier Lyapunov functional approach[J]. International journal of control, automation and systems, 2015, 13(1): 249 - 256.

[52] KIM B S, YOO S J. Approximation-based adaptive tracking control of nonlinear pure-feedback systems with time-varying output constraints[J]. International journal of control, automation and systems, 2015, 13(2): 257 - 265.

[53] CHEN Z, GE S S, ZHANG Y, et al. Adaptive neural control of MIMO nonlinear systems with a block-triangular pure-feedback control structure [J]. IEEE transactions on neural networks and learning systems, 2014, 25(11): 2017 - 2029.

[54] LIU Y J, TONG S. Adaptive fuzzy identification and control for a class of nonlinear pure-feedback MIMO systems with unknown dead zones[J]. IEEE transactions on fuzzy systems, 2015, 23(5): 1387 - 1398.

[55] ZHOU Q, SHI P, TIAN Y, et al. Approximation-based adaptive tracking control for MIMO nonlinear systems with input saturation[J]. IEEE trans. cybern. 2015(45): 2118 - 2119.

[56] WANG W, WANG D, PENG Z. Distributed containment control for uncertain nonlinear multi-agent systems in non-affine pure-feedback form under switching topologies[J]. Neurocomputing, 2015, 152: 1 - 10.

[57] YANG Y, YUE D. Distributed tracking control of a class of multi-agent systems in non-affine pure-feedback form under a directed topology[J]. IEEE/CAA journal of automatica sinica, 2017: 1 - 12.

[58] WANG Y, WU Q. Adaptive non-affine control for the short-period model of a generic hypersonic flight vehicle[J]. Aerospace science and technology, 2017, 66: 193 - 202.

[59] WANG Y, ZHANG J. Analysis of a MIMO Dutch roll dynamic system and its adaptive non-affine flight control[J]. Nonlinear dynamics, 2017, 91(1): 565 - 576.

[60] NGO K B, MAHONY R, JIANG Z P. Integrator backstepping using barrier functions for systems with multiple state constraints[C]. IEEE Conf. Dec. Control, 2005, doi: 10.1109/CDC.2005.1583507.

[61] TEE K P, GE S S, TAY E H. Barrier Lyapunov functions for the output-constrained nonlinear systems[J]. Automatica, 2009, 45(4): 918 - 927.

[62] REN B B, GE S S, TEE K P, et al. Adaptive neural control for output feedback nonlinear systems using a barrier Lyapunov function[J]. IEEE trans. neural netw. 2010, 21(8): 1339 - 1345.

[63] WANG C, WU Y, YU J. Barrier Lyapunov functions-based adaptive control for

nonlinear pure-feedback systems with time-varying full state constraints[J]. Int. J. control autom. sys. 2017, 15(16): 1 - 9.

[64] HACKL C M, JI Y, SCHRODER D. Enhanced funnel-control with improved performance [C]. Mediterranean Conference on Control and Automation. IEEE, 2007.

[65] HACKL C M. Funnel Control [M]. Non-identifier based adaptive control in mechatronics. 2017.

[66] HAN S I, LEE J M. Recurrent fuzzy neural network backstepping control for the prescribed output tracking performance of nonlinear dynamic systems [J]. ISA transactions, 2014, 53(1): 33 - 43.

[67] LIU X, WANG H, GAO C, et al. Adaptive fuzzy funnel control for a class of strict feedback nonlinear systems[J]. Neurocomputing, 2017, 241: 71 - 80.

[68] HOPFE N, ILCHMANN A, RYAN E P. Funnel control with saturation: nonlinear SISO systems[J]. IEEE transactions on automatic control, 2010, 55(9): 2177 -2182.

[69] HOPFE N, ILCHMANN A, RYAN E P. Funnel control with saturation: linear MIMO systems[J]. IEEE transactions on automatic control, 2010, 55(2): 532 - 538.

[70] ILCHMANN A, TRENN S. Input constrained funnel control with applications to chemical reactor models[J]. Systems and control letters, 2004, 53(5): 361 - 375.

[71] ILCHMANN A, HANS D I S. PI-funnel control for two mass systems[J]. IEEE transactions on automatic control, 2009, 54(4): 918 - 923.

[72] QIANG C, T X Q, YURONG N, et al. Finite-time neural funnel control for motor servo systems with unknown input constraint[J]. 系统科学与复杂性学报(英文版), 2017, 30(3): 579 - 594.

[73] HOPFE N, CALDAS-PINTO P, KURTH G. Funnel flight controller for a TDR 6 - DoF simulation model[J]. IFAC proceedings volumes, 2013, 46(19): 125 - 130.

[74] BECHLIOULIS C P, ROVITHAKIS G A. Robust approximation free prescribed performance control[J]. IEEE automation, 2011, 6: 521 - 526.

[75] 胡云安，耿宝亮，赵永涛. 严格反馈非线性系统预设性能 backstepping 控制器设计[J]. 控制与决策，2014，29(8)：1509 - 1512.

[76] 耿宝亮，胡云安，李静. 控制增益为未知函数的不确定系统预设性能反演控制[J]. 自动化学报，2014，40(11)：2521 - 2529.

[77] 陈明，张士勇. 基于 Backstepping 的非线性系统预设性能鲁棒控制器设计[J]. 控制与决策，2015，30(5)：877 - 881.

[78] 张友安，张雷，刘京茂. 基于状态可行域约束的极值搜索系统预设性能控制[J]. 控制

与决策，2018，33(01)：160－165.

[79] 张杨，吴文海，胡云安．基于全状态预设性能的受限指令反演控制器设计[J]．控制与决策，2018，33(3)：479－485.

[80] BECHLIOULIS C P，ROVITHAKIS G A. Adaptive control with guaranteed transient and steady state tracking error bounds for strict feedback systems[J]. Automatica，2009，45(2)：532－538.

[81] LI F，LIU Y. Control Design with Prescribed performance for nonlinear systems with unknown control directions and non-parametric uncertainties[J]. IEEE transactions on automatic control，2018：1－8.

[82] 耿宝亮，胡云安．控制方向未知的不确定系统预设性能自适应神经网络反演控制[J]．控制理论与应用，2014，31(3)：397－403.

[83] NA J. Adaptive prescribed performance control of nonlinear system with unknown dead zone[J]. International journal of adaptive control and signal processing，2013，27(5)：426－446.

[84] THEODORAKOPOULOS A，ROVITHAKIS G A. Guaranteeing preselected tracking quality for uncertain strict-feedback systems with deadzone input nonlinearity and disturbances via low-complexity control[J]. Automatica，2015，54：135－145.

[85] SUI S，TONG S，LI Y. Observer-based fuzzy adaptive prescribed performance tracking control for nonlinear stochastic systems with input saturation[M]. Elsevier science publishers B. V. 2015.

[86] WANG L，WU C，ZHOU Q. Prescribed performance fuzzy control for strict-feedback system[C] Sixth International Conference on Information Science and Technology. IEEE，2016，5：257－262.

[87] 王永超，张胜修，扈晓翔．可规定性能的输入受限非线性系统反步控制[J]．哈尔滨工业大学学报，2016，48(10)：110－118.

[88] SI W J，DONG X D，YANG F F. Adaptive neural prescrib e d performance control for a class of strict-feedback stochastic nonlinear systems with hysteresis input[J]. Neuocomputing，2017，251：35－44.

[89] THEODORAKOPOULOS A，ROVITHAKIS G A. Prescribed performance control of strict-feedback systems with hysteresis input nonlinearity[C]. European Control Conference (ECC)，2015，7：3225－3230.

[90] HUA C，ZHANG L，GUAN X. Output feedback control for interconnected time-delay systems with prescribed performance[J]. Neurocomputing，2014，129：208－215.

[91] ZHANG L, TONG S, LI Y. Prescribed performance adaptive fuzzy output-feedback control of uncertain nonlinear systems with unmodeled dynamics[J]. Nonlinear dynamics, 2014, 77(4): 1653-1665.

[92] XIA X, ZHANG T, YI Y, et al. Adaptive prescribed performance control of output feedback systems including input unmodeled dynamics[J]. Neurocomputing, 2016, 190: 226-236.

[93] ZHANG T, LI S, XIA M. Adaptive output feedback control of nonlinear systems with prescribed performance and MT-filters[J]. Neurocomputing, 2016, 207: 717-725.

[94] LI S, XIANG Z. Adaptive prescribed performance control for switched nonlinear systems with input saturation[J]. International journal of systems science, 2017, doi: 10.1080/00207721.2017.1390706.

[95] LI Y, TONG S, LIU L. Adaptive output-feedback control design with prescribed performance for switched nonlinear systems[J]. Automatica, 2017, 80: 225-231.

[96] LI Y, TONG S. Adaptive neural networks prescribed performance control design for switched interconnected uncertain nonlinear systems[J]. IEEE transactions on neural networks and learning systems, 2018, 29(7): 3059-3068.

[97] TANG L, ZHAO J. Neural network based adaptive prescribed performance control for a class of switched nonlinear systems[M]. Elsevier science publishers B. V. 2017.

[98] ZHAO K, SONG Y, MA T. Prescribed performance control of uncertain Euler-Lagrange systems subject to full-state constraints[J]. IEEE transactions on neural networks and learning systems, 2017, 8: 1-12.

[99] 张杨，胡云安. 受限指令预设性能自适应反演控制器设计[J]. 控制与决策，2017，32(7)：1253-1258.

[100] BECHLIOULIS C P, ROVITHAKIS G A. Robust adaptive fuzzy control of nonaffine systems guaranteeing transient and steady state error bounds[C] Control and Automation, Mediterranean Conference on. IEEE, 2009, 9: 862-867.

[101] 王琦，陈龙胜. 非仿射纯反馈不确定系统预设性能鲁棒自适应控制[J]. 电机与控制学报，2017，21(2)：109-116.

[102] MARANTOS P, EQTAMI A, BECHLIOULIS C P. A prescribed performance robust nonlinear model predictive control framework[C] European Control Conference. 2014: 2182-2187.

[103] BECHLIOULIS C P, ROVITHAKIS G A. Robust adaptive control of feedback

linearizable MIMO nonlinear systems with prescribed performance [J]. IEEE transactions on automatic control, 2008, 53(9): 2090 - 2099.

[104] THEODORAKOPOULOS A, ROVITHAKIS G A. A simplified adaptive neural network prescribed performance controller for uncertain MIMO feedback linearizable systems [J]. IEEE transactions on neural networks and learning systems, 2015, 26(3): 589 - 600.

[105] THEODORAKOPOULOS A, ROVITHAKIS G A. An approximation-free prescribed performance controller for uncertain MIMO feedback linearizable systems[C]. IEEE American Control Conference, 2015, 7: 3992 - 3997.

[106] SHI W, LUO R, LI B. Adaptive fuzzy prescribed performance control for MIMO nonlinear systems with unknown control direction and unknown dead-zone inputs [J]. ISA transactions, 2016, doi: 10.1016/j.isatra.2016.08.021.

[107] ZHANG L, LI Y. Adaptive fuzzy output feedback control for MIMO switched nonlinear systems with prescribed performances[J]. Fuzzy sets and systems, 2015, 306: 153 - 168.

[108] LI Y, TONG S. Prescribed performance adaptive fuzzy output-feedback dynamic surface control for nonlinear large-scale systems with time delays[J]. Information sciences, 2015, 292(C): 125 - 142.

[109] CHOI Y H, YOO S J. Decentralized approximation-free control for uncertain large-scale pure-feedback systems with unknown time-delayed nonlinearities and control directions[J]. Nonlinear dynamics, 2016, 85(2): 1053 - 1066.

[110] BECHLIOULIS C P, KYRIAKOPOULOS K J. Robust model-free formation control with prescribed performance for nonlinear multi-agent systems[C]. IEEE International Conference on Robotics and Automation, 2015: 1268 - 1273.

[111] 官艳凤. 具有性能保证的多智能体一致性算法研究[D]. 重庆：重庆大学，2016.

[112] LI X, LUO X, WANG J. Finite-time consensus of nonlinear multi-agent system with prescribed performance[J]. Nonlinear dynamics, 2017, 12: 1 - 13.

[113] BECHLIOULIS C P, DEMETRIOU M A, KYRIAKOPOULOS K J. A distributed control and parameter estimation protocol with prescribed performance for homogeneous lagrangian multi-agent systems[J]. Autonomous robots, 2018, doi: 10.1007/s10514 - 018 - 9700 - 2.

[114] BECHLIOULIS C P, DOULGERI Z, ROVITHAKIS G A. Guaranteeing prescribed performance and contact maintenance via an approximation free robot force/position controller[J]. Automatica, 2012, 48(2): 360 - 365.

[115] KARAYIANNIDIS Y, DOULGERI Z. Model-free robot joint position regulation and tracking with prescribed performance guarantees[J]. Robotics and autonomous systems, 2012, 60(2): 214 - 226.
[116] KOSTARIGKA A K, DOULGERI Z, ROVITHAKIS G A. Prescribed performance tracking for flexible joint robots with unknown dynamics and, variable elasticity [J]. Automatica, 2013, 49(6): 1137 - 1147.
[117] PSOMOPOULOU E, THEODORAKOPOULOS A, DOULGERI Z, et al. Prescribed performance tracking of a variable stiffness actuated robot[J]. IEEE transactions on control systems technology, 2015, 23(5): 1 - 10.
[118] NA J, CHEN Q, REN X, et al. Adaptive prescribed performance motion control of servo mechanisms with friction compensation[J]. IEEE Transactions on industrial electronics, 2014, 61(1): 486 - 494.
[119] YANG Y, TAN J, YUE D. Prescribed performance control of One-DOF link manipulator with uncertainties and input saturation constraint [J]. IEEE/CAA journal of automatica sinica. 2018: 1 - 10.
[120] BECHLIOULIS C P, DIMAROGONAS D V, KYRIAKOPOULOS K J. Robust control of large vehicular platoons with prescribed transient and steady state performance[C] Decision and Control. IEEE, 2015: 3689 - 3694.
[121] VERGINIS C K, BECHLIOULIS C P, DIMAROGONAS D V, et al. Robust distributed control protocols for large vehicular platoons with prescribed transient and steady-state performance [J]. IEEE transactions on control systems technology, 2017, 2: 1 - 6.
[122] HUANG Y, NA J, WU X, et al. Adaptive control of nonlinear uncertain active suspension systems with prescribed performance[J]. Isa Transactions, 2015, 54: 145 - 155.
[123] LUO H, XU H, LIU X. Immersion and invariance based robust adaptive control of high-speed train with guaranteed prescribed performance bounds[J]. Asian journal of control, 2015, 17(6): 2263 - 2276.
[124] BU X, WU X, ZHU F, et al. Novel prescribed performance neural control of a flexible air-breathing hypersonic vehicle with unknown initial errors [J]. Isa transactions, 2015, 59: 149 - 159.
[125] BU X, WU X, HUANG J. Robust estimation-free prescribed performance back-stepping control of air-breathing hypersonic vehicles without affine models[J]. International journal of control, 2016: 1 - 26.

[126] 赵贺伟，杨秀霞，沈如松，等. 弹性高超声速飞行器预设性能精细姿态控制[J]. 兵工学报，2017(03)：88-98.

[127] 张杨，吴文海，胡云安，等. 舰载机着舰纵向非仿射模型控制器设计[J]. 系统工程与电子技术，2018，462(3)：152-159.

[128] LUO J, YIN Z, WEI C, et al. Low-complexity prescribed performance control for spacecraft attitude stabilization and tracking[J]. Aerospace science and technology, 2018: 1-11.

[129] LUO J, WEI C, DAI H, et al. Robust inertia-free attitude takeover control of postcapture combined spacecraft with guaranteed prescribed performance[J]. ISA transactions, 2018, 74: 1-17.

[130] LYU S, YAN X, TANG S. Prescribed performance interceptor guidance with terminal line of sight angle constraint accounting for missile autopilot lag[J]. Aerospace science and technology, 2017, doi: 10.1016/j.ast.2017.06.022.

[131] YANG H, JIANG B, YANG H, et al. Synchronization of multiple 3-DOF helicopters under actuator faults and saturations with prescribed performance[J]. ISA transactions, 2018, doi: 10.1016/j.isatra.2018.02.009.

[132] BECHLIOULIS C P, KARRAS G C, Heshmati-Alamdari S, et al. Trajectory tracking with prescribed performance for underactuated underwater vehicles under model uncertainties and external disturbances[J]. IEEE transactions on control systems technology, 2017, 25(2): 429-440.

[133] YANG Y, GE C, WANG H, et al. Adaptive neural network based prescribed performance control for teleoperation system under input saturation[J]. Journal of the franklin institute, 2015, 352(5): 1850-1866.

[134] 董振乐，朱忠领，马大为，等. 含磁滞非线性的电动机伺服系统预设性能跟踪控制[J]. 上海交通大学学报，2015，49(12)：1803-1808.

[135] 刘恒，李生刚，孙业国，等. Prescribed performance synchronization for fractional-order chaotic systems[J]. 中国物理B：英文版，2015，24(9)：153-160.

[136] LIU H, LI S, CAO J, et al. Adaptive fuzzy prescribed performance controller design for a class of uncertain fractional-order nonlinear systems with external disturbances[J]. Neurocomputing, 2017, 219(C): 422-430.

[137] ZHANG L, SUI S, LI Y, et al. Adaptive fuzzy output feedback tracking control with prescribed performance for chemical reactor of MIMO nonlinear systems[J]. Nonlinear dynamics, 2015, 80(1-2): 945-957.

[138] GUO B Z, ZHAO Z L. On convergence of tracking differentiator[J]. Int J control,

2011, 84(4): 693 - 701.

[139] BU X W, WU X Y. Design of a class of new nonlinear disturbance observes based on tracking differentiators for uncertain dynamic systems[J]. Int J control autom syst. 2015; 13(3): 595 - 602.

[140] 王新华，刘金琨. 微分器设计与应用—信号滤波与求导[M]. 北京：电子工业出版社，2010.

[141] WANG L X, MENDEl J M. Fuzzy basis functions, universal approximation, and orthogonal least squares learning[J]. IEEE trans. neural netw. 1992, 3(5): 807 - 814.

[142] PINTO L J, KIM D H, LEE J Y, et al. Development of a segway robot for an intelligent transport system[C]. IEEE/SICE international symposium on system integration, Fukuoka, 2012, 12: 710 - 715.

[143] LI Y, TONG S. Adaptive fuzzy output-feedback control of pure-feedback uncertain nonlinear systems with unknown dead zone [J]. IEEE transactions on fuzzy systems, 2014, 22(5): 1341 - 1347.

[144] BARTOLINI G, PUNTA E. Sliding mode output-feedback stabilization of uncertain nonlinear nonaffine systems[J]. Automatica, 2012, 48(12): 3106 - 3113

[145] ZHOU J, LI X. Finite-time sliding mode control design for unknown non-affine pure-feedback systems[J]. Mathematical problems in engineering, 2015, doi: 10.1155/2015/653739.

[146] ZHANG Z, DUAN G, HOU M. Global finite time stabilization of pure-feedback systems with input dead zone nonlinearity[J]. J. franklin I. 2017, doi: 10.1016/j.jfranklin.2017.12.040.

[147] WANG Y, SONG Y. Fraction dynamic-surface-based neuro adaptive finite time containment control of multi-agent systems in non-affine pure-feedback form[J]. IEEE trans neural netw learn syst. 2017, 99: 678 - 689.

[148] HAN S I, LEE J M. Improved prescribed performance constraint control for a strict feedback non-linear dynamic system[J]. IET control theory appl. 2013, 7(14): 1818 - 1827.

[149] LI Y, TONG S, LI T. Composite adaptive fuzzy output feedback control design for uncertain nonlinear strict-feedback systems with input saturation[J]. IEEE trans. cybern. 2015, 45(10): 2299 - 2308.

[150] LI Y, TONG S, LI T. Hybrid fuzzy adaptive output feedback control design for uncertain MIMO nonlinear systems with time-varying delays and input saturation

[J]. IEEE trans. fuzzy syst. 2016, 24(4): 841 - 853.

[151] YANG Q, CHEN M. Adaptive neural prescribed performance tracking control for near space vehicles with input nonlinearity[J]. Neurocomputing, 2016, 174: 780 - 789.

[152] YANG Y, GE C, WANG H, et al. Adaptive neural network based prescribed performance control for teleportation system under input saturation[J]. J. Franklin I. 2015, 352(5): 1850 - 1866.

[153] ZHOU Q, WANG L, WU C, et al. Adaptive fuzzy control for nonstrict-feedback systems with input saturation and output constraint[J]. IEEE Trans. Syst. Man Cybern. 2017, 47(1): 1 - 12.

[154] SONTAG E. Mathematical control theory[M]. London: U.K. Springer. 1998: 476 - 481.

[155] ZHANG T P, GE S S. Adaptive dynamic surface control of nonlinear systems with unknown dead zone in pure-feedback form[J]. Automatica, 2008, 44(3): 1895 - 1903.

[156] BAKULE, L. Decentralized control: an overview[J]. Annu. Rev. Control 2008, 32(1): 87 - 98.

[157] LI Y, MA Z, TONG S. Adaptive fuzzy output-constrained fault-tolerant control of nonlinear stochastic large-scale systems with actuator faults [J]. IEEE trans cybern, 2017, 99: 1 - 15.

[158] WANG H, CHEN B, LIN C. Adaptive neural control for a class of large-scale pure-feedback nonlinear systems [M]. Advances in neural networks, springer berlin heidelberg, 2013: 96 - 103.

[159] WEI C, LUO J, DAI H, et al. Low-complexity differentiator-based decentralized fault-tolerant control of uncertain large-scale nonlinear systems with unknown dead zone[J]. Nonlinear dyn. 2017, 89(4): 2573 - 2592.

[160] WEI C, LUO J, YIN Z, et al. Robust estimation-free decentralized prescribed performance control of nonaffine nonlinear large-scale systems [J]. Int J robust nonlinear control, 2018, 28(2): 1 - 23.

[161] GHASEMI R, MENHAMMAD M B, AFSHAR A. A new decentralized fuzzy model reference adaptive controller for a class of large-scale nonaffine nonlinear systems[J]. European journal of control 2009, 15(5): 534 - 544.

[162] HUANG Y S, WU M. Decentralized adaptive fuzzy control of large-sale nonaffine nonlinear systems by state and output feedback[J]. Nonlinear dyn. 2012, 69: 1665

-1677.
[163] ZHOU D Q, HUANG Y S, LONG K J, et al. Decentralized direct adaptive output feedback fuzzy controller for a class of large-scale nonaffine nonlinear systems and its applications[J]. Int. J syst. science 2012, 43(5): 939-951.
[164] ZHANG J X, YANG G H. Robust adaptive fault-tolerant control for a class of unknown nonlinear systems[J]. IEEE trans. ind. electron 2016, 64(1): 585-594.
[165] ZHOU J, WEN C Y, ZHANG Y. Adaptive backstepping control of a class of uncertain nonlinear systems with unknown backlash-like hysteresis [J]. IEEE trans. autom control, 2004, 49(10): 1751-1757.
[166] WANG J H, HU J B. Robust adaptive neural control for a class of uncertain non-linear time-delay systems with unknown dead-zone non-linearity[J]. IET control theory appl. 2011, 5(15): 1782-1795.
[167] ZHOU J, ZHANG C J, WEN C Y. Robust adaptive output control of uncertain nonlinear plants with unknown backlash nonlinearity [J]. IEEE trans autom control, 2007, 52(3): 503-509.
[168] MAO Z Z, XIAO X S. Decentralized adaptive tracking control of nonaffine nonlinear large-scale systems with time delays[J]. Inform sci. 2011, 181: 1818-1827.
[169] KOO G B, PARK J B, JOO Y H. Decentralized fuzzy observer-based output-feedback control for nonlinear large-scale systems: An LMI approach[J]. IEEE trans fuzzy syst. 2014, 22(2): 406-419.
[170] LONG L, ZHAO J. Decentralized adaptive neural output-feedback DSC for switched large-scale nonlinear systems[J]. IEEE transactions on cybernetics, 2016, (99): 1-12.
[171] KESHMIRI S, MIRMIRANI M, COLGREN R. Six-DOF modeling and simulation of a generic hypersonic vehicle for conceptual design studies[C]. AIAA Modeling and Simulation Technologies Conf. Exhibit, 2004: 2004-4805.
[172] BOLENDER M, DOMAN D. Nonlinear longitudinal dynamical model of an air-breathing hypersonic vehicle [J]. J. space. rockets 2007; 44(2): 374-387.
[173] PARKER J T, SERRANI A, BOLENDER M, et al. Control-oriented modeling of an air-breathing hypersonic vehicle [J]. J. guid. control dyn. 2007; 30(3): 856-869.
[174] SIGTHORSSON D, JANKOVSKY P, SERRANI A, et al. Robust linear output feedback control of an airbreathing hypersonic vehicle [J]. J. guid. control dyn. 2008, 31(4): 1052-1066.

[175] QIN W, ZHENG Z, ZHANG L, et al. Robust model predictive control for hypersonic vehicle based on LPV [C]. In: IEEE Int. Conf. Inf. Autom. 2010: 1012 - 1017

[176] AN H, LIU J, WANG C, et al. Disturbance observer-based anti-windup control for air-breathing hypersonic vehicles[J]. IEEE trans ind. electron. 2016, 63(5): 3038 - 3049.

[177] REHMAN O, FIDAN B, PETERSEN I. Uncertainty modeling and robust minimax LQR control of hypersonic flight vehicles [C]. AIAA Guid. Navigation, and control conf. 2010, 14(8): 1180 - 1193.

[178] XU B, SUN F, LIU H, et al. Adaptive Kriging controller design for hypersonic flight vehicle via back-stepping[J]. IET control theory appl. 2012, 6(4): 487 -497.

[179] ZONG Q, JI Y, ZENG F, et al. Output feedback back-stepping control for a generic hypersonic vehicle via small-gain theorem[J]. Aerosp. sci. technol. 2012, 23(1): 409 - 417.

[180] BU X, WU X, ZHANG R, et al. Tracking differentiator design for the robust back-stepping control of a flexible air-breathing hypersonic vehicle[J]. J. franklin inst. 2015, 352(4): 1739 - 65.

[181] FIORENTINI L, SERRANI A, BOLENDER M, et al. Nonlinear robust adaptive control of flexible air-breathing hypersonic vehicles[J]. J. guid. control dyn. 2012, 32(2): 402 - 417.

[182] SOMANATH A, ANNASWAMY A. Adaptive control of hypersonic vehicles in presence of aerodynamic and center of gravity uncertainties[C]. IEEE Conf. Decis. Control. 2010: 4661 - 4666.

[183] MU C, NI Z, SUN C, et al. Air-breathing hypersonic vehicle tracking control based on adaptive dynamic programming[J]. IEEE trans. neural netw. learn. Syst. 2017, 28(3): 584 - 591.

[184] YU X, LI P, ZHANG Y. The design of fixed-time observer and finite-time fault-tolerant control for hypersonic gliding vehicles[J]. IEEE trans. ind. electron. 2017, 65(5): 4135 - 4144.

[185] LI P, YU X, ZHANG Y, et al. Adaptive multivariable integral TSMC of a hypersonic gliding vehicle with actuator faults and model uncertainties[J]. IEEE/ASME trans. mechatron. 2017, 22(6): 2723 - 2735.

[186] HUANG Y, SUN C, QIAN C, et al. Non-fragile switching tracking control for a flexible air-breathing hypersonic vehicle based on polytopic LPV model[J]. China.

J. aeronaut. 2013, 26(4): 948 - 959.

[187] XIAO D, LIU M, LIU Y, et al. Switching control of a hypersonic vehicle based on guardian maps[J]. Acta astronaut. 2016, 122: 294 - 306.

[188] XU B, SHI Z, YANG C, et al. Neural control of hypersonic flight vehicle model via time-scale decomposition with throttle setting constraint[J]. Nonlinear dyn. 2013, 73(3): 1849 - 1861.

[189] XU B, YANG C, Pan Y. Global neural dynamic surface tracking control of strict-feedback systems with application to hypersonic flight vehicle[J]. IEEE trans. neural netw. learn. syst. 2017, 26(10): 2563 - 2575.

[190] HU X, GAO H, KARIMI H, et al. Fuzzy reliable tracking control for flexible air-breathing hypersonic vehicles[J]. Int. J. fuzzy syst. 2011, 13(4) 323 - 333.

[191] WU L, SU X, SHI P. Fuzzy control of nonlinear air-breathing hypersonic vehicles [M]. Springer international publishing. 2015: 309 - 332.

[192] CHEN M, WU Q, JIANG C, et al. Guaranteed transient performance based control with input saturation for near space vehicles[J]. China inf. sci. 2014; 57(5): 1 - 12.

[193] XU B. Robust adaptive neural control of flexible hypersonic flight vehicle with dead-zone input nonlinearity[J]. Nonlinear dyn. 2015, 80(3): 1509 - 1520.

[194] BU X, WEI D, WU X, et al. Guaranteeing preselected tracking quality for air-breathing hypersonic non-affine models with an unknown control direction via concise neural control[J]. J. franklin inst. 2016; 353(13): 3207 - 3232.

[195] GAO G, WANG J, WANG X. Prescribed-performance fault-tolerant control for feedback linearisable systems with an aircraft application [J]. Int. J. robust nonlinear control, 2015, 25(9): 1301 - 1326.

[196] RAFFO G V, ORTEGA M G, RUBIO F R. An integral predictive nonlinear $H_\infty$ control structure for a quadrotor helicopter[J]. Automatica, 2010, 46(1): 29 - 39.

[197] XIAN B, DIAO C, ZHAO B, et al. Nonlinear robust output feedback tracking control of a quadrotor UAV using quaternion representation[J]. Nonlinear dyn. 2015, 79(4): 2735 - 2752.

[198] RICARDO L G, ABRAHAM E R, SERIGIO S. Robust quadrotor control: attitude and altitude real-time results[J]. J intell robot syst. 2017, 3(13): 1 - 14.

[199] LEE D, KIM H J, SASTRY S. Feedback linearization vs. adaptive sliding mode control for a quadrotor helicopter[J]. Int. J. csontrol autom. sys. 2009, 7(3): 419 - 428.

[200] JABBARIASL H, YOON J. Robust image-based control of the quadrotor unmanned

aerial vehicle[J]. Nonlinear dyn. 2016, 85(3): 2035 - 2048.

[201] XIONG J J, ZHENG E H. Position and attitude tracking control for a quadrotor UAV[J]. ISA trans. 2014 53(3): 725 - 731.

[202] ZHENG E H, XIONG J J, LUO J L. Second order sliding mode control for a quadrotor UAV[J]. ISA trans. 2014, 53(4): 1350 - 1356.

[203] ZHU W, DU H, CHENG Y, et al. Hovering control for quadrotor aircraft based on finite-time control algorithm[J]. Nonlinear dyn. 2017, 88(1): 1 - 11.

[204] IZAGUIRRE-ESPINOSA C, MUñOZ-VáZQUEZA J, SáNCHEZ-ORTA A, et al. Fractional attitude-reactive control for robust quadrotor position stabilization without resolving under actuation[J]. Control engineering practice, 2016, 53: 47 - 56.

[205] ISLAM S, LIU P X, EL SADDIK A. Nonlinear adaptive control for quadrotor flying vehicle[J]. Nonlinear dyn. 2014, 78(1): 117 - 133.

[206] LI S, WANG Y, TAN J. Adaptive and robust control of quadrotor aircrafts with input saturation[J]. Nonlinear dyn. 2017, 89(1): 255 - 265.

[207] WANG R, LIU J. Adaptive formation control of quadrotor unmanned aerial vehicles with bounded control thrust[J]. Chinese J. aeronautics, 2017, 30(2): 807 - 817.

[208] NICOL C, MACNAB C J B, RAMIREZ-SERRANO A. Robust adaptive control of a quadrotor helicopter[J]. Mechatronics, 2011, 21(6): 927 - 938.

[209] COWLING I D, YAKIMENKO O A, WHIDBORNE J F, et al. Direct method based control system for an autonomous quadrotor[J]. J intell robot syst. 2010, 60(2): 285 - 316.

[210] L' AFFLITTO A, ANDERSON R B, MOHAMMADI K. An introduction to nonlinear robust control for unmanned quadrotor aircraft: how to design control algorithms for quadrotors using sliding mode control and adaptive control techniques[J]. IEEE control systems, 2018, 38(3): 102 - 121.

[211] LU Q, REN B, PARAMESWARAN S, et al. Uncertainty and disturbance estimator-based robust trajectory tracking control for a quadrotor in a global positioning system-denied environment [J]. Journal of dynamic systems, measurement, and control, 2018, 140(3): 1 - 14.

[212] ZHAO B, XIAN B, ZHANG Y, et al. Nonlinear robust adaptive tracking control of a quadrotor UAV via immersion and invariance methodology[J]. IEEE trans. ind. electron. 2015, 62(5): 2891 - 2902.

[213] ZHAO B, XIAN B, ZHANG Y, et al. Nonlinear robust sliding mode control of a

quadrotor unmanned aerial vehicle based on immersion and invariance method[J]. Int. J. robust nonlinear control, 2017, 25(18): 3714 - 3731.
[214] ASL H J, YOON J. Bounded-Input control of the quadrotor unmanned aerial vehicle: a vision-based approach[J]. Asian J. control, 2017, 19(3): 1 - 10.
[215] XU Z, NIAN X, WANG H, et al. Robust guaranteed cost tracking control of quadrotor UAV with uncertainties[J]. ISA trans. 2017, 69(1): 157 - 168.
[216] LU W, H J. The Trajectory tracking problem of quadrotor UAV: Global stability analysis and control design based on the cascade theory[J]. Asian J. control, 2014, 16(2): 574 - 588.
[217] GHOMMAM J, CHARLAND G, SAAD M. Three-dimensional constrained tracking control via exact differentiation estimator of a quadrotor helicopter[J]. Asian J. control, 2015, 17(3): 1093 - 1103.
[218] KHALIL H K, GRIZZLE J. Nonlinear Systems[M]. 2nd ed. Englewood cliffs, NJ, USA: Prentice-Hall, 1996: 211 - 212.